DIANSHUI LIANCHAN
HAISHUI DANHUA JISHU
CHUANGXIN YU GONGCHENG SHIJIAN

# 电水联产
# 海水淡化技术
## 创新与工程实践

刘志江　陈寅彪　主编

中国电力出版社
CHINA ELECTRIC POWER PRESS

# 内 容 提 要

海水淡化是人类从水危机和水污染的困境中寻找新水源的希望，是世界各国竞相发展的新兴产业。

本书主要内容包括海水淡化与电水联产技术，低温多效蒸馏海水淡化技术，低温多效蒸馏海水淡化基础实验研究，MED 设备结垢与腐蚀机理研究，利用火力发电厂烟气废热驱动的 MED 技术研究，低温多效蒸馏海水淡化蒸发器设计，低温多效蒸馏海水淡化工程设计，MED 设备安装、调试及运行维护，海水淡化工程应用实例。

本书可供相关科研工作者、工程技术人员、管理人员和其他人员参考。

**图书在版编目（CIP）数据**

电水联产海水淡化技术创新与工程实践/刘志江，陈寅彪主编. —北京：中国电力出版社，2020.1

ISBN 978-7-5198-4118-8

Ⅰ. ①电⋯  Ⅱ. ①刘⋯  ②陈⋯  Ⅲ. ①多效蒸发－蒸馏法淡化  Ⅳ. ①P747

中国版本图书馆 CIP 数据核字（2020）第 005752 号

出版发行：中国电力出版社
地　　址：北京市东城区北京站西街 19 号（邮政编码 100005）
网　　址：http://www.cepp.sgcc.com.cn
责任编辑：娄雪芳（010-63412375）
责任校对：王小鹏
装帧设计：王红柳
责任印制：吴　迪

印　　刷：三河市航远印刷有限公司
版　　次：2020 年 1 月第一版
印　　次：2020 年 1 月北京第一次印刷
开　　本：787 毫米×1092 毫米　16 开本
印　　张：15.75
字　　数：328 千字
印　　数：0001—1500 册
定　　价：88.00 元

# 《电水联产海水淡化技术创新与工程实践》
# 编 委 会

# 序　言

　　水是一切生命赖以生存、社会经济发展不可缺少的重要自然资源，进入 21 世纪以来，人口增长、工农业生产和城市化的急剧发展，对有限的水资源产生了巨大的冲击。据水利部统计数据，2017 年我国水资源总量为 28675 亿 t，人均水资源仅为 2059.2 t，不到全球平均水平的 1/3。严峻的水资源问题成为我国社会和经济可持续发展中一个无法回避的世纪难题。

　　水资源可持续利用是关系到我国经济社会可持续发展的重大战略问题。党的十八大以来，习近平总书记围绕水资源治理作出一系列重要论述和重大部署，提出"节水优先、空间均衡、系统治理、两手发力"的新时期治水思路，开创了治水兴水新局面，为做好新时期水利工作提供了科学指南。

　　地球上的水资源总量中海水占 97.5%，海水淡化是解决我国水资源危机的重要途径之一，特别是对沿海缺乏淡水资源的地区具有重大的现实意义和深远的战略意义。目前，全球已有 150 多个国家在开发及应用海水利用技术，并取得了良好的经济和社会效益。截至 2017 年底，我国已建成海水淡化工程 136 个，日均产水规模为 118.91 万 t，根据国家发展改革委、海洋局联合印发的《全国海水利用"十三五"规划》，到 2020 年全国海水淡化总规模达到 220 万 t/天以上。强化海水淡化水对常规水资源的补充和替代，是缓解我国工农业及生活用水压力，保障社会经济稳定发展的重要措施。

　　国华电力公司作为电力行业节能环保、改革创新的领跑者，始终坚持以推广和应用国产化技术和装备、掌握核心技术、振兴民族工业为己任，坚持创新驱动发展战略，大力发展海水淡化，最大程度减轻环境负担，从而成为电力行业的亮点。自 2006 年以来，通过自主研发，突破技术壁垒，掌握关键技术，先后在沧东电厂、舟山电厂、印尼爪哇 7 号电厂等项目中自主设计、建设大中型低温多效蒸馏（MED）海水淡化装置多台，最大单机产量为 2.5 万 t/天，运行性能及经济效益优良，有效缓解了当地用水紧张局面，实现了企业与社会的和谐发展。国华电力公司始终本着创新发展、勇于开拓的精神，通过不断的技术研究和创新创造了多项国内第一，并通过工程实践，在系统优化、能源有效利用、装置方案与结构、材料试用以及运行工艺等方面取得了一系列创新性成果，获得专利权和软件著作权 60 余项。与此同时，成长了一批具有创新精神和丰富实践经验的年轻专家和技术骨干，这将对我国海水淡化产业发展产生深远影响。

本书就电水联产及 MED 相关工艺、设备设计方法、工程实践与运行经验等进行了系统而深入的介绍，无论对工程技术人员还是对专业师生都是一本参考价值很高的著作。

王世昌

2019 年 10 月 19 日

# 前 言

海水淡化是人类从水危机和水污染的困境中寻找新水源的希望，是世界各国竞相发展的新兴产业。我国人均淡水资源占有量不到全球平均水平的 1/3，水资源短缺成为影响我国社会经济未来可持续发展的重要因素之一。

自 2005 年我国首部《海水利用专项规划》颁布实施以来，人们对海水淡化的重视不断加强，2012 年颁布的《国务院办公厅关于加快发展海水淡化产业的意见》指出："发展海水淡化产业对保障水资源持续利用具有重要意义，有利于培育新的经济增长点，推动发展方式转变"。海水淡化不仅是国家水资源的重要补充，更是战略储备和新的经济增长点。以 2006 年开展万吨级低温多效蒸馏海水淡化技术国产化研发为起点，国华电力公司紧抓海水淡化产业发展契机，坚持走自主研发、技术创新之路，十余年来结出累累硕果。通过与自身电厂结合，发展"电水联产"，不仅有效降低海水淡化的制水成本，可以完全解决火力发电厂自身的淡水需求，同时也将火力发电厂由传统的"耗水大户"转变为"新型淡水资源中心"，有力推动火力发电厂与周边社会的协调发展，为电力产业在沿海地区的发展开辟新空间。

2006 年，万吨级低温多效蒸馏海水淡化（MED）自主技术在我国还是空白。国华电力公司以自主化创新为己任，从水平管降膜蒸发的机理和低温多效蒸发器的基本设计原理入手，先后开展了水平管降膜蒸发传热研究、布液与液膜流动研究、蒸汽热压缩器（TVC）设计优化研究、低温多效蒸馏海水淡化系统热力性能计算与蒸发器关键结构设计计算等核心技术研究，开发了低温多效蒸馏海水淡化系统和蒸汽热压缩器设计计算软件，还开展了装置结构、工艺系统和控制系统设计优化、装置调试和运行优化等工程应用技术研究，形成了拥有自主知识产权的万吨级低温多效蒸馏海水淡化成套应用技术。2008 年底，国华电力公司自主研发的 1.25 万 t/天 MED 装置在沧东电厂成功投产，标志着我国首次全面掌握了万吨级低温多效蒸馏海水淡化的核心技术，填补了国内万吨级海水淡化自主技术装备的空白。

在万吨级低温多效蒸馏海水淡化装置国产化成功的基础上，国华电力公司进一步开展低温多效蒸馏海水淡化的系列化和大型化研究，在国内率先完成 2.5 万 t/天单机容量的大型低温多效海水淡化装置设计，开创了分区布管、多级回热等 MED 新技术在国内的首次应用，并开展了相关中试实验研究，充分验证了 2.5 万 t/天大型装置方案的先进性和可行性。2013 年底，应用国华电力公司自主核心技术建设的我国首台 2.5 万 t/天 MED 装置在国华沧东电厂成功投产，创造了国产 MED 装置单机容量最大、造水比最高纪录。

2015 年，国华电力公司在舟山成功建设 1.2 万 t/天 MED 装置，并首次应用自主技术高性能蒸汽热压缩器，实现 MED 技术的全面国产化。2018 年，国华电力公司 2×4000t/天自主技术 MED 装置出口印尼，跨出国门，进军国际海水淡化市场。

国华电力公司始终坚持创新驱动，全力推动技术和装备国产化，振兴民族工业，敢为人先，先行先试。本书对国华电力公司十余年来低温多效蒸馏海水淡化技术研究和创新进行了总结，可供相关科研工作者、工程技术人员、管理人员和其他人员参考，希望本书的出版能为推动我国海水淡化事业进步尽一份力。

由于时间仓促，不妥之处在所难免，恳请各位读者提出宝贵意见。

编　者

2019 年 10 月

# 目 录

序言

前言

## 第一章　海水淡化与电水联产技术　　1

第一节　水资源概况　　1

第二节　海水淡化技术概况　　5

第三节　海水淡化技术在电力行业的应用需求　　23

第四节　电水联产技术特点　　28

## 第二章　低温多效蒸馏海水淡化技术　　37

第一节　多效蒸馏技术原理　　37

第二节　低温多效蒸馏海水淡化工艺计算　　59

第三节　低温多效蒸馏海水淡化关键技术　　68

第四节　低温多效蒸馏海水淡化技术发展趋势　　80

## 第三章　低温多效蒸馏海水淡化基础实验研究　　84

第一节　水平管降膜流动与相变传热特性　　84

第二节　喷淋布液规律实验研究　　102

第三节　蒸汽热压缩喷射器性能实验研究　　107

## 第四章　MED 设备结垢与腐蚀机理研究　　115

第一节　结垢特性实验研究　　115

第二节　腐蚀特性基础实验研究　　128

第三节　结垢及腐蚀特性动态实验研究　　145

## 第五章　利用火力发电厂烟气废热驱动的 MED 技术研究　　158

第一节　火力发电厂余热用于海水淡化技术分析　　158

# 目 录

第二节　热管余热利用技术与关键设备 163

第三节　低温烟气中露点腐蚀与防护 165

## 第六章　低温多效蒸馏海水淡化蒸发器设计 175

第一节　蒸发器结构设计 175

第二节　蒸发器强度的应力分析设计 183

第三节　蒸发器选材设计与分析 188

第四节　蒸发器的制造与验收 200

## 第七章　低温多效蒸馏海水淡化工程设计 205

第一节　工程设计 205

第二节　MED 设备的防腐设计 210

## 第八章　MED 设备安装、调试及运行维护 216

第一节　施工安装 216

第二节　系统调试 218

第三节　运行与维护技术 221

## 第九章　海水淡化工程应用实例 223

第一节　国华沧东电厂 1.25 万 t/天 MED 项目 223

第二节　国华沧东电厂 2.5 万 t/天 MED 项目 225

第三节　国华舟山电厂 1.2 万 t/天 MED 项目 228

第四节　国产 TVC 设计及应用 231

## 参考文献 233

# 第一章

# 海水淡化与电水联产技术

水资源危机已成为仅次于全球气候变暖的世界第二大环境问题。我国是一个以燃煤发电为主的国家，多数电厂分布在淡水资源紧缺地区，耗水量高是影响发电效益和制约电厂发展的重要因素。北方地区缺水更是严重，许多地区在选厂时不得不"以水定电"。通过将海水淡化与发电结合的电水联产方式来解决沿海电厂用水需求，可以有效降低水和电的生产成本，在沿海修建电厂不会再受能否取得陆上淡水资源的限制，还可以将电厂转化成为淡水供应基地，有利于实现燃煤发电与环境的和谐发展。

## 第一节　水　资　源　概　况

### 一、全球水资源状况

水是生命的摇篮，水是地球上不可替代的宝贵的自然资源，是人类赖以生存和生产的不可缺少的基本物质，同时也是重要的战略性资源。展望未来，水资源匮乏正日益影响全球的经济发展与生态环境。

虽然地球表面 75%的面积被水覆盖，地球的水体总量达到 13.86 亿 $km^3$，但其中绝大部分是海水，淡水资源只占 2.53%。而在这之中，大部分又是以人类难以利用的冰川、永久冰雪、深层地下水以及其他难以利用的水（沼泽、湿气等）等形式储存的，人类真正能够利用的淡水，包括江河湖泊水以及浅层地下水，只占淡水资源的 0.26%左右，而其中还有一部分是需要经过复杂的处理才能使用的苦咸水。表 1-1 显示了全球水资源的构成。

表 1-1　　　　　　　　　　全球水资源的构成

| 水的类型 | 分布面积<br>（万 $km^2$） | 水量<br>（万 $km^3$） | 水深<br>（m） | 在世界储水量中的占比（%） | |
|---|---|---|---|---|---|
| | | | | 占总储量 | 占淡水储量 |
| 1. 海洋水 | 36130 | 133800 | 3700 | 96.5 | |
| 2. 地下水（重力水和毛管水） | 13480 | 2340 | 174 | 1.7 | |
| 其中，地下淡水 | 13480 | 1053 | 78 | 0.76 | 30.1 |
| 3. 土壤水 | 8200 | 1.65 | 0.2 | 0.001 | 0.05 |

| 水的类型 | 分布面积（万 km²） | 水量（万 km³） | 水深（m） | 在世界储水量中的占比（%） | |
|---|---|---|---|---|---|
| | | | | 占总储量 | 占淡水储量 |
| 4. 冰川与永久雪盖 | 1622.75 | 2406.41 | 1463 | 1.74 | 68.7 |
| （1）南极 | 1398 | 2160 | 1546 | 1.56 | 61.7 |
| （2）格陵兰 | 180.24 | 234 | 1298 | 0.17 | 6.68 |
| （3）北极岛屿 | 22.61 | 8.35 | 369 | 0.006 | 0.24 |
| （4）山脉 | 22.4 | 4.06 | 181 | 0.003 | 0.12 |
| 5. 永冻土底冰 | 2100 | 30.0 | 14 | 0.222 | 0.86 |
| 6. 湖泊水 | 205.87 | 17.64 | 85.7 | 0.013 | |
| （1）淡水 | 123.64 | 9.10 | 73.6 | 0.007 | 0.26 |
| （2）咸水 | 82.23 | 8.54 | 103.8 | 0.006 | |
| 7. 沼泽水 | 268.26 | 1.147 | 4.28 | 0.0008 | 0.03 |
| 8. 河床水 | 148800 | 0.212 | 0.014 | 0.0002 | 0.006 |
| 9. 生物水 | 51000 | 0.112 | 0.002 | 0.0001 | 0.003 |
| 10. 大气水 | 51000 | 1.29 | 0.025 | 0.001 | 0.4 |
| 水的总储量 | 51000 | 138598.461 | 2718 | 100 | |
| 其中，淡水储量 | 14800 | 3502.921 | 235 | 2.53 | 100 |

近年来，随着全球人口增加，工业化和城市化的不断发展，人们生活方式和生活要求不断提高，以及气候变化、环境污染等原因，对淡水资源的需求急剧增大，全球淡水资源日益短缺。联合国环境规划署的数据显示，近几十年来，全球用水量每年都以 4%～8%的速度持续递增，如按当前的水资源消耗速度继续下去，现有的淡水资源已经不能满足21世纪社会和经济的发展。到2025年，全世界将有30亿人口缺水，涉及的国家和地区将超过40个，中国也是其中之一。相比之下，由于海水占地球上总水量的95%以上，因此，世界许多国家都将浩瀚的大海作为获取淡水的主要来源。海水淡化作为淡水资源的替代和增量技术，是解决全球水危机的可行方案和重要途径。

## 二、我国淡水资源概况

根据中华人民共和国水利部发布的《2014 年中国水资源公报》显示，2013 年全国水资源总量为27266.9亿 m³，占全球水资源总量的6%左右，位列全世界第 4 位，仅次于巴西、俄罗斯和加拿大；但我国人均水资源量仅有约2000m³，仅为世界人均水资源拥有量的约1/4，是世界上人均水资源较为贫乏的国家之一。

同时，我国水资源在时间上分布不均匀，由于我国处于东亚季风区，水量（降水和

（径流）年内和年际变化大，全国各地几乎每年都有旱灾发生，黄淮海平原最甚。并且我国水资源在区域分布上也很不均匀，例如我国北方地区的耕地面积占全国的 59.2%，人口占全国的 44.3%，而水资源仅占全国总量的 14.7%；目前，全国 669 座城市中，有 400 多个城市缺水，其中 110 多个城市严重缺水，尤其是北方地区，几乎所有城市都严重缺水。全国面积大于 $500m^2$ 的岛屿有 6500 多个，其中绝大部分属严重缺水。每年全国因缺水造成的直接经济损失达数千亿元。表 1-2 给出了 2014 年我国各水资源一级区供水量和用水量。

表 1-2　　　　　　　2014 年我国各水资源一级区供水量和用水量　　　　　　亿 m³

| 水资源一级区 | 供水量 | | | | 用水量 | | | | | |
|---|---|---|---|---|---|---|---|---|---|---|
| | 地表水 | 地下水 | 其他 | 总供水量 | 生活 | 工业 | 火（核）电 | 农业 | 生态环境 | 总用水量 |
| 全国 | 4921 | 1117 | 57 | 6095 | 767 | 1356 | 478 | 3869 | 103 | 6095 |
| 北方6区 | 1750.5 | 989.3 | 40.3 | 2780.2 | 259.4 | 326.8 | 39.6 | 2126.9 | 67.1 | 2780.2 |
| 南方4区 | 3169.9 | 127.7 | 17.1 | 3314.7 | 507.2 | 1029.3 | 438.7 | 1742.1 | 36.1 | 3314.7 |
| 松花江区 | 288.5 | 218.6 | 0.9 | 507.9 | 29.8 | 54.7 | 13.7 | 414.7 | 8.8 | 507.9 |
| 辽河区 | 97.7 | 103.7 | 3.4 | 204.8 | 30.2 | 32.6 | 0.0 | 135.7 | 6.3 | 204.8 |
| 海河区 | 132.9 | 219.7 | 17.8 | 370.4 | 59.3 | 54.0 | 0.1 | 239.5 | 17.6 | 370.4 |
| 黄河区 | 254.6 | 124.7 | 8.2 | 387.5 | 43.1 | 58.6 | 0.0 | 274.5 | 11.3 | 387.5 |
| 淮河区 | 452.6 | 156.4 | 8.3 | 617.4 | 81.2 | 105.9 | 25.8 | 421.0 | 9.3 | 617.4 |
| 长江区 | 1919.7 | 81.3 | 11.7 | 2012.7 | 282.2 | 708.2 | 363.4 | 1002.6 | 19.7 | 2012.7 |
| 其中：太湖流域 | 338.2 | 0.3 | 5.0 | 343.5 | 52.8 | 206.6 | 162.0 | 81.9 | 2.3 | 343.5 |
| 东南诸河区 | 326.9 | 8.3 | 1.4 | 336.6 | 63.9 | 115.1 | 16.5 | 150.2 | 7.3 | 336.6 |
| 珠江区 | 824.6 | 33.1 | 3.9 | 861.6 | 152.6 | 196.1 | 58.8 | 504.6 | 8.3 | 861.6 |
| 西南诸河区 | 98.7 | 5.0 | 0.1 | 103.8 | 8.6 | 10.0 | 0.0 | 84.6 | 0.7 | 103.8 |
| 西北诸河区 | 524.4 | 166.3 | 1.6 | 692.2 | 15.8 | 21.0 | 0.0 | 641.5 | 13.8 | 692.2 |

注　1. 北方6区：松花江区、辽河区、海河区、黄河区、淮河区、西北诸河区。
　　2. 南方4区：东南诸河区、珠江区、西南诸河区、长江区。

淡水的消耗量随着社会和经济发展呈现出明显的上升趋势，表 1-3 和表 1-4 分别显示了全国用水的增长情况和 2030 年全国各流域片供需分析预测。

近年来，我国江河湖海普遍遭受到污染。七大水系，除珠江和长江外，其他水系水质多在Ⅳ类和Ⅴ类，不少水质劣于Ⅴ类，湖泊富营养化、大量沉积物的存在是导致水体严重污染的重要原因。据统计，我国农村近 3 亿人口饮水不安全。水质的恶化更加剧了水资源短缺的严峻形势。

表1-3  全国用水增长情况

| 年份<br>（年） | 农业和农村生活 | | 工业 | | 城市生活 | | 总计<br>（亿 m³） | 人均用水量<br>（m³） |
|---|---|---|---|---|---|---|---|---|
| | 用水量<br>（亿 m³） | 所占比例<br>（%） | 用水量<br>（亿 m³） | 所占比例<br>（%） | 用水量<br>（亿 m³） | 所占比例<br>（%） | | |
| 1949 | 1001 | 97.1 | 24 | 2.3 | 6 | 0.6 | 1031 | 187 |
| 1959 | 1938 | 94.6 | 96 | 4.7 | 14 | 0.7 | 2048 | 316 |
| 1965 | 2545 | 92.7 | 181 | 6.6 | 18 | 0.7 | 2744 | 378 |
| 1980 | 3912 | 88.2 | 457 | 10.3 | 68 | 1.5 | 4437 | 450 |
| 1993 | 4055 | 78.0 | 906 | 17.4 | 237 | 4.6 | 5198 | 445 |
| 1997 | 4198 | 75.3 | 1121 | 20.2 | 247 | 4.5 | 5566 | 458 |
| 2004 | 3745 | 67.5 | 1232 | 22.2 | 571 | 10.3 | 5548 | 427 |
| 2014 | 3869 | 63.5 | 1356 | 22.2 | 870 | 14.3 | 6095 | 446 |

表1-4  2030年全国各流域片供需分析预测

| 流域片 | 当地供水量<br>（亿 m³） | 调入量<br>（亿 m³） | 调出量<br>（亿 m³） | 可供水量<br>（亿 m³） | 利用量<br>（亿 m³） | 利用率<br>（%） | 需水量<br>（亿 m³） | 缺水量<br>（亿 m³） | 缺水率<br>（%） |
|---|---|---|---|---|---|---|---|---|---|
| 松辽河流域片 | 746 | | | 746 | 721 | 37.4 | 759 | 13 | 1.8 |
| 海滦河流域片 | 352 | 135 | | 487 | 311 | 73.8 | 539 | 52 | 9.7 |
| 淮河流域片 | 644 | 130 | | 774 | 600 | 62.4 | 815 | 41 | 5.1 |
| 黄河流域片 | 443 | 85 | 30 | 528 | 443 | 59.6 | 535 | 7 | 1.3 |
| 长江流域片 | 2340 | | 320 | 2340 | 2647 | 27.5 | 2341 | 1 | 0.0 |
| 珠江流域片 | 1005 | | | 1005 | 989 | 21.0 | 1006 | 1 | 0.1 |
| 东南诸河流域片 | 344 | | | 344 | 328 | 16.7 | 345 | 1 | 0.2 |
| 西南诸河流域片 | 126 | | | 126 | 126 | 2.2 | 127 | 1 | 0.6 |
| 内陆河流域片 | 640 | | | 640 | 635 | 48.7 | 652 | 12 | 1.8 |
| 北方5片 | 2825 | 350 | 30 | 3175 | 2710 | 50.6 | 3300 | 125 | 3.8 |
| 南方4片 | 3815 | | 320 | 3815 | 4090 | 18.5 | 3819 | 4 | 0.1 |
| 全国 | 6640 | 350 | 350 | 6990 | 6800 | 24.7 | 7119 | 129 | 1.8 |

注  1. 北方5片：松辽河流域片、海滦河流域片、淮河流域片、黄河流域片、内陆河流域片。
　　2. 南方4片：长江流域片、珠江流域片、东南诸河流域片、西南诸河流域片。

## 三、沿海地区水资源短缺问题

在我国经济较发达的地区中，沿海地区占其中的主要部分。沿海地区的面积只占国土总面积的13%，人口占全国的40%以上，而工农业生产总值则占全国的60%以上。但是，沿海地区也是我国最缺水的地区，水资源总量仅占全国的1/4，人均水资源量为1266m³，尚且不足全国人均水资源量的60%。由于人口稠密，沿海地区的很多城市人均水资源量低于 500m³,其中,天津、上海、大连、青岛、连云港等城市甚至在 200m³以下。随着经济的发展和人民生活水平的提高,沿海地区水资源供需矛盾日益突出。水质污染、海水入侵等一系列问题又使水资源情况进一步恶化,水资源短缺问题已成为严重制约沿海地区经济社会发展的瓶颈。

另外,沿海地区,特别是在地下水超采区,由于地下水的过量开采,导致海水侵入到陆地地下水含水层中,造成地下水水质恶化,破坏整个地下水环境,导致水资源的缺乏程度加剧。近年来,我国沿海地区海水入侵淡水含水层的现象屡屡发生,从北向南涉及辽宁、河北、山东、广西、海南等多个省份,全国海水入侵总面积近 1500km²。山东半岛滨海地区的海水入侵最为严重,海水入侵面积近 900km²;其次是辽宁省,海水入侵面积超过 500km²。两省的海水入侵面积占全国海水入侵面积的 90%以上。另外,河北省秦皇岛、广西北海等地也存在海水入侵现象。同时,许多工厂的不当排污,也加剧了地下水质的恶化。由于地下水的污染,造成当地群众饮水困难,多数农田减产甚至绝产。

近年来,为解决国内淡水资源短缺的严峻形势,中央和地方政府加大投资力度,采取了一系列有效措施,如兴建大型蓄水工程、有计划实施跨流域调水工程、加大节约用水和废水回用力度等,使我国的沿海城市和地区的供水状况得到较大改善,但是,由于我国沿海经济的快速发展以及人民生活水平的较大提高,部分沿海地区的供水仍然不能满足发展需求,对海水淡化技术的需求已刻不容缓。

# 第二节 海水淡化技术概况

## 一、海水的基本性质

(一)海水的成分

海水是一种化学成分复杂的混合溶液,包括水、溶解于水中的多种化学元素、有机物和气体。迄今已发现的溶解于海水中的化学元素达 80 多种,绝大多数是以盐类离子的形式存在的。海水中最主要的成分为 10 种离子和 1 种无机物,其质量占海水质量百分比的99.9%,其中氯化钠占 88.6%,硫酸盐占 10.8%。海水的常量元素之间的浓度比例几乎不变,这对于研究海水浓度具有重要意义。海水中的一些成分,尤其是海水中同生命循环有关的组分,诸如硝酸盐、磷酸盐、溶解氧等,其比例往往有较大的波动。海水水质分析见表 1-5。

1. 溶解固形物

溶解固形物也称为溶解性总固体(Total Dissolved Solids,TDS),表示水中溶解的可溶固体的浓度。其定义为 1L 水中溶解性固体的质量(mg),单位为 mg/L。TDS 往往用于表示水中所含杂质的多少。

表 1-5 海 水 水 质 分 析 mg/L

| 离子名称 | 含量 | 离子名称 | 含量 |
|---|---|---|---|
| 钠 Na⁺ | 11035 | 氯 Cl⁻ | 19841 |
| 镁 Mg²⁺ | 1330 | 硫酸根 SO₄²⁻ | 2769 |
| 钙 Ca²⁺ | 418 | 碳酸氢根 HCO₃⁻ | 146 |
| 钾 Ka⁺ | 397 | 溴 Br⁻ | 68 |
| 锶 Sr⁺ | 13.9 | 氟 F⁻ | 1.4 |

注 由哥本哈根水文实验室制定的标准海水水质分析数据，总含盐量为 36.047g/L。

值得注意的是，TDS 与盐度的概念有所区别。TDS 统计的是全部固体溶质的浓度，包括无机物和有机物；而从实用盐度的概念可知，盐度则只包括其中以离子形态存在的无机固体的量，而不包含有机物和以分子状态溶解的无机物。但由两者之间的关系可以看出，电导率越高，盐度越高，TDS 往往也越高。

2. 溶解气体

海水中的气体主要由氮气、氧气和二氧化碳组成，氮气占 64%，二氧化碳约占 2%，而氧气易溶于水，其溶解度随水温增高而减少，温度 0℃时约占 40%。

污染的海水中会有硫化氢成分，会引起铜合金换热管腐蚀问题。在流动性小并有腐烂生物躯体的海水中也含有甲烷等气体。

3. 其他成分

（1）悬浮物：海水中的悬浮物指粒径较大的颗粒状不溶物，通常包括沙粒、矿物粉尘等。其对海水淡化的影响较大，尤其在对管道的磨损和阻塞上。例如沙粒等进入蒸发器，致使管表面将受到磨蚀，导致换热管束的更换周期缩短；沙粒堵塞喷嘴导致停车清洗的频率增加等。

（2）有机物、油：海水中的有机物可以分为颗粒有机物、溶解有机物和挥发性有机物。颗粒有机物主要是直径大于 0.5μm 的有机物，例如细菌聚集体、微小浮游生物、胶粒等；溶解有机物则主要包括生物的分泌物、排泄物以及分解过程的产物等；挥发性有机物主要是溶解度和分子量较小、蒸汽压较高的有机物，例如一些低分子烃、氯代低分子烃、氟代低分子烃等，其占海水中总有机物的比例较小。海水中的有机物对膜法海水淡化的影响较大，会导致渗透压的变化和膜的污染，但对热法海水淡化的影响较小。

油也是海水中不可忽视的成分之一。严格来说，油也属于有机物，但因为海水中的油主要来源于人为因素（如油船泄漏等），对海水淡化的影响也与一般有机物不尽相同，因此常常单独列出。油随海水进入热法海水淡化的设备中，如带入蒸发器的油，会导致热传导管表面油沉积结垢，降低了传热效率，使海水达不到所需的温度，从而影响淡化效果。

（3）重金属：按照来源，海水中的重金属主要包括两类：一类是海水中天然存在的金属离子，如 Fe、Cu、Al、Mn 等；另一类是流入海水的化学工业品等带来的重金属，如 Hg、Sb、Ni、Cd、Cr、Zn、Ag、Au 等。

海水中重金属离子对海水淡化过程的危害主要体现在对装置的腐蚀，通常活泼性越强的金属制造的管道（如铝制管道），越容易受重金属离子的腐蚀。因此，在淡化装置中通常需要加入活泼金属电极来保护管道。同时，重金属离子对膜法海水淡化而言，还会在膜表面形成膜垢，影响分离效果。因此，为了降低重金属离子对海水淡化的影响，在海水预处理过程中通常需采用如物理吸附、化学沉淀、离子交换、絮凝沉淀等方法来减少进料海水的重金属离子含量。

（二）海水的物理性质

1. 海水的电导率与盐度

（1）电导率。海水是含有多种无机盐类的溶液，由于在水中溶解的无机盐会大量分解为离子，海水会具有一定的导电性。作为衡量导电能力的一种量度，电导率被广泛用于海水的分析检测中。

电导率的定义为电阻率的倒数，常用 $\kappa$ 表示，即

$$\kappa = \frac{1}{\rho} = \frac{l}{RA} \tag{1-1}$$

式中　$\rho$——电阻率，$\Omega \cdot m$；

$l$——物体长度，m；

$R$——电阻，$\Omega$；

$A$——物体截面积，$m^2$。

电导率的单位为 S/m。因为电导率与温度有关，温度每升高 1℃，电导率约增加 2%，所以在实际应用中往往需要注明温度值，用 $\kappa_T$ 表示。

由于海水电导率的大小是由其内的离子决定的，而离子的数量又与海水溶解的无机盐有关，因而海水的电导率常常被用在其盐度的计算中。

（2）盐度及其标准。由于海水的成分十分复杂，为了衡量其溶解的无机盐的浓度，常常采用盐度作为量度。海洋中发生的许多现象都与盐度的分布和变化密切相关。大量海水分析结果表明，不论海水中含盐量的大小如何，各主要成分之间的浓度比基本上是恒定的，这种规律称为海水组成的恒定原则（Constant Principle of Seawater Major Component），因为该原则是马赛特（A. Marcet）于 1819 年发现的，故又称为马赛特原则。海水组成恒定性规律的发现，为测定海水的盐度提供了条件。

长期以来，人们对盐度的定义、计算标准和测量技术进行了广泛的研究和讨论，先后有 1902 年盐度、氯度定义，1969 年的电导盐度定义，1978 年的实用盐标等。

（1）1902 年盐度、氯度定义。1901 年，克努森（Knudsen）等人建立了以盐度、氯度两个概念作为描述海水含盐量的标准。该标准中盐度的定义为：将 1kg 海水中的碳酸盐全

部转换成氧化物，溴和碘以氯当量置换，并且所有的有机物完全氧化之后所剩固体物质的总克数。其单位为 g/kg，用符号 $S‰$ 表示。

在 20 世纪初，克努森等人同时提出了氯度的概念：1kg 海水中的溴和碘以氯当量置换后，其中氯离子的总克数。其单位是 g/kg，用符号 $Cl‰$ 表示。需要注意区别的是，氯度并非海水的含氯量，氯度稍大于海水中的实际氯含量。

为了得到海水的盐度，1902 年国际上规定，使用摩尔（Mohr）银量法测定氯度后，采用 Knudsen 盐度公式计算盐度的方法为盐度测定的标准方法。Knudsen 盐度公式为

$$S‰=0.030+1.8050Cl‰ \tag{1-2}$$

摩尔银量法是使用硝酸银的标准水溶液滴定海水中的卤素（Cl、Br、I）来实现氯度的测定的，为此需要采用一种氯度已知的海水对硝酸银水溶液的浓度进行标定。国际上规定，将氯度值为 19.374‰，即对应盐度值为 35.000‰ 的海水作为标定硝酸银水溶液的标准，称为国际标准海水。

该盐度定义虽然简单且易于测定，但由于其过度依赖于海水中的含氯量，含氯量的高低通常决定了氯度和盐度的大小，因此，对于拥有不同组分的海水，该盐度定义存在一定问题。

（2）1969 年的电导盐度定义。1934 年，汤玛斯（Thomas）等进行了大量海水电导率的测定，并得到不同温度下海水电导率和氯度的关系式，但由于其适用的温度范围和盐度范围有限，难以普遍应用到海水盐度的测量和计算中。20 世纪 60 年代初，相对电导率的概念的提出，为海水盐度的测定又提供了一种新的方法。相对电导率又称为电导比，是指在 1 个大气压下，温度为 $T℃$ 时海水的电导率 $\kappa_T$ 与国际标准海水电导率 $\kappa_{n,T}$ 的比值，用 $R_T$ 表示。

1969 年，英国国立海洋研究所考克斯（R. A. Cox）等分析了大洋和不同海区不深于100m 的水层内的 135 个水样，测定了其在 15℃时的电导比 $R_{15}$ 和氯度，再通过氯度计算得到盐度，最终总结出盐度 $S‰$ 与电导比 $R_{15}$ 之间的关系式，即

$$S‰ = -0.08996 + 28.29720R_{15} +12.80832R_{15}^2 -10.67869R_{15}^3 +5.98624R_{15}^4 \\ -1.32311R_{15}^5 \tag{1-3}$$

虽然该方法的精度比 1902 年盐度、氯度定义所采用的摩尔银量法有所提高，但该方法存在以下问题：

1）在总结式（1-3）时，其中的盐度 $S‰$ 仍是采用测定氯度后计算的方法得到，即仍摆脱不了 1902 年盐度、氯度定义的局限性。

2）式（1-3）计算依赖于采用的标准海水的离子组成，而不同海水的离子成分并不完全相同，这势必造成采用不同地区的海水作为标准海水时，其电导率 $\kappa_{n,T}$ 的值会有所区别，因此，计算普遍存在一定偏差，且由于海水的离子成分难以测定，该偏差不易进行校正。

3）海水温度和压力的变化对其电导率的影响很大，因此，如果测定电导率时海水的

状态与 1 个大气压、15℃的状态有偏差，则必须对电导率进行修正。

（3）1978 年的实用盐标（PSS78，Practical Salinity Scale 1978）定义。

鉴于电导盐度的上述局限性，盐度的定义需要进一步的修改，因而在 1978 年国际上提出了实用盐标，建立了实用盐度的概念。

实用盐标仍采用电导率进行计算，并沿用了 1902 年盐度概念中国际标准海水的定义，即以盐度值为 35.000‰的海水作为国际标准海水，再采用高纯度 KCl 配制成为标准 KCl 溶液，使其电导率等于 1 个大气压、15℃下国际标准海水的电导率，然后以该 KCl 溶液作为盐度值为 35.000‰的标准参考溶液。在该盐标下，实用盐度的计算公式为

$$S‰ = -0.0080 - 0.1692R_{15}^{1/2} + 25.3851R_{15} + 14.0941R_{15}^{3/2} - 7.0261R_{15}^2 \\ + 2.7081R_{15}^{5/2} \tag{1-4}$$

由于参考溶液发生变化，式（1-4）中的电导比 $R_T$ 与式（1-3）不同，而是指在 1 个大气压下，温度为 $T$ 时海水的电导率 $\kappa_T$ 与 KCl 标准参考溶液的电导率 $\kappa_{KCl, T}$ 之比。

2. 海水的主要热力学性质

海水的热力学性质一般指海水的热容、比热容、位温、体积膨胀系数、比蒸发潜热、饱和蒸汽压等，它们都是海水的固有性质，与纯水的性质有一定差异。

（1）热容与比热容。物体温度升高 1℃（或 1K）所需要吸收的热量称为热容，用 $C$ 表示，单位为 J/K，定义式为

$$C = \frac{\delta Q}{dT} \tag{1-5}$$

式中　$Q$——工质传递的热量，J。

1kg 物体温度升高 1℃（或 1K）所需要吸收的热量称为比热容，也称质量热容，用 $c$ 表示，单位是 J/（kg·K）。其定义式为

$$c = \frac{\delta q}{dT} \tag{1-6}$$

式中　$q$——比热，表示 1kg 工质传递的热量，J/kg。

由于热量 $Q$ 和比热 $q$ 是过程量，即与热力过程有关，因而比热容 $c$ 也是过程量。在工程实际中，工质经常在压力或体积接近不变的条件下进行热量交换，因此，定压过程（即工质压力保持恒定的过程）和定容过程（即工质体积保持恒定的过程）的比热容最为常用，分别称为定压比热容和定容比热容，用 $c_p$ 和 $c_V$ 表示。

海水的比热容与盐度（或浓度）、温度有一定关系。盐度的增加会使海水的比热容降低，而温度升高也会降低海水的比热容。图 1-1 显示了海水比热容与浓度和温度的关系。

（2）绝热变化和位温。在绝热条件下，当流体的压力增大时，其体积压缩，外力对流体微团做功使其内能增加，会导致其温度升高；反之，当流体的压力减小时体积膨胀，流体微团克服外力做功，内能减小，导致温度下降。这种变化称为流体的绝热变化。由于海

水的压力随着水深的增加而增大，所以，在海水绝热下沉时，其温度会升高；在绝热上升时，海水的温度会下降。

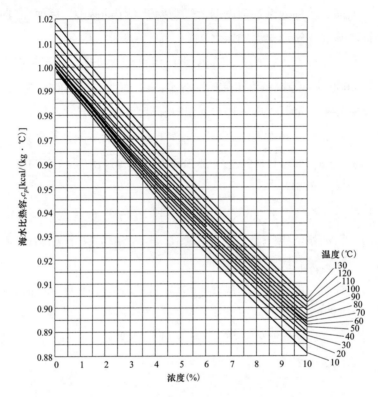

图 1-1　海水比热容与浓度和温度的关系

注：1kcal≈4.19kJ。

海水中某深度的海水微团绝热上升到海面时所具有的温度称为该深度海水的位温（Potential Temperature），其在原深度处的温度称为现场温度。海水的位温显然比其现场温度低。

（3）体膨胀系数与反常膨胀。当物体的温度变化时，其体积也会相应变化。为了表示在压力不变时单位体积物体的温度变化 1℃时其体积的变化量而提出的体膨胀系数（Volume Expansion Coefficient），也称为热膨胀系数（Thermal Expansion Coefficient），常用 $\alpha_V$ 表示，其定义为

$$\alpha_V = \frac{1}{V}\left(\frac{\partial V}{\partial T}\right)_p \tag{1-7}$$

一般情况下，温度的升高会使分子内热运动增强，导致密度减小，物体体积增大；反之，温度的降低通常会使密度增大，物体体积减小，即通常所说的"热胀冷缩"原理，此时 $\alpha_V$ 为正值。但也存在特殊情况，例如，在 0～4℃时，随着温度的上升，水的体积反而减小，此时 $\alpha_V$ 为负值；而在温度高于 4℃时，水的体积又随着温度的上升而增大，这时 $\alpha_V$ 为正值。水的这一特殊现象称为反常膨胀。可以看出，在约 4℃时 $\alpha_V=0$，此时水的密度最

大，该温度称为最大密度温度。

海水由于成分的不同，而没有固定的最大密度温度，该温度是盐度的函数，随海水的盐度的增大而降低。

（4）比蒸发潜热及饱和蒸汽压。单位质量海水蒸发为相同温度的蒸汽所吸收的热量称为海水的比蒸发潜热。在所有物质中，水具有最大的蒸发潜热。而比蒸发潜热受盐度的影响很小，因此，海水的比蒸发潜热与纯水非常接近，它对表层海水的热平衡和热状况有很大影响。

空气中蒸汽的分压称为蒸汽压，也称为水汽压；在一定的温度下，使水汽达到饱和的蒸汽压称为饱和蒸汽压。由于海水中溶解了大量物质，单位面积海面上平均水分子数目比纯水少，不挥发的溶质分子干扰了溶剂分子的活动，从而使溶剂分子逸出的倾向减小，因而其饱和蒸汽压比相同温度下水的饱和蒸汽压低，这一现象称为溶液的蒸汽压下降。

通过大量实验证明，海水饱和蒸汽压的减少量与溶液的浓度（盐度）成正比，即

$$p=p_0(1-0.000537 \times S‰) \tag{1-8}$$

式中  $p$——饱和蒸汽压力；

$p_0$——纯水的蒸汽压力。

例如，对于盐度为35‰的大洋海水，蒸汽压约下降2%。因此，海水的蒸发较纯水稍弱。

（5）沸点升高。由于海水的蒸汽压下降现象，根据同一压力下溶液的沸点必然要高于溶剂可知，随着盐度的升高，水的沸点会上升，因此，海水的沸点比纯水高，且与海水的盐度有关。例如，在一个大气压下，水的沸点为100℃，盐度为4%的海水沸点升高了0.609℃，盐度为6%的海水沸点升高了0.949℃，盐度为8%的海水沸点升高了1.322℃。

图1-2显示了海水沸点升高与浓度和温度的关系。

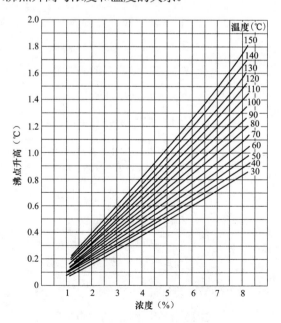

图1-2  海水沸点升高与浓度和温度的关系

在利用蒸发的方法进行的海水淡化过程中，沸点升高现象是一个需要重视的问题。例如利用温度为 110℃ 的蒸汽加热盐度为 6% 的海水使其蒸发，由于海水的沸点由 100℃ 上升为 100.949℃，即蒸发器内的温差由 10℃ 减小为 9.051℃，传热效率会有所降低。

（6）热传导。海水内部的热量传递主要由热传导和热对流两种方式进行，其中热传导根据其机理可以分为两种：在微观上，由分子随机运动引发的热传导称为分子热传导；在宏观上，由海水微团的运动引发的热传导称为湍流热传导。

（7）黏性和表面张力。黏性是流体内摩擦力的表征，通常用动力黏性系数 $\mu$ 表示。动力黏性系数定义为流体具有单位速度梯度时，单位面积上受到的切向力大小。海水的黏性（动力黏性系数）随盐度的增大稍稍增大，但随温度的升高迅速减小。

表面张力是流体表面分子间作用力的体现，其定义为流体表面垂直于任意界线的拉力大小。海水的表面张力随温度的增高而减小，随盐度的增大而增大。

（8）密度与比重。密度是指单位体积物质的质量。而比重则是指物质与标准大气压下 3.98℃ 的纯水的密度之比。海水的密度随温度和盐度呈线性变化关系，但压力对密度的影响较小，一般不予考虑。

## 二、海水淡化技术概况

### （一）海水淡化技术概述

海水淡化是指从海水中获取淡水的技术过程，其目的是通过脱除海水中的大部分盐类，使处理后的海水达到生活和生产用水标准。海水淡化技术的规模化发展开始于 20 世纪中叶，最早在中东地区得到大规模应用；随着水资源危机的加剧，近 20 年来海水淡化技术在中东以外许多国家和地区也得到了迅速发展，并成为世界许多国家为解决缺水问题普遍采用的战略选择，其有效性和可靠性已经得到了广泛的认同。

据 GWI Desal Data/IDA 最新年度报告统计，截至 2015 年 6 月，全球累计签约脱盐工厂 18611 座，项目产能 9230 万 m³/天，全球累计投产脱盐工厂约为 18426 座，项目产能 8680 万 m³/天；其中海水淡化产能约为 5121 万 m³/天，占比 59%。图 1-3 给出了按照给水分类的世界总脱盐产能。

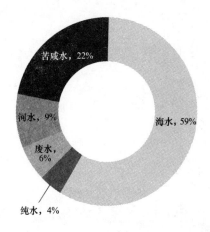

图 1-3 世界总脱盐产能（按给水分类）

中国的海水淡化从 1958 年起步，至今已有深厚的技术积累。近年来，中国的海水淡化技术在技术研发、装备制造、产水能力等方面都取得了重要进展，中国制造的海水淡化设备已出口到印尼、印度等国家。根据国家海洋局发布的《2015 年全国海水利用报告》，截至 2015 年底，我国已建成海水淡化工程 121 个，产水规模日均 100.88 万 t，最大海水淡化工程规模为每天 20 万 t。目前海水淡化工程主要采用反渗透和低温多效蒸馏海水淡化技术，产水成本每吨 5～8 元，主要用于市政和电力行业。

（二）海水淡化技术分类

根据不同的分类标准，海水淡化的方法有不同的分类方式。

按分离过程有无相变分类，海水淡化的方法可以分为相变法和非相变法两种。相变法主要包括蒸馏法、冷冻法、气体水化物法等，非相变法主要包括膜法、离子交换法、溶剂提取法等。其中最常用的是蒸馏法和膜法，蒸馏法主要包含多效蒸发法（Multiple-Effect Distillation，MED）、多级闪蒸法（Multiple-Stage Flash，MSF）、压汽蒸馏法（Vapor Compression，VC）等，膜法海水淡化技术则包含了反渗透法（Reverse Osmosis/Sea Water Reverse Osmosis，RO/SWRO）和电渗析法（Ectrodialysis，ED）两种。

根据利用的能源不同，海水淡化方法也可以分为机械能驱动法、热能驱动法、电能驱动法等利用传统能源驱动的方法和太阳能驱动法、核能驱动法等新型能源驱动的方法。太阳能驱动法由于其环保、节能等特点，是现在世界各国广泛重视的海水淡化方法。该方法可以直接利用太阳能的辐射能量加热海水，使其蒸发汽化后冷凝得到淡水，也可以利用太阳能作为能源和其他海水淡化方法有机结合生产淡水。例如，太阳能多效蒸馏法是利用太阳能作为热源，采用多效蒸馏工艺进行海水淡化；太阳能反渗透法是利用太阳能产生具有一定压力的蒸汽，将其作为海水反渗透装置的动力进行海水淡化，或利用太阳能发电，采用反渗透工艺进行海水淡化。其他太阳能海水淡化方法还包括低位露点蒸发、气提等方法。太阳能海水淡化装置规模较小，适用于日照强度较大的海岛及边远地区淡水的生产。同时，作为拥有巨大潜力的能源，核能在海水淡化中的应用也已有广泛研究，包括利用反应堆直接产生的蒸汽和核电站汽轮机抽汽进行的蒸馏淡化，以及利用核电所进行的膜法与压汽蒸馏法淡化等。

1. 蒸馏法

蒸馏法是最早广泛应用，也是最主要的海水淡化方法。蒸馏法海水淡化是将海水加热蒸发，再使蒸汽冷凝得到淡水的过程。相比于其他淡化方法，蒸馏法具有明显的优势：设备简单可靠；受原水浓度限制较小，即当料液浓度变化时，蒸发过程的条件改变不大，能耗变化较小，故蒸馏法更加适合于海水及高浓度苦咸水淡化；海水蒸发所得的水就是蒸馏水，水质较高；直接利用热能，避免了能量转换过程的损耗；可利用低压蒸汽、废可燃气体、熔炉废热、温泉热等廉价热能，较为经济。

（1）多效蒸发法（Multiple-Effect Distillation，MED）。多效蒸发法是将海水加热后依次通入多级（也称为效）串联运行的蒸发器，利用前一效蒸发的二次蒸汽作为下一效的加热蒸汽，再将二次蒸汽冷凝成为淡水。由于海水呈梯级传热，后一效的蒸发温度均低于前一效，所以提高了系统的热能的利用率，降低了能耗。多效蒸发法设备结构示意如图 1-4 所示。

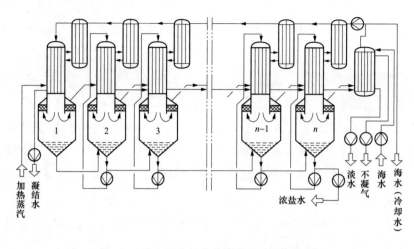

图 1-4　垂直管多效蒸发法设备结构示意图

据海水在管内的流向不同，多效蒸发法可以分为垂直管蒸发（Vertical Tube Evaporator，VTE）和水平管蒸发（Horizontal Tube Evaporator，HTE）。而依据操作温度，多效蒸发法则包括两种类型，一种是高温多效蒸馏（High Temperature Multiple-Effect Distillation，HT-MED），其操作温度一般较高，顶温为 100～120℃，在 20 世纪早期为火力发电厂所广泛使用，但因为在该温度下，硫酸钙、碳酸钙等盐类容易沉淀，所以会产生严重的结垢问题；另一种是低温多效蒸馏（Low Temperature Multiple-Effect Distillation，LT-MED），是 20 世纪 70 年代初期由以色列 IDE 公司在传统多效蒸馏（MED）的基础上开发的，该方法顶温为 65～70℃。由于顶温较低，LT-MED 较 HT-MED 能耗更低，热效率更高，结垢现象也大幅减轻，制水成本更低，更具市场竞争力，是蒸馏法中最节能、最有发展前景的技术之一。1997—2002 年，MED 仅占世界蒸馏法海水淡化的约 25%；而 2003—2008 年，MED 占了世界蒸馏法海水淡化市场的 42%。2013 年，MED 技术占中国海水淡化总产能的 33.49%。近年来，MED 技术在中国发电厂、钢厂等有低品位热源的工业企业得到推广应用。目前，多效蒸发的研究多集中于提高其传热效果、制作材料、系统优化等方面。

（2）多级闪蒸法（Multiple-Stage Flash，MSF）。多级闪蒸法是多级闪急蒸馏法的简称，是热法海水淡化的一种。闪蒸和普通蒸发过程的不同，主要在于沸腾蒸发时不是靠外来的热源加热而是利用自身的显热进行蒸发，蒸发不在金属管壁上进行，而是在闪蒸室进行。在蒸发之前用外来热源（如一定温度的蒸汽）对溶液进行加热，但并不使其沸腾，然后将热溶液通往维持在一定真空度下的闪蒸罐，热溶液就处于过热状态，产生闪急蒸发，简称闪蒸。多级闪蒸则充分利用了温度差，将热溶液的降温分为若干级，在多个压力逐级降低的串联闪蒸釜内逐级进行闪蒸，蒸发的蒸汽用于加热下一级的热溶液，在最后一级出口冷凝成淡水。在多级闪蒸过程中，由于级间压力的降低，使由上一级进入下一级的浓海水和淡水均发生闪蒸，虽然闪蒸的量占各效的总蒸发量很小，但仍不能忽略该过程对传热面积的影响。多级闪蒸法设备结构如图 1-5 所示。

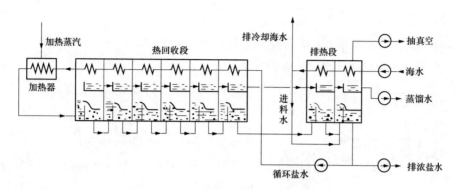

图 1-5 多级闪蒸法设备结构示意图

多级闪蒸技术成熟于 20 世纪 60 年代初,由于该方法通常以汽轮机低压抽汽作为热源,加热过程与蒸发过程分开进行,所以该方法中海水结垢倾向小。在海水淡化方法中,多级闪蒸法的技术最成熟,单机容量大,淡化水量最大,适合于大型和超大型淡化装置,且其整体性好,操作弹性大,运行安全性高,是目前全球海水淡化装置中产量最大的一种。

多级闪蒸法在海湾国家采用较为广泛,但由于过程能耗较高,近年来在海水淡化市场中的份额逐年降低,我国应用的极少。天津大港电厂于 1989 年引进美国 ESCO 公司两套3000t/天多级闪蒸海水淡化装置,运行至今。目前,多级闪蒸法的研究正朝着进一步扩大单机容量,系统操作最佳化,开发对环境影响小、用量小的新型阻垢剂,研究新型传热材料的方向发展。

(3)压汽蒸馏法(Vapor Compression,VC)。压汽蒸馏法是将蒸发过程中产生的蒸汽进行压缩,提高其压力和温度后,再将其用作蒸发器的加热蒸汽,最后将这股蒸汽冷凝成淡水。压汽蒸馏法设备结构示意图如图 1-6 所示。

按照工作状态,压汽蒸馏法可以分为常压压汽蒸馏法和负压压汽蒸馏法;按照设备结构,压汽蒸馏法可以分为水平管降膜喷淋式和垂直管式两种形式。压汽蒸馏法需要的能量较低,仅为单效蒸馏装置的 30%左右。但由于蒸汽的比容较大,因而压汽蒸馏法只能在低真空条件下工作,否则需要相当大压缩机来收容蒸汽。因此,压缩蒸馏装置蒸发温度较高,易结垢,一般可用于中、小型海水淡化装置,多为日产百吨级、千吨级。目前已研究开发出适合于仅可供电能的岛屿和地区的低温压汽蒸馏技术,可以长期无故障运行,人工和维修费用较低,且可靠性较好。

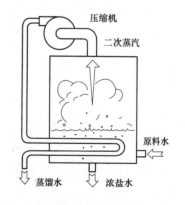

图 1-6 压汽蒸馏法设备结构示意图

在热力学淡化方法中,效率可以用两个参数进行衡量:性能比(PR)和获得输出比(GOR)。GOR 是蒸馏后产生的淡水与系统提供蒸汽的质量比,又称为造水比。PR 定义为蒸馏产生的淡水质量与系统输入蒸汽的热量的比值。

## 2. 膜法

膜法海水淡化技术是指利用天然或人工合成的高分子薄膜，以外界能量或化学位差为推动力，将海水溶液中盐分和水分离的方法。由于膜法海水淡化过程中不存在相变，能量消耗较少，且分离效率高，设备简单，是目前海水淡化方法中最具潜力的方法之一。膜法主要包括电渗析法、反渗透法、正渗透法等。

（1）电渗析法（Electrodialysis，ED）。电渗析法海水淡化技术起源于 20 世纪 50 年代。该技术以外加直流电场为推动力，使得正、负离子定向通过有选择性的交换膜，从而将离子从溶液中分离。图 1-7 所示为电渗析法的工艺流程图。

由于电渗析法所耗电能主要用于迁移溶液中的电解质离子，所以其消耗的电能与溶液浓度成正比，对于不导电的颗粒没有去除能力。因此，电渗析法一般适用于含盐量 500～5000mg/L 苦咸水中、小型淡化系统，因为在海水淡化上能耗较大，所以应用较少。

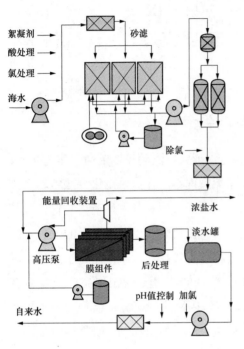

图 1-7 电渗析法工艺流程图

（2）反渗透法（Reverse Osmosis / Sea Water Reverse Osmosis，RO / SWRO）。反渗透法是对于两侧分别为海水和纯水的只允许溶剂透过、不允许溶质透过的选择性渗透膜，将海水侧加压至渗透压以上，利用高压使水分子穿过透水不透盐的选择性渗透膜的淡化方法。因为这一过程与自然渗透的方向（水分子向盐度较高的一侧渗透）相反，故称为反渗透。图 1-8 所示为反渗透过程与自发渗透过程的原理对比。图 1-9 所示为反渗透法的工艺流程图。

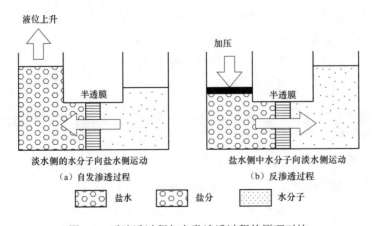

图 1-8 反渗透过程与自发渗透过程的原理对比

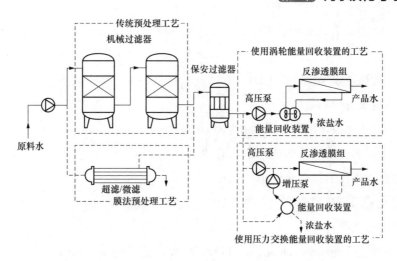

图 1-9 反渗透法工艺流程图

反渗透法是 20 世纪 70 年代逐渐发展起来的一项新技术，适用于海水、苦咸水，大型、中型或小型各种规模。浓盐水余压能量回收装置的发展与应用，使其脱盐能耗大幅度降低，成为当下发展最快的海水淡化技术，应用逐步扩大，市场占有率不断提高，现已成为海水淡化的主要方法之一，装机容量逐年递增。除了海湾国家，欧美和亚洲的大、中生产规模的淡化装置都以反渗透技术为首选。

反渗透海水淡化工程主要包括四部分：取排水工程、前处理单元，反渗透主机和后处理单元。这四部分的合理设计保证了反渗透海水淡化系统的正常运行。目前，应用反渗透海水淡化的商用形式主要是螺旋缠绕膜和中空纤维膜技术。两者均采用浓密充塞使渗流较高，达到较高的效率。中空纤维反渗透膜由与人类头发相近尺寸（内径为 42μm，外径为 85μm）的中空管构成，布置在围绕中心给水管的柱状套层的 U 形组中，如图 1-10 所示。螺旋缠绕膜由半透方形膜板对半叠合，以便多孔织物插入到内部，如图 1-11 所示。

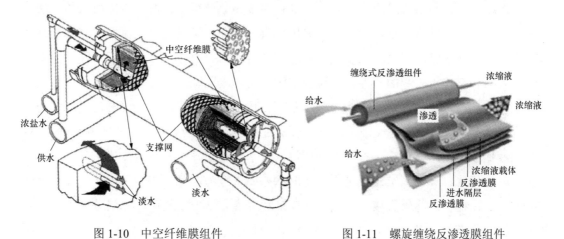

图 1-10 中空纤维膜组件          图 1-11 螺旋缠绕反渗透膜组件

预处理的目的是去除海水中的悬浮物和胶体杂质，并防止钙盐沉积在膜元件表面和受微生物污染。反渗透主机由反渗透膜堆、高压泵和能量回收装置三部分组成，其中高压泵使进水升压后进入膜堆，透过膜的纯水作为产品水，而未透过膜的浓盐水可综合利用或直接排放。由于反渗透膜不能除去 $CO_2$，所以一般情况下经过反渗透的产水呈弱酸性，并且硬度偏低，通常要进行后处理。

反渗透海水淡化技术的研究主要在以下方面展开：

1）进一步提高反渗透膜的透水率、脱盐率。

2）增加反渗透膜的抗氧化性能。

3）新型能量回收装置的研究。

4）工艺最佳化研究等。

（3）正渗透法（Forward Osmosis，FO）。与反渗透法相反，正渗透法是利用正渗透过程进行海水淡化。该方法通过在纯水侧加入某种溶质制成汲取液，使其产生高于盐水侧的渗透压，则盐水侧的水分子会通过选择性渗透膜进入汲取液侧，之后再将溶质与水分离得到淡水。

正渗透法对于汲取液溶质的要求较高，需要满足以下条件：在水中有较高的溶解度，无毒性，能稳定存在，呈中性或接近中性，容易与纯水分离并可以重复使用。因此，和选择性渗透膜的研究类似，对于汲取液的研究也是正渗透法中的重要课题。虽然正渗透法的出现时间较晚，但由于其低压操作、低能耗、低污染的优势，其研究具有很强的潜在价值。

3. 冷冻法

由于冰是单矿岩，结晶时会排出其他物质，所以可以利用这一原理进行海水淡化。

根据结冰方式不同，冷冻法海水淡化可以分为天然冷冻法（海水天然结冰后进一步去除盐分）和人工冷冻法（利用冷冻装置将海水冷却至冰点以下，去除盐分）。根据传热方式的不同，冷冻法则可以分为直接冷冻法和间接冷冻法。

间接冷冻法是利用低温冷冻剂与海水进行间接热交换后，使海水冷冻成水的方法。这种方法由于传热效率较低，因而很少采用。直接冷冻法又包括真空蒸发式直接冷冻法和二次冷媒直接接触法。真空蒸发式直接冷冻法将海水控制在三相点附近，利用海水在三相点处三相会趋于一相的特性，使海水同时气化和凝固，再将得到的蒸汽和冰分别液化和融化得到淡水。二次冷媒直接接触法则是将预冷的海水和冷冻剂混合，通入有一定真空度的冷冻室中，冷冻剂气化吸热使海水凝固成冰，之后两者进入气压较高的融化室，冷冻剂液化放热使冰融化，再将两者分离得到淡水。真空蒸发式直接冷冻法与二次冷媒直接接触法相比，真空蒸发式直接冷冻法的状态要求较为苛刻，需要压力、温度满足三相点的要求；但二次冷媒直接接触法对冷冻剂和分离方法要求较高，如果分离不当，会造成淡水的污染。

整体上看，由于处于低温条件下，冷冻法腐蚀和结垢的问题较其他方法更轻；且由于水的凝固潜热低于汽化潜热，所以冷冻法更为节能；同时由于预处理较为简单，其设备投资低。但由于一些关键技术问题尚未解决，冷冻法海水淡化尚且难以商业化。

4. 新型淡化技术

除了前文介绍的几种主流海水淡化技术，近年来随着海水淡化技术的迅猛发展，还出现了许多尚未广泛应用的新型海水淡化技术，如吸附淡化法、膜蒸馏、露点蒸发、渗透蒸发、微生物脱盐电池、离子浓度极化、笼形水合物等。

（1）吸附淡化法（CDI）。流动电容（吸附淡化法）通过流动电容器（Flow Through Capacitor，FTC）的充电（离子吸附）和放电（离子脱附）循环操作实现对海水的淡化过程。CDI 由于具备节能、循环寿命长、脱盐和再生时无需化学药品等优点，将有望应用于商业化海水或苦咸水淡化、工业废水处理及市政供水处理等领域。CDI 已成为目前最有发展前景的一种海水淡化新技术。

（2）膜蒸馏。膜蒸馏是一种用于处理水溶液的新型膜分离过程。膜蒸馏中所用的膜是多孔的和不被料液润湿的疏水膜，膜的一侧是与膜直接接触的待处理的热水溶液，另一侧是低温的冷水或是其他气体。由于膜的疏水性，水不会从膜孔中通过，但膜两侧由于水蒸气压差的存在，而使水蒸气通过膜孔，从高蒸气压侧传递到低蒸气压侧。膜蒸馏过程的推动力是膜两侧的水蒸气压差，一般是通过膜两侧的温度差来实现，因此，膜蒸馏属于热推动膜过程。膜蒸馏是一种膜不直接参与分离作用的膜过程，膜的唯一作用是作为两相间的屏障，选择性完全由气-液平衡决定。膜蒸馏法避免了蒸馏法易结垢、怕腐蚀和反渗透法需要高压操作的缺点。在海水淡化方面具有很大的应用潜力。

（3）露点蒸发。露点蒸发是增湿-去湿淡化技术的一个分支，典型的增湿去湿淡化装置则由蒸发室、冷凝室和加热器组成，载气（一般是空气）在蒸发室中被热盐水汽化所增湿，携带一定量的水蒸气后进入冷凝室中去湿冷凝得到淡水，冷凝潜热则通过预热进料海水来进行回收。露点蒸发是一种中小规模的淡化技术，而且操作条件温和，对设备强度的要求低，便于应用性能适宜且廉价的高分子材料。露点蒸发本身的特点非常适合于小范围甚至家庭式的淡水制取，在我国数千个岛屿和大片西北苦咸水地区具有广阔的应用前景。

（4）渗透蒸发。渗透蒸发又称渗透汽化（Pervaperation，PV），包括蒸气渗透（Vapour Permeation，VP）是用于液（气）体混合物分离的一种新型膜技术。它是在液体混合物中组分蒸汽分压差的推动下，利用组分通过致密膜溶解和扩散速度的不同实现分离的过程，其突出的优点是能够以低的能耗实现蒸馏、萃取和吸收等传统方法难以完成的分离任务。

（5）微生物脱盐电池。微生物脱盐电池（Microbial Desalination Cell，MDC）为一项于2009 年由相关研究学者提出的新兴海水淡化方式，是一种能够同时达到分解污染物、产电与去除高浓度盐水之绿色生物电化学技术。而微生物脱盐电池的构造与一般常见的生物燃料电池不同，是由阳极槽（Anode Chamber）、脱盐槽（Desalination Chamber）与阴极槽（Cathode Chamber）所构成的三槽式的反应器，并在脱盐槽两侧分别加上阴离子交换膜

（Anion Exchange Membrane）与阳离子交换膜（Cation Exchange Membrane），可选择性地仅让阳离子或阴离子通过。

微生物脱盐电池的原理是透过阳极槽内的产电微生物降解废水中的有机物同时向阳极液体中释放出质子，由于阳极槽旁紧邻着阴离子交换膜，使得产生的质子无法穿透薄膜并使正电荷于阳极槽内累积。另外，阳极槽中产生的电子透过外部回路传递至阴极槽并消耗了阴极槽中的质子，使阴极槽内的氢氧根离子不断增加，造成负电荷累积。因此，由阴阳两极槽的电荷不平衡与离子交换膜的选择性，使其能在不施加外部压力与电场下，让脱盐槽内的钠离子向阴极槽移动、氯离子向阳极槽移动，进而达到海水淡化的目的。

（6）离子浓度极化。离子浓度极化（Ion Concentration Polarization）的创新技术，并没有使用传统的反渗透技术，简单地说就是通过静电作用来"驱除"海水中的盐离子和其他杂质，从而获得淡水。

（7）笼形水合物。利用水合物进行海水脱盐流程示意如图 1-12 所示。整个设计流程为将气体分子（二氧化碳或空气）注入海水中，在水合物形成条件下进行反应，气体分子将与海水中的水分子形成气体水合物，再将形成的水合物从浓缩的盐水中分离出来，最后将水合物加热后即可制成可饮用的纯水，而从水合物中脱离出来的气体分子可回收至气体进料管中重复使用。

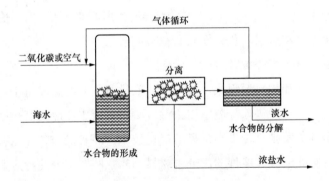

图 1-12　利用水合物进行海水脱盐流程示意图

利用笼形水合物的形成过程，可以有效地分离气体、降低能耗、减轻污染。虽然笼形水合物在工程应用以及科学研究中有着重要的价值，但其晶体结构、成键机制、温压相图、热化学与力学稳定性、合成与分解的反应动力学、声学弹性与海底沉积的反应，以及扩散和输运性质等都有待深入的研究。

## 三、主流海水淡化技术比较

在海水淡化的发展历程中，逐渐形成了以蒸馏法中的多级闪蒸（MSF）、低温多效蒸馏（LT-MED）和膜法中的反渗透（SWRO）为主的三大主流技术，这里主要就这三种技术进行比较分析。全世界与中国海水淡化技术产能分布如图 1-13 所示。

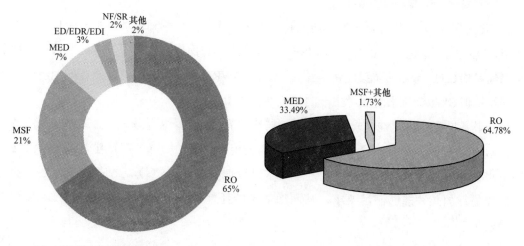

（a）全世界海水淡化技术产能占比（Pankratz 2014）　　　（b）2013年中国海水淡化技术产能分布

图1-13　全世界与中国海水淡化技术产能分布

（一）主要海水淡化技术特点比较

对进水水质的要求、单机产水量、可变工况能力、电（热）耗以及操作温度等工程条件的不同，既是不同海水淡化方法的主要区别，也是影响工程选择应用的主要因素。常规海水淡化方法的技术与经济数据如表1-6所示。

表1-6　　　　　　　　　　　常规海水淡化方法的技术与经济数据

| 能源应用类型 | 机械能 | | 热　能 | |
|---|---|---|---|---|
| 技术类型 | MED-MVC | RO | MSF | MED-TVC |
| 最新状态 | 商用 | 商用 | 商用 | 商用 |
| 2004全球已安装容量（Mm³/天） | 0.6 | 6 | 13 | 2 |
| 热能耗费（kJ/kg） | — | — | 250~350 | 145~390 |
| 电力消耗（kW·h/m³） | 8~15 | 2.5~7 | 3~5 | 1.5~2.5 |
| 成本［$/（m³·天）］ | 1500~2000 | 900~1500 | 1500~2000 | 900~1700 |
| 调试期（天） | 12 | 18 | 24 | 18~24 |
| 每单位生产能力（万t/天） | <0.3 | <2 | <7.6 | <3.6 |
| 转换系数（%） | 23~41 | 20~50 | 10~25 | 23~33 |
| 顶部盐水温度（℃） | 70 | 45 | 90~120 | 55~70 |
| 可靠性 | 高 | 中 | 很高 | 很高 |
| 维护（每年清理次数） | 1~2 | 高频 | 0.5~1 | 1~2 |
| 预处理 | 非常简单 | 难 | 简单 | 简单 |
| 操作要求 | 非常简单 | 难 | 简单 | 简单 |
| 水产品质量（mg/L） | <10 | 200~500 | <10 | <10 |

蒸馏法中，MSF 操作温度高，防腐材料费用昂贵，由于额外地增加了加酸与脱气处理环节，生产成本也进一步上升。与 MSF 相比，MED 的操作温度适中，电耗、管壁腐蚀及结垢速率均较低，变工况能力也明显优于 MSF。SWRO 只消耗电能，其能耗的经济性优于蒸馏法；但 SWRO 进水温度对生产的稳定性存在重要影响。

从设备投资、运行维护成本及合理安排产能等方面进行综合考虑，蒸馏法与反渗透法都是常用的主流方法，在实际应用中的选择需要根据工程的实际情况确定。以北方滨海电厂电水联产项目为例，由于冬季北方海域水温较低（一般＜5℃），此时 SWRO 装置的进水需要另行加热才能够满足要求，从而增加了能耗。三种主要海水淡化工艺技术参数对比见表 1-7。

表 1-7　　　　　　　　　　三种主要海水淡化工艺技术参数对比

| 主要技术参数 | 低温多效 | 多级闪蒸 | 反渗透 |
|---|---|---|---|
| 最高操作温度（℃） | ＜70 | ＜120 | 常温 |
| 主要能源 | 热能、电能 | 热能、电能 | 电能 |
| 蒸汽消耗（t/m³） | 0.1 左右 | 0.1 左右 | 无 |
| 电能消耗（kW·h/m³） | 1.0～1.8 | 3.5～4.5 | 3.0～5.0 |
| 产品水质（mg/L，TDS） | ＜10 | ＜10 | 300～500 |
| 造水比 | 6～15 | 6～12 | — |
| 对预处理要求 | 低 | 低 | 高 |
| 化学品消耗 | 少 | 少 | 多 |
| 维护工作量 | 少 | 少 | 大 |
| 装置投资 | 较低 | 高 | 低 |
| 最大单机容量（m³/天） | 68000 | 90000 | 70000 |
| 水回收率（%） | 30～40 | 12～25 | 40～45 |

（二）MED 与 MSF 工艺的比较

两者可采用几乎完全相同的节能措施，如热电联产、余热能利用等。

MED 过程的蒸发率与效数紧密相关，效数越多，蒸发率越高。而 MSF 过程的蒸发率只与闪蒸温度范围有关，与级数没有直接的关系。通常，MED 装置效数较少，一般在 15 效之内，而 MSF 装置多在 28～40 级之间。MED 蒸馏过程浓缩率较高，它所需的补给海水流量较小，只是 MSF 过程的 1/4 左右，因此，其泵功消耗较小。MSF 过程宜在额定出力 60%以上的工况下运行，MED 装置则可在更低一些的负荷下正常工作。

MSF 过程中，具有一定速度（1.5～2.5m/s）的海水对管内壁有冲刷作用，泥沙不易沉积在管壁上。海水泥沙含量高对 MED 装置喷嘴的磨损、管壁的冲蚀应引起重视。若在泥沙含量较高的沿海地区安装 MED 装置，需设置泥沙沉淀池。

（三）MED 与 RO 工艺比较

在 RO 和 MED 工艺间作选择时主要需考虑入料海水质量和温度、需要的产品水品质、现场可提供的能源及成本。

与 RO 相比，MED 的优点主要在于：MED 水厂对入料海水质量和温度变化不敏感。在大多数情况下 MED 只需常规的预处理（例如粗过滤、附加的氯化处理），但 RO 工艺对入料海水质量的要求较高，通常要求在入料海水中绝对不能含有机物（COD）和油污，以及含尽可能低的悬浮固体（TSS），需要使用的预处理复杂。 RO 工艺适宜的海水温度为 15～25℃，MED 工艺适宜的海水温度为 0～35℃。通常在 MED 和 RO 工艺中都需要添加阻垢剂，但在多数情况下，RO 工艺中还需要加入更多的化学品，如硫酸（调节 pH 值），混凝剂和絮凝剂，增加运行药剂成本与排放污染物。与相应的 RO 水厂相比，MED 水厂的操作简易，MED 水厂的利用率和可靠性高，所需的操作和维护人员少，运行维护成本较低。应用于锅炉补充水的海水淡化项目，MED 产品水纯度高，与 RO 相比所需的进一步脱盐处理流程得到简化，锅炉补充水制水成本降低。与 RO 水厂相比，MED 水厂的实际寿命要长得多，MED 水厂至少可以满负荷稳定运行 30 年以上。

与 RO 相比，MED 的主要缺点在于：与采用能量回收装置的 RO 过程比较，MED 的过程能耗较高。 MED 工艺除蒸发器进料海水，还需额外的冷却水，一般产品水回收率较 RO 过程低。

# 第三节　海水淡化技术在电力行业的应用需求

## 一、电力行业面临的淡水资源问题

中国是一个以火力发电为主的国家，火电机组装机容量占总容量的 70%左右。虽然近些年国家不断调整产业结构，大力推进新能源的建设，但火力发电的主导地位短期内不可能被取代。

而水是火力发电厂的最重要的资源之一，火力发电厂作为我国工业中典型的高耗水企业，节水的重要性关系到国家能否科学合理地使用水资源，保护生态环境，能否可持续发展的国家战略。但是，多数电厂分布在水资源紧缺地区，耗水量高是影响发电效益和制约电厂发展的重要因素。对于北方地区缺水更是严重，许多地区在选厂时不得不"以水定电"。近年来，新建沿海电厂均采用工业用水闭式循环、海水直接冷却凝汽器等节水措施，但淡水需求量仍然很大。解决电力工业淡水供应问题对缓解我国水资源供需紧张状况有着重大作用。

火力发电厂的主要能量转换包括如下过程：通过燃料的燃烧，将化学能先转变成热能传递给锅炉中的水，使之变为具有一定压力和温度的蒸汽后，蒸汽进入汽轮机中膨胀做功，推动汽轮机旋转，热能转变为机械能，旋转的汽轮机转子带动发电机转子，将机械能变为电能，经过变压器送入电网。火力发电能量转换示意如图 1-14 所示。

图 1-14　火力发电能量转换示意图

显而易见，水在这一过程中起到了关键的作用。此外，在火力发电厂的生产过程中，水还发挥着冷却、传输物质、传递热能、清洁、生产保障（饮用、洗浴、绿化、消防）等作用。

同时，由于环境问题日益严重，我国的火力发电企业面临着严峻的环保形势，各火力发电企业亟须节能降耗。2004 年，国家发展和改革委发布了《关于燃煤电站项目规划和建设有关要求的通知》，要求高度重视节约用水，鼓励新建、扩建燃煤电站项目采用新技术、新工艺，降低用水量。对扩建电厂项目，应对该电厂中已投运机组进行节水改造，尽量做到发电增容不增水。在北方缺水地区，新建、扩建电厂禁止取用地下水，严格控制使用地表水，鼓励利用城市污水处理厂的中水或其他废水。原则上应建设大型空冷机组，机组耗水指标要控制在每百万千瓦 $0.38m^3/s$ 以下。鼓励沿海缺水地区利用火力发电厂余热进行海水淡化等。

从 2003 年开始，火力发电的单位发电量的耗水量、排污量逐年递减，电力部门占工业用水的比重有所下降；但是耗水量仍然很高，对于部分缺水地区来说，火力发电的生产仍受到水资源的制约。目前，北方缺水地区在选厂时仍不得不"以水定电"，有的电厂由于缺水而不能满发，有的供水工程需投资上亿元，一些具有良好经济效益的坑口电站，因水源解决不了而不得不付诸东流。因此，电厂通过海水淡化生产淡水，有利于节约天然淡水资源，符合国家环保政策，并对提升电厂经济效益以及保障可持续发展有着十分重要的作用。

## 二、中国海水淡化产业发展环境分析

### （一）中国海水淡化发展机遇

对沿海城市和地区，向海洋要水是解决我国严重缺水问题的有效措施之一。随着天然淡水资源的消耗，"水取之不尽"的时代已一去不复返，淡水的消费价格逐年提高，而近年来海水淡化产水的成本价却有所下降，这也为缺水的沿海地区发展海水淡化产业提供了市场。

目前，我国海水淡化面临着重要发展机遇：一是我国继续支持东部沿海地区经济率先发展，该地区水资源供需矛盾将会更加突出，为海水淡化提供了巨大的发展空间；二是海水淡化技术日趋成熟，成本也逐渐降低，为大规模应用海水淡化奠定了坚实的基础；三是节约水资源，严格控制地下水开采的机制逐步形成，有效地抑制了常规水资源的消费，从而形成引导海水淡化大规模应用的动力；四是相关政策法规的陆续出台，为海水淡化提供了良好的政策环境；五是我国经济的快速增长、科学技术的迅猛发展、综合国力的不断增强、各级政府和社会各界对海水淡化的高度重视，都为海水淡化产业发展提供良好的外部环境、坚实的物质基础和广阔的发展空间。

我国具有发展海水淡化的优越条件。随着国家相继批准的从北到南一系列沿海地区发展规划的实施，"十二五"期间我国沿海地区经济社会进入了新的快速发展时期，这为发展海水淡化提供了坚实的社会经济基础。我国大陆海岸线总长 1.8 万多公里，有 150 个左右的沿海城市，6500 多个 500m² 以上的岛屿，这是我国发展海水淡化有利的地理条件。

同时，海水淡化成本也将随着技术发展和产业规模的增加进一步下降。在"十一五"建成的万吨级反渗透海水淡化示范工程中，包括工程和设备折旧、运行维护等费用在内的全制水成本已经可以控制在 6 元/t 以内；自主设计建造的日产 25000t 低温多效蒸馏海水淡化工程在造水比、吨水能耗等性能方面已达到或优于国外企业在当地建造的同类工程水平。随着关键设备国产化进度的加快和科技水平的提升，我国海水淡化成本还将继续下降。

目前，海水淡化的实施已得到我国政府的重视。《中华人民共和国水法》第 24 条规定："在水资源短缺的地区，国家鼓励对雨水和微咸水的收集、开发、利用和对海水的利用、淡化"。2005 年编制的《全国海水利用专项规划》与沿海各省区编制的海水利用规划中，也重点鼓励海水淡化技术的应用。2012 年 2 月国务院办公厅发布的《关于加快发展海水淡化产业的意见》（国办发〔2012〕13 号）提出了到 2015 年海水淡化产业的发展目标：我国海水淡化能力达到 220 万～260 万 m³/天；海水淡化原材料、装备制造自主创新率达 70%以上；建立较为完善的海水淡化产业链，关键技术、装备、材料研发和制造能力达到国际先进水平。2012 年 6 月国务院下发了《"十二五"节能环保产业发展规划》（国发〔2012〕19 号），将"膜法和热法海水淡化技术"列为资源循环利用产业重点领域。《规划》将"规划建设海水淡化产业基地建设工程"列为重点工程之一，"培育由工程设计和装备制造企业、研究单位、大学、相关原材料生产企业等共同参与，集研发、孵化、生产、集成、检验检测和工程技术服务于一体的海水淡化产业基地。"

2015 年，国务院发布了《水污染防治行动计划》（通常称为"水十条"），以到 2020 年全国水环境质量得到阶段性改善，到 2030 年力争全国水环境质量总体改善为目标，采取不同措施切实加大水污染防治力度，保障水资源的合理利用。这对于海水淡化技术的发展起到了鼓励作用。

我国海水淡化产业发展总体上按如下思路进行：

（1）全面推进节水型社会的建设，把由倡导性发展海水淡化的方式转变为约束性和保障性方式，尤其是通过严格控制用水指标和地下水开采，积极培育和拓展海水淡化市场，为海水淡化的大规模应用创造条件。

（2）以示范工程建设为突破口，通过技术、政策示范，为我国海水淡化的应用规模化和技术、产业发展积累经验。

（3）通过扩大海水淡化的应用规模，为沿海（海岛）地区和近海严重缺水城市的经济发展提供稳定水源，为改善生态环境提供保障。

（4）通过海水淡化的广泛实施，带动海水淡化技术、水务投资、装备制造业的发展，最终形成"应用-产业化-技术创新"相互促进的良性发展模式。

（二）中国海水淡化产业竞争分析

我国海水淡化科技发展机遇和挑战并存，总体而言机遇大于挑战，但对面临的挑战也必须高度重视。对比国内外海水淡化科技发展现状，必须清醒地看到，我国海水淡化产业刚刚起步，海水淡化成本相对较高，整体技术水平与世界先进水平还有较大差距，尤其是大型海水淡化装备自主创新关键技术亟待突破，大型海水淡化成套化、规模化技术程度较低。截至 2012 年，我国已建成的 16 个万吨级以上的海水淡化工程中，自行建设的仅占 25%（4 个），以产水量计算我国自行建设的则不到 13%。当前国外公司正凭借低价销售、与国内合资建厂等方式，继续抢占我国未来海水淡化市场份额，以期长期保持垄断之势。在我国这样一个人口总量世界第一、经济总量世界第二、淡水资源短缺的国家，海水淡化核心设备主要依赖进口的局面必须尽快改变，这不仅是我国海水淡化产业发展的要求，也是确保国家安全和社会经济可持续发展的要求。

我国海水淡化面临的挑战具体有如下方面：

（1）海水淡化关键技术研究不扎实、核心设备开发不够。经过几个五年计划的发展，我国海水淡化技术从最早的引进关键设备、集成共性技术和建设示范工程，发展到突破多项核心技术、自主生产部分关键设备和具有较大的工程设计建造水平，但能量回收装置等关键设备仍未实现国产化应用，反渗透海水淡化膜等产品性能与国际先进水平还有显著差距，产品的市场竞争力明显不足；低温多效蒸馏海水淡化技术与世界先进水平相比还存在差距。

（2）缺乏大型海水淡化装备加工制造及运行维护的工程实践。目前，我国海水淡化工程规模仅为世界的 1%，这与我国占世界 1/5 的人口总量和世界第二大经济体的地位严重不符，与我国严峻的供水形势也很不相称；而其中约一半以上又是由国外公司主导承建，我国到国外市场上承建的大规模海水淡化工程仍是空白。

（3）关键设备制造工艺集成度不高、装备成套化不够，国产化率低。我国从事海水淡化设备制造和工程成套的企业普遍存在创新能力不强、产业规模较小的问题，海水膜组器、能量回收装置和海水高压泵等反渗透关键设备仍需要国外进口，制约了我国海水淡化技术的产业化进程。

（4）海水淡化标准体系、政策法规建设相对滞后。"十五"以来，海水淡化相关技术专利、标准和法规建设取得重大进展，但系统性还不够。海水淡化检测和评价体系、设计规范和技术标准仍不完善，无法对海水淡化的产业发展进行充分行业规范和技术指导。

（5）面临巨大的国际竞争压力。面对快速增加的国内海水淡化需求，国外海水淡化企业正通过独立承包、合作建厂、低价销售等多种方式抢占我国海水淡化市场，无论是对我国海水淡化科技提升还是产业发展都造成巨大压力。

（6）环境影响问题。在海水淡化技术飞速发展的同时，其对环境造成的影响也不容忽视。海水淡化过程中浓盐水的排放、重金属污染、固废弃物堆积问题如果不能妥善解决，将会对海洋环境造成负面影响，阻碍我国海水淡化产业的发展。

海水淡化的发展事关国家社会经济安全和可持续发展，特别是对于我们这样一个正在崛起中的人口和经济大国。我们必需依靠自主创新快速提升我国海水淡化科技水平，加快培育和壮大我国海水淡化产业，通过海水淡化这一有效途径有效提高我国水资源安全保障能力。

### （三）与其他供水方式比较分析

与其他供水方式相比，在我国海水淡化供水的优势在于：海水淡化属于非常规资源，是一种可实现水资源可持续利用的开源增量技术，不受环境、气候的影响，可以较好地弥补蓄水、跨流域调水等传统手段的不足。海水淡化得到的水品质较高，可以满足不同的需求。我国工业企业用水大户很多集中在沿海地区，海水淡化就近利用有其地域优势。

高昂的成本是海水淡化相比其他供水方式竞争力偏弱的重要原因之一。需通过技术更新来降低淡化水成本，使其在成本上能与其他供水方式并驾齐驱。

## 三、国家能源集团海水淡化技术产业化战略

国家能源集团作为特大型综合能源中央企业，不仅肩负着保障国家能源安全的使命，更担负着增强中国在世界能源领域的地位与话语权的责任。

通过海水淡化自主技术研发实现电水联产，解决沿海电厂自用淡水的需求，并为电厂周边地区提供优质淡水，支持地方社会经济发展，是国家能源集团的清洁能源战略之一。在国内率先成功开发了万吨级低温多效蒸馏海水淡化装置，于 2008 年 12 月，在河北国华沧东电厂成功投运首台国产 1.25 万 t/天低温多效蒸馏海水淡化装置；2013 年 12 月，自主研发的 2.5 万 t/天低温多效海水淡化设备在国华沧东电厂成功投运；2015 年 6 月，自主研发的 1.2 万 t/天低温多效海水淡化设备在国华舟山电厂成功投运。2019 年 5 月和 7 月，自主研发的 2 台 0.4 万 t/天低温多效海水淡化设备在印尼爪哇 7 号电厂先后成功投运。

截至目前，国家能源集团已掌握了低温多效海水淡化技术的核心设计技术，取得国家多项低温多效蒸馏海水淡化（MED）技术发明专利及软件著作权，形成了具有自主知识产权的热法海水淡化技术，在技术上赢得了海水淡化产业化的先机。为推动国产海水淡化技术研发和工程应用，国华电力将逐步推进海水淡化产业化实施战略：

（1）深入研发，厚积薄发。在已掌握海水淡化技术的基础上，建设海水淡化科研基地，搭建实验平台及工业化实验装置，具备多种海水淡化技术研发及成果转化能力，培养海水淡化人才，为海水淡化产业化打下坚实的基础。

（2）研用结合，技术升级。坚持和深化国华电力公司创造的"产学研用"的海水淡化技术发展路线，开发技术经济指标更先进国产海水淡化技术，不断降低海水淡化投资和制水成本。

（3）规范标准，产品开发。探索海水淡化系统的设计标准，实现技术及装置的标准化，使国华公司具备开发标准化产品、实现产品系列化、抓住海水淡化发展机遇、成为为社会提供以技术为核心的海水淡化服务商的能力和条件。

（4）以水促电，持续发展。以国华电力公司内部沿海电厂为载体，充分发挥电水联产海水淡化的优势，促进电厂发电工程规模扩张。

## 四、电水联产技术发展前景

目前，火电行业采用海水淡化约占我国海水淡化总装机容量的52.7%左右。截至2013年底，海水淡化水用于工业用水的工程规模为 637260t/天，占总工程规模的70.74%。其中，火电企业为30.43%，核电企业为2.44%，热电企业为3.33%，化工企业为12.21%，石化企业为14.00%，钢铁企业为8.33%。用于居民生活用水的工程规模为 263330 t/天，占总工程规模的29.23%；用于绿化等其他用水的工程规模为 240 t/天，占 0.03%。由于国家要求在沿海地区建设电厂必须采用海水淡化和海水直接利用技术解决电厂所需用水，电力行业是应用海水淡化技术最多的行业。同时，由于中国海水淡化工程产水成本进一步降低，已接近国际水平，民用海水淡化工程产能得到了显著提升，也是近年中国海水淡化产业发展的新方向。

核电行业海水淡化发展前景广阔。根据国家发展和改革委 2007 年发布的我国《核电发展专题规划（2005—2020 年）》。到 2020 年我国核电装机容量将达到4000 万 kW；核电年发电量达到2600 亿～2800 亿 kW·h。如果规划得以实施，在未来十几年间，我国将新开工建设 30 台以上百万千瓦级核电机组，届时将达到 58 台百万千瓦级核电机组。如果 80% 的核电站建在沿海，仅此一项配套海水淡化至少应在 32 万 t/天。

# 第四节　电水联产技术特点

## 一、电水联产技术优势

电水联产是指将海水或苦咸水淡化并与电力联产联供的生产模式。电水联产电厂除向外供应电力外，也供应淡水，因此，也被称为"双目的"电厂，是目前国际上大型海水淡化工程的主要建设模式。与"单目的"电厂相比，电水联产电厂具有多种优越的经济性能：海水淡化设备与电厂取水设施的共享，使前期的投资大幅下降；使用了电厂排气的低压蒸汽和未上网的电能，使得相应的能源消耗及人工成本也因此而减少。例如，阿联酋的 AL Taweelah B 海水淡化厂就是发电与多级闪蒸（MSF）淡化装置相配合，发电能力为 730 MW，海水淡化能力为 30 万 t/天。

对于蒸馏海水淡化工艺，电水联产过程是由电厂中做过功的低品位蒸汽进入海水淡化设备，作为海水淡化的热源发挥作用，淡化后的水又可以进入电厂，作为电厂热力循环中的补充水参与做功。电水联产不仅可使系统的热力效率达到最高，而且会使设备投资及用水成本大幅下降。沿海燃煤电厂消耗的淡水若能够通过海水淡化来解决，可以实现燃煤电厂淡水资源的零消耗。采用海水淡化解决电厂用水需求后，在沿海修建电厂不会再受能否取得陆上淡水资源的限制，有利于实现燃煤发电与环境的和谐发展。

以 1 台 600MW 燃煤发电机组为例，其凝汽器全部采用海水直流冷却方式，耗水量约为每年 120 万 $m^3$。如果通过海水淡化来解决淡水供给，每年可以节约淡水 120 万 $m^3$。按照 2001 年我国城镇居民人均生活用水指标为 218L/天计算，装机 4 台 600MW 机组的火力发电厂采用海水淡化后，每天节约的淡水可以满足 6 万城镇居民的用水需求。

同时，由于电水联产利用了热力发电厂排汽的热量，即余热利用，一方面减少了能源的消耗，可使系统的热力效率达到最高；另一方面通过大幅降低电厂排汽的温度，也有利于电厂进行排汽的后处理，可以有效地减少排汽中的有害气体含量。可以说，通过电水联产，可以同时达到节能与环保。

以低品位蒸汽作为海水淡化过程中的主要热源时，蒸馏法海水淡化技术的经济性十分可观。初步测算，发电量 10 万 kW 的机组的低压废蒸汽如果全部利用于蒸馏法海水淡化，每天可生产 6 万 t 的淡化水，同时使热电厂的热效率从目前的 35%左右提高至 65%左右，有利于能量的充分利用和环境质量的改善。同时，由于蒸馏法海水淡化技术得到的水质非常高（残留盐分为 5～10mg/L），可以使得火力发电厂锅炉补充水系统得到简化，降低补充水处理系统的投资和运行费用。

## 二、典型电水联产流程

图 1-15 显示了联合热电系统的基本布局。热电联产定义为从相同的燃料同时获得电能和有用的热能（热）的生产方式。与此类似，根据淡化过程中能源形式的不同要求，可采用两种方法同时生产淡水和电。其一是热法海水脱盐（如多效蒸馏 MED），将涡轮机出口的蒸汽（乏汽）用作能量源进行脱盐处理。

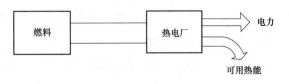

图 1-15 联合热电系统的基本布局

其二是采用机械能驱动进行脱盐（反渗透膜法 RO），电厂提供部分电能来驱动高压泵运转。

实质上后者并非完全意义上的联合生产。

电能通过热力循环产生，循环中使用的工作流体的相态可以是蒸汽，也可以是气体。在气体循环回路中，整个循环中工作流体始终保持为气相状态；而在蒸汽循环中，蒸汽仅部分存在于循环回路中，其余部分均为液相。电厂中有 4 种不同的动力循环得以应用：朗肯循环、布雷顿循环、奥托循环和狄赛尔循环。朗肯循环使用蒸汽循环，而其他动力循环均应用于气体循环中。布雷顿循环通常在工业生产中十分常见，而奥托和狄赛尔两种循环在小规模电力生产中应用。其中，布雷顿循环又分为开式或闭式两种形式。在闭式循环回路中，工作流体（空气）在循环结束时回到初始状态；而开式循环中，工作流体在每个循环结束时需重新补充而不会进行再循环。

图 1-16 给出了理想的闭式布雷顿循环示意图及其循环过程中所对应的温熵图。

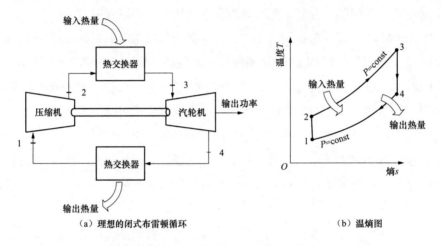

（a）理想的闭式布雷顿循环　　　　　（b）温熵图

图 1-16　理想的闭式布雷顿循环及其循环过程所对应的温熵图

布雷顿循环的热效率定义为净功与总热量之间的比率。在理想的布雷顿循环中，效率取决于内部与燃烧室外部的压力比，其理想的循环效率可达 40%～45%。然而，实际过程中由于不可逆性，循环效率约为 30%。这一简化的循环也可进行适当改进以达到更高的效率，如在布雷顿循环加入二次循环，离开压缩机的空气通过热交换器再热（开式循环），其循环效率可以高达 37%。此外，布雷顿循环效率可通过使用中间冷却、再加热和再生等方法进一步提高，最高可达 55%。

图 1-17 显示了一个理想的简化朗肯循环示意图及其对应的温熵图。朗肯循环的理想效率为 43% 左右。与布雷顿循环相似，由于不可逆性，朗肯循环的实际效率通常约为 36%。由于采用蒸汽循环的发电厂占全球电力生产中的很大一部分，因而提高循环效率可大大节省燃料耗费。同样，与气体循环类似，可以通过修改蒸汽循环来提高循环热效率，循环回路的改进基于锅炉中工作流体吸热时平均温度提升或者在冷凝器中流体热量释放时平均温度降低的思想。

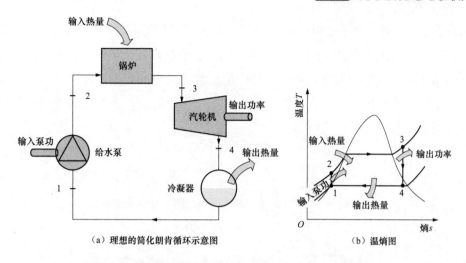

（a）理想的简化朗肯循环示意图 　　　　　（b）温熵图

图 1-17　理想的简化朗肯循环示意图及其对应的温熵图

　　在蒸汽循环中可通过添加再热过程改善循环效率，这一措施也为透平出口蒸汽湿度过大提供一个实用的解决方案，湿度过大会降低涡轮机的效率、侵蚀涡轮叶片。再热的朗肯循环与简单朗肯循环的主要区别在于两级透平中的等熵膨胀过程（如图 1-18 所示）。第一阶段（高压透平），第一级汽轮机入口处的蒸汽等熵膨胀至中间压力并送回至锅炉，在恒定的压力下再热，然后蒸汽在第二级（低压涡轮）等熵膨胀至冷凝压力。其再热过程提高循环效率达 4%～5%；另一种提高朗肯循环效率的方法是在进入锅炉前，提高泵出口处给水温度，该再生过程通过加入给水加热器（FWH）得以实现，如图 1-19 所示。

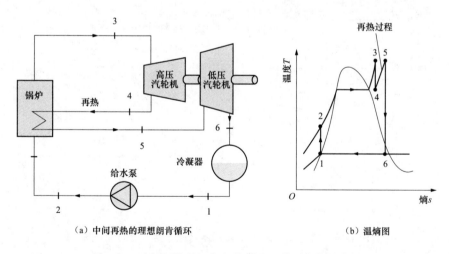

（a）中间再热的理想朗肯循环 　　　　　（b）温熵图

图 1-18　中间再热的理想朗肯循环及其对应的温熵图

　　布雷顿循环通常的工作温度远高于朗肯循环。当前的电厂蒸汽涡轮机中，涡轮入口处的最高工作流体温度约为 620℃，而燃气轮机发电厂最高温度却超过 1425℃。因而相比而言，气体循环具有更大的潜力达到更高的热效率。但其缺点在于气体离开涡轮时仍有非常高的温度（通常高于 500℃），削弱了达到更高效率的潜能。热效率也可通过燃气-蒸汽联合循环的方式来提高，图 1-20 给出了燃气-蒸汽联合循环的示意图及其对应的温熵图。该循环中，在气体循环出口处气体中的能量通过热回收蒸汽发生器加以回收。联合循环的电厂效率在投资成本几乎没有增加时而增加，因而具有非常大吸引力，热效率可达到 40%~50%。

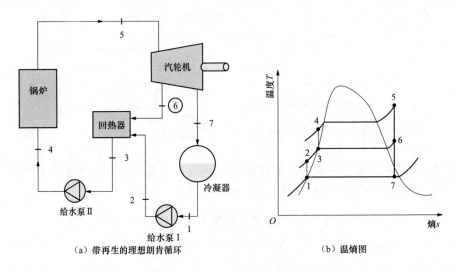

图 1-19  带再生的理想朗肯循环及其对应的温熵图

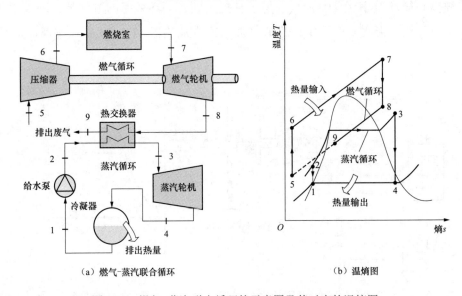

图 1-20  燃气-蒸汽联合循环的示意图及其对应的温熵图

典型的电水联产工厂中电厂的结构配置大致有以下 4 种：

（1）组合循环/背压蒸汽透平结合方式（CCP）。

（2）组合循环/带有辅助锅炉的背压蒸汽透平结合方式（CCPs）。

（3）燃气透平/热回收蒸汽发生器（包括带有辅助锅炉和不带辅助锅炉）结合方式

（HRSG/HRSGs）。

（4）带有背压蒸汽透平的蒸汽发生器（BPST）。这几种配置方式的本质区别在于产出的热能与电能之比，即热电比。其中第一种配置方式的热电比最低，锅炉与背压透平的组合配置产热高于产电，带有辅助锅炉组合循环的配置方式的产热和产电的比率都会达到比较高的比例，燃气透平/热回收蒸汽发生系统的产热较高。在普通的双目的厂中，发电的效率因是否采用联产或组合循环的配置而不同。组合循环的发电率最高，达到 36%～46%，燃气透平/HRSG 为 29%～36%，锅炉/背压透平为 16%～23%。选用哪一种配置方式进行水、电、热联产应通过经济评价和综合优化确定。

（一）与柴油机联合

从柴油机中回收的热量包括两种，一部分来自排气管中的废气，另一部分来自冷却套箱中的水。后者较难回收，因为它只在水温 90℃ 的时候才有利用价值，这样会限定蒸发器中的最高盐水温度。

使用快速柴油机时所需的柴油价值不菲，但如果使用较慢的柴油机和重柴油，温度就不会超过 70℃，这使得从冷却水中回收热量变得更加困难。不过这种热水还是可以供给低温多效蒸馏装置使用。

柴油机每发电 1kW·h，从排出的废气中可回收热量 440kcal（1kcal≈4.19kJ），从冷却水中可回收 330kcal（1kcal≈4.19kJ）。因此，在优化的设计条件下，额定装机容量为 1MW 的电厂每天可以生产约 270m³ 淡水。

（二）与燃气轮机联合

燃气轮机发电联合水厂的原理比较简单，汽轮机的排气通过废热锅炉冷却至大约 150℃，所产生的蒸汽供给蒸馏装置生产淡水。

根据输入的燃气温度不同，汽轮机的效率为 20%～38%。假设排出热量中的 70% 可以回收利用，每发电 1kW·h 获得的可利用热量约在 1200～2400kcal（1kcal≈4.19kJ）之间。这可以生产约 20～40kg 的淡水，也就是说每 1MW 当量每天可产淡水 500～1000m³。当然，如果在排气系统中安装一台额外的燃烧器，水的产量还有可能提高。

燃气轮机和热压缩淡化装置联产的一个特有的优点是热压缩器可以直接使用从承压锅炉回收热量。这样有利于降低淡化厂的投资成本，或将投资保持在可接受的水平内，通过提高产水率的方式生产更多的淡水。

（三）与蒸汽轮机联合

蒸汽轮机电水联产发电厂根据淡化热源的不同，可以分为排汽制水、抽汽制水、联合制水 3 种模式。

1. 排汽制水

由于在蒸汽轮机发电厂中，蒸汽在汽机中做功后冷凝，它所释放的热量由冷凝器排出。

因此可以将淡化设备中的蒸馏装置用作冷凝器和热接收器，汽机中排出的蒸汽在加热器上冷凝，或在蒸馏装置的第1效非常规冷凝装置中冷凝。其优点在于利用同一设备完成了汽轮机的排汽冷凝和海水的加热工作，既有效利用了汽轮机的排汽温度，又减少了装置成本和占地，提高了热利用效率的同时降低了淡化成本。因此，该方式适用于负荷变化较小的连续供电电厂。

但同时，排汽制水模式对从汽轮机中回收的蒸汽温度有一定要求，因为多效蒸馏装置所需的蒸汽温度必须在70℃左右，而多级闪蒸装置所需的蒸汽则应在100～130℃之间。

2. 抽汽制水

由于利用汽轮机排汽制水的模式中，排水温度、压力由汽轮机决定，因此排汽往往难以直接满足淡化装置的需要，而需加入另外的处理设备，从而提高了淡化成本。因此，出现了抽汽制水模式。

抽汽制水是指从汽轮机中直接抽取蒸汽作为淡化装置的热源。这种方式既能够调整热源温度，又有效地将汽轮机负荷调节与淡化装置结合，因而适用于水负荷、电负荷变化较大的场合。但该方法的热效率比排汽制水低，并且装置也更复杂。

3. 联合制水

由于排汽制水和抽汽制水各有优缺点，分别适用于不同的场合，因此将两者结合，根据具体工况灵活采用不同模式的联合制水，既可以达到调控电负荷、热负荷的目的，又能提高热效率，因而能够适应不同水负荷、电负荷随时间、季节的变动情况。

### 三、电水联产集成系统的优化

电水联产集成技术的优化是一个非常复杂的系统工程问题，应遵循以下的策略：对生产的现状进行研究、分析：调查水、电及燃料的价格，收集相关的数据，分析现有的操作模式的优缺点以及现有系统存在的约束和限制条件，如电力输送的限制、输水管线的限制和海水供应的限制等，并对水、电的需求情况和燃料的使用供应状况进行调研。

（一）优化模型

对电水联产系统进行集成优化，就是将所有的影响因素进行统筹考虑，确定系统中物流、能流的所有可能的匹配关系，构造出集成系统的超结构模型，然后选定合适的目标函数，在给定的条件下进行优化求解。

海水淡化所给定的条件一般为电的需求量、淡水的生产能力、海水的状态条件（海水的组成、海水温度等）。所确定的问题是在年度总费用最小或淡水生产成本最低的目标下，设计确定最优的海水淡化流程结构。因此，集成系统优化的数学模型可简述如下：

（1）目标函数：每年度总费用或淡水生产成本。

（2）约束条件：可由电厂的运行方式、淡化过程的物料衡算、能量衡算方程、相平衡关系等几个方面组成；另外，还要考虑环境条件和操作条件的限制，如盐水的排放浓度、操作的顶温等。

在这一模型中所涉及的变量类型有二进制变量，如物流连接（0 表示无连接，1 表示连接）；整数变量，如 MED 的效数、MSF 回收段和排放段的级数、RO 段数或级数；连续（实数）变量，如流量、流速、膜法和热法的生产能力配比等。因此，这是一个混合整数非线性规划问题。

对于混合整数非线性规划问题的求解，已有不少的学者提出了一些求解的思路和方法。但受问题规模和复杂程度的影响，尤其是含有多种变量类型及复杂的约束关系时求解变得更加困难，文献中大多采用 GAMS 优化软件来完成。

由于构造的超结构模型中，物流、能流的连接，设备的选择，预处理方法的选择等都存在多种可能性，也就是说物流、能流、设备等之间可以进行随机的匹配选择。因此，采用随机的优化算法对这一问题进行求解具有较大的优越性。如采用遗传算法对不同的变量类型运用混合编码的方式来表达过程的变量，利用遗传算法自身的选择、交叉（杂交）、变异等自适应特性，可以对集成系统的所有匹配可能进行随机的搜索，并不断地向目标函数最小（最大）靠近，最终获得一个全局最优的结果。

另外，人工神经网络等智能型算法或利用软件集成的思想也可以用于混合整数非线性规划的求解，但这些方法也存在一定的局限性。因此，完善和开发新的快捷有效的算法是解决海水淡化集成优化的一个重要问题。

（二）优化设计

在联产装置的优化设计中，需要解决的关键问题是分别确定水和电的生产能力。为了实现工厂的最大效率，它们的产量通常有一个最佳比值。同时，水和电力的需求比也会因为需求条件不同而变化。

联产水厂的固定投资成本在所产淡水和电力成本中占较大比例，由于水可以较方便地存储，因此维持蒸馏装置较高的负载系数将使得联产水厂的运行更具经济性。

不过这对于电能来说并不适用，很明显电力的生产必须按照外部的需求来进行，因此必须要对汽机的发电量进行调节。这样会使得蒸馏装置可用的热量发生变化。

为了弥补这些缺陷可以采用下面的安排，即将蒸汽轮机和淡化装置设计成既能在多效模式下运行，也能在带热压缩的多效模式下运行。

（1）电力负荷较高时，汽轮机由普通的热蒸汽供给，淡化装置作为汽机的冷凝器，正常生产淡水。

（2）电力负荷减少时或需要停机对汽轮机进行检修时，汽轮机被隔开，部分普通热蒸汽直接进入热压缩器的喷嘴。淡水产量保持不变，所用蒸汽比正常发电和产水时的用量更少。

在采用上述设计的工厂中，应有数台联产装置平行布置，这样在保持产水量不变的情况下可以对发电量进行调节。工厂的运行会更加灵活，在各种不同负荷时都可以实现高效生产。

　　每一台海水淡化设备都有很强的特殊性，并且在设计时必须考虑当地的实际情况和不同的需求。例如，蒸馏装置是否与电厂水电联产、电厂是否已经建成投运或仍未开工等。另外，不同的蒸汽参数，对应蒸发器的热耗可能从 35～150kcal（1kcal≈4.19kJ）不等。很明显，热能消耗越低，设备的总投资也就越大。为了达到最佳的效果，最优化的解决方案是在经济分析中考虑当地的各种实际因素（尤其是燃料价格）。一旦确定了热能耗量，蒸馏工艺选择、建筑结构和材料选择的优化设计将使得蒸发器的投资和维护成本减至最低。

# 低温多效蒸馏海水淡化技术

低温多效蒸馏（Low Temperature Multiple-Effect Distillation，LT-MED）是蒸馏法中最节能、最有发展前景的技术之一。该技术可以利用电厂低品位热源，尤其适合电水联产海水淡化项目。目前，大型 MED 装置常用水平管降膜蒸发器，本章对水平管降膜低温多效蒸发技术的原理进行详细介绍。

# 第一节 多效蒸馏技术原理

## 一、低温多效蒸馏技术原理

### （一）多效蒸馏原理

多效蒸馏（Multiple Effect Distillation，MED）是在单效蒸馏的基础上发展起来的蒸发技术，是一个典型的化工单元操作，其历史可追溯到制糖业兴起时对糖液的浓缩。多效蒸馏的应用范围较广，海水淡化是其应用的一个重要方面。

图 2-1 所示为多效蒸馏装置的流程简图。为便于解释多效蒸馏的原理，进行了一系列的简化。没有设置原料水预热系统，原料水首先进入第一效，其温度为蒸发温度；各效产生的蒸馏水被收集后排出系统，不考虑热量回收；各效的浓盐水流入下一效，不考虑浓盐水的闪蒸。

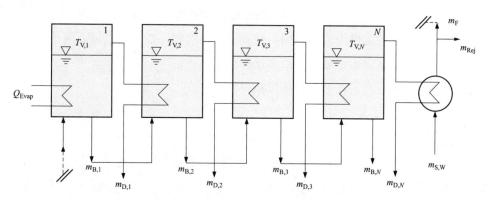

图 2-1 多效蒸馏装置的流程简图

$T_V$—蒸汽温度；$m_B$—浓缩盐水流量；$m_D$—蒸馏水流量；$Q_{Evap}$—从外部输入蒸发器的总热量；

$m_{SW}$—凝汽器冷却水流量；$m_F$—物料水流量；$m_{Rej}$—凝汽器外排冷却水流量

对于多效蒸馏系统，下一效充当了上一效的冷凝器，上一效产生的蒸汽在下一效冷凝。第一效所需的热量由外界供应，如使用蒸汽锅炉供热或汽轮机排出的废热等。装置产水量是各效产生蒸馏水量的累计，即

$$m_D = m_{D,1} + m_{D,2} + \cdots + m_{D,N-1} + m_{D,N} \tag{2-1}$$

忽略闪蒸、过热和热损失，每效冷凝/蒸发单元的换热量 $Q_k$ 由蒸馏水产量 $m_{D,k}$ 和汽化潜热 $\Delta h_{v,Tv,k}$ 决定，即

$$Q_k = m_{D,k} \Delta h_{v,Tv,k} \tag{2-2}$$

按照能量守恒原理，所有效冷凝/蒸发单元的换热都是相等的，因此下式成立，即

$$Q_1 = Q_2 = \cdots = Q_{N-1} = Q_N = Q_{Evap} \tag{2-3}$$

综上所述，多效蒸馏装置的单位热量需求为

$$\frac{Q_{Evap}}{m_D} = \frac{Q_{Evap}}{\sum\limits_{k=1}^{N} m_{D,k}} = \frac{Q_{Evap}}{\sum\limits_{k=1}^{N} \dfrac{Q_k}{\Delta h_{v,Tv,k}}} = \frac{1}{\sum\limits_{k=1}^{N} \dfrac{1}{\Delta h_{v,Tv,k}}} \tag{2-4}$$

使用平均蒸发热代替各个蒸发热参数，公式进一步简化，多效蒸馏装置的单位能耗为

$$\frac{Q_{Evap}}{m_D} = \frac{\Delta h_{v,Tv,m}}{N} \tag{2-5}$$

式中　　$T_{v,m}$——平均蒸发温度；

　　　　$N$——蒸发器效数。

多效蒸馏装置的单位能耗是效数的双曲函数，当效数从 1 效增加到 2 效时，节能幅度最大。单从节能角度，尽可能提高装置的效数，可有效降低能量消耗。但增加装置的效数，将显著增加装置的投资，从而抵消降低能耗的收益。由于增加装置效数带来的投资增加基本是可预测的，所以存在一个效数优化问题，应通过投资和能耗分析，确定装置的最佳效数。

为了计算多效蒸馏装置的投资，需要知道蒸发器蒸发/冷凝单元的传热面积。传热面积是决定换热设备投资的关键因素。为确定装置的传热面积，需要解决以下两个问题：

（1）在多效蒸馏装置中，如何对原料水进行预热。

（2）各效的淡化水和浓盐水中的热量如何被回收。

（二）水平管降膜蒸发

1. 优点

在海水淡化领域，早期的多效蒸发采用的是浸没管蒸发器。在 20 世纪 50 年代，Len Coterell 的实验发现水平降膜蒸发的传热系数大大高于浸没管蒸发，于是水平降膜蒸发器在海水淡化领域得到了使用。水平管降膜蒸发器结构比较简单，由多层管束及其上的布液器构成基本的喷淋传热单元。一般管内为热媒介，通过管壁与管外降膜进行换热使液膜吸热蒸发，上一层管外余液下落至下一层继续蒸发。随着水平管降膜蒸发器在各个领域中广泛

应用，人们通过对其深入研究与工程实践，发现与浸没式和竖直降膜蒸发器相比，其主要有以下几个优点：

（1）传热系数高：液膜薄利于导热且膜内的波动性强化了对流蒸发。

（2）传热温差低：流动压降可忽略，降低了热驱动力耗功，提升了热效率。

（3）降膜工质消耗低：一般布置有大量不易阻塞的压力喷嘴可使布液均匀。

（4）结垢不影响布液：矩形管束布置方式可增强布液均匀性且避免了污垢所引起的布液不均性。

（5）管束布置简单：相对于竖管降膜，液体在管子表面流动距离短，可从一根管到另一根管上自动重新布液。

（6）适用于高热敏性工质：管子湿润性好的特性适合于高热敏性流体。

（7）结构紧凑，安装成本降低。

2. 缺点

尽管水平管降膜蒸发器具有以上突出优点，但也存在着以下几个问题：

（1）管子的数量和长度、管束的宽度和高度、管间距和层数及管程数等都是设计需要考虑的，但由于技术不成熟往往导致其性能不是很理想。

（2）对布液均匀性要求较高，需根据实际情况选择合适的布液装置。

（3）管子表面常因液膜破裂出现干斑，影响传热。

对于水平光滑管而言，水平降膜蒸发器的传热系数三倍于多级闪蒸，两倍于竖管蒸发装置，故而在相同的热负荷下，应用水平管薄膜蒸发过程可大大降低传热面积，使过程在较小的传热温差下进行。再者，由于过程的温度较低，降低了对设备的腐蚀和结垢速度，设备材质的选择可以降档，化学药剂使用量可减少。

（三）低温多效蒸馏技术

低温多效蒸馏海水淡化技术是指盐水的最高蒸发温度（TBT）不超过 70℃的海水淡化技术，其特征是将一系列的水平管降膜蒸发器或垂直管降膜蒸发器串联起来并被分成若干效组，用一定量的蒸汽输入通过多次的蒸发和冷凝，得到多倍于加热蒸汽量的蒸馏水的海水淡化技术。海水在 70℃以下蒸发时，不易产生难以清除的 $Mg(OH)_2$ 和 $CaSO_4$。介于这一特性，低温横管降膜蒸发技术使得换热管表面结垢和腐蚀现象得到了抑制，工程中可以采用廉价的铜合金或铝合金等来代替昂贵的金属，有效地降低了海水淡化的成本，使得低温多效海水淡化技术得到了迅猛的发展。

低温多效蒸馏装置的配置可采用多种方法，按蒸发物料流动的类型可以分为强制循环、自然循环和膜式蒸馏。在膜式蒸馏中，按料液流动方向又可分为升膜式和降膜式蒸发。从各效蒸发器的连接方式来分，有两种方法，即水平连接和堆叠式垂直连接。水平连接方式安装后整台装置呈一个水平圆柱。塔式多效蒸馏设备采用垂直安装，这种装置常称为 MES（Multi-Effect Stack）。目前，几乎所有的大型多效蒸馏海水淡化设备均采用水平连接方式，因为这种方式稳定可靠、便于操作和维修。塔式多效蒸馏设备的优点是设备紧凑、占地面积小、靠重力自流可省去效间泵，这种连接方式已在不少小型海水淡化装置中采用。

1. 优点

与传统的多效蒸发和多级闪蒸海水淡化技术相比，低温多效蒸馏技术有以下优点：

（1）由于操作温度低，可避免或减缓设备的腐蚀和结垢。

（2）由于操作温度低，可充分利用电厂和化工厂的低温废热，对低温多效蒸馏技术而言，50～70℃的低品位蒸汽均可作为理想的热源，可大大减轻抽取背压蒸汽对电厂发电的影响。

（3）进料海水的预处理简单。系统低温操作带来的另一大好处是大大地简化了海水的预处理过程。海水进入低温多效装置之前只需经过筛网过滤和加入少量的阻垢剂就行，而不像多级闪蒸那样必须进行加酸脱气处理。

（4）系统的操作弹性大。在高峰期，该淡化系统可以提供设计值 110%的产品水；而在低谷期，该淡化系统可以稳定地提供额定值 40%的产品水。

（5）系统的动力消耗小。低温多效系统用于输送液体的动力消耗较低，只有 $0.9\sim1.2kW\cdot h/m^3$ 左右。

（6）系统的操作安全可靠。即使传热管发生了腐蚀穿孔而泄漏，由于汽侧压力大于液膜侧压力，海水不会流到产品水中。

（7）产品水质好，其产品水含盐量可低达 5mg/L。

2. 缺点

（1）设备的结构比较复杂。

（2）料液在加热表面沸腾，容易在壁面上结垢，需要采取防垢措施和定期化学清洗。

（3）低温操作时蒸汽的比容较大，使得设备的体积增大。

## 二、水平降膜蒸发传热机理

（一）传热机理与总传热系数

1. 传热机理

水平降膜蒸发是目前多效蒸馏海水淡化普遍采用的传热方式。由于换热两侧均有相变发生（管内蒸汽冷凝，管外海水蒸发），同时海水溶液沿管壁呈膜状流动，液膜很薄，且具有波动性质，有利于液膜与管壁间的传热，所以其传热系数较高，在相同的热负荷条件下所需传热面积可大为节省。其次，降膜蒸发传热温差小，易于实现多效蒸发，提高造水比。

水平降膜蒸发分为管外蒸发和管内凝结两个部分，管外蒸发侧的传热系数一般只能达到管内凝结侧的50%，提升管外蒸发侧传热系数对总传热效果的影响就显得十分重要。蒸发侧传热效果受液膜分布、流体物性、换热管几何尺寸、换热环境等许多因素的影响。水平管降膜蒸发器具有十分突出优点，但存在的液膜传热问题是其进一步提高综合性能的瓶颈，而管内热媒介将热量传递给管外液膜，液膜在流动中蒸发，因此，这一热量传递过程的特性是降膜蒸发中的一个关键因素。

水平降膜蒸发过程中，海水首先通过布液器均匀地喷淋在蒸发部分水平管的外壁面，液体在水平布置的换热管外流动，液体表面受重力、表面张力等作用下形成液膜沿圆周做降膜流动，同时管内用加热蒸汽对管外液膜进行加热，通过管壁与液膜进行热交换，使液膜升温。液膜蒸发过程的热传递主要依赖导热和对流换热两种形式。

随着液膜温度的升高，水蒸气分子首先进入紧贴液膜表面的空气边界层，即与液膜表面温度相同的饱和空气层。当该饱和空气层的水汽层的分压力大于周围空气的水汽分压力时，饱和空气层的水蒸气分子就要向周围空间扩散，而液膜中的水分子也不断地脱离液膜表面进入饱和空气层。随着与液膜接触的壁面温度的持续升高，传递给液膜的热流密度不断增加，膜层的水分子不断脱离液膜表面变成水蒸气分子，蒸发过程便不断进行，随着传质的进行，蒸发空间的水蒸气含量和压力会逐渐升高，这就需要不断地抽取蒸发空间的水蒸气，以维持传质过程的持续进行。

2. 总传热系数

换热过程中，总的热阻包括管内冷凝换热热阻、管壁的传热热阻、管壁附着物的传热热阻以及管外侧蒸发换热热阻，因此总传热系数 $K$ 可表示为

$$K = \frac{1}{\dfrac{1}{h_1} + \dfrac{\delta}{\lambda} + R_g + \dfrac{1}{h_2}} \tag{2-6}$$

式中　$h_1$、$h_2$ ——管内冷凝侧、管外蒸发侧传热系数，W/（m² · K）；

　　　　$\delta$ ——传热管壁厚度，m；

　　　　$\lambda$ ——传热壁面的导热系数，W/（m · K）；

　　　　$R_g$ ——污垢热阻，m² · K/W。

工程中通常以圆管外表面积为基准计算总传热系数 $K$，具体表达式为

$$\frac{1}{K} = \frac{1}{h_1}\left(\frac{d_0}{d_i}\right) + \frac{\delta}{\lambda}\left(\frac{d_0}{d_m}\right) + R_g + \frac{1}{h_2} \tag{2-7}$$

式中　$d_0$——管子外径，m；

　　　　$d_i$——管子内径，m；

　　　　$d_m$——管子的平均直径，m。

在这 4 个阻力中，管壁热阻 $\delta/\lambda$ 可以通过已知的管子材料和尺寸参数很容易得出，且管壁热阻往往占全部热阻很小的一部分；污垢热阻 $R_g$ 可以通过查手册或根据生产积累的数据来选定，污垢热阻的大小往往对总热阻有很大影响。因此，计算总传热系数 $K$ 的关键在于得到管内冷凝侧传热系数 $h_1$ 和管外蒸发侧传热系数 $h_2$。

（二）水平管内凝结传热分析

1. 管内冷凝液膜流型分析模型

水平圆管内的凝结换热及压降规律本身比较复杂，涉及的影响因素很多。虽然采用这类通道的冷凝器已经在工程上大量使用，但是对其中的冷凝传热和压降规律的了解仍有待深入。在冷凝器设计中，冷凝侧计算关系式的形式多种多样，影响因素也各不相同，这种状况对准确预计冷凝传热设备的传热和压降性能以及设计的可靠性都产生了不利的影响。

冷凝与蒸发一样，其实质是汽液界面上发生的一种物理现象。定义单位时间内、单位面积上由液态转变为汽态的分子质量为蒸发率；单位时间内、单位面积上由汽态转变为液态的分子质量为凝结率。当蒸发率大于凝结率时，表现为蒸发；当凝结率大于蒸发率时，表现为冷凝。由于汽液界面上蒸发与冷凝现象同时存在，界面上真实的相变质量速率为蒸发率与凝结率之差，并且要考虑下列因素的影响：

（1）凝结时，往往由于汽相返回液相的分子中将有一部分在汽液界面上发生弹性反射而不能百分之百地凝结，这与界面性质和温度有关。

（2）当周围气压高于蒸发物本身的饱和蒸汽压时，蒸发物周围将聚集很多气体，因而蒸汽分子不能迅速地从蒸发表面扩散离开，这将妨碍蒸发过程的继续进行，使蒸发率降低。当扩散速率远大于蒸发速率时，这个影响可以忽略。扩散速率的大小和真空度有关，真空度越高扩散速率越快。饱和蒸汽压高的物质蒸发速率大，蒸发本身又会破坏蒸发物表面附近的真空度。

（3）在通道比较狭窄，只有较小的有效抽气口的真空容器中蒸发时，蒸汽分子与容器壁碰撞返回到蒸发物表面的概率也要降低蒸发速率。如果容器壁也能凝住气体分子，即具有分子沉积条件，则这个影响可以忽略。

（4）当物质汽液相温度相同，汽相压力达到饱和蒸汽压时，蒸发率与凝结率相等，蒸发与冷凝达到动态平衡，净相变质量为零。

只要蒸汽核心有足够高的速度，通道内强迫流动凝结的形态一般为环状流，即液膜呈环形附着在管的内壁面上。多数管内凝结传热计算均基于这种模型，较著名的计算关系式有管内蒸汽剪切力作用不大的计算式、基于单相换热加两相流修正因子的计算式以及基于当量雷诺数的计算方法。

Bell J.、Taborek J.和Fenoglio F.等参照在水平管内冷凝现象的汽液流动情况构造了Bell流谱图用以评价已有的关系式，借以描述以恒定质量流率进行冷凝或蒸发过程中在流动结构图上所跟随的路线。

L.M. Zyaina Molozhen、I.N. Soskova和V.B.Mitenkov等人对压强为50～200kPa、蒸汽流速为10～150m/s范围内的水平管内蒸汽冷凝进行了实验研究，得到了相应的图表和关系式。

V.B.Khabenskiy、V.S.Granovskiy和P.A.Morozov对水平或倾斜放置的管内分层两相流的冷凝现象进行了分析，表明求解的方法及初始条件的选择受操作条件的控制，早先有关文献报道适用范围有限或有不同程度的误差。

Tetsuo Hrata 和 Chihiro Hanaoka 研究了水平管内过冷流体的层流换热及管内结冰现象，考察了流体流速和自然对流的影响，发现其水平管内过冷流体的平均努塞尔特数与 Oliver 得出的没有管内结冰现象的水平管内冷凝的经验公式的结果基本相同。

Ryotaro Izumi、Tsuneo Ishimaru 和 Wararu Aoyagi 等人研究了不同热负荷及冷冻剂质量流率条件下 R-12 的传热和压降情况，发现传热的控制热阻取决于润湿水平管内表面凝液层的厚度，而且主要受冷冻剂流量和流型的影响。当流型为层流时，总传热系数随冷凝温度和管径的改变而改变，得到的关联式可以估算出压降，误差在±15%以内。

Akira Murata、Eiji Hihara 和 Takamoto Saito 对水平通道内汽液界面上的传热进行了实验研究，结果表明界面上波纹的存在强化了传热，因为通道内凝液剧烈的湍动而使界面处涡流黏度受到影响，所以数值分析的结果比实验结果稍低。

A.J.Rabas 和 P.G. Minard 发现在水平管内完全冷凝的流体流动呈现两种不稳定性。第一种不稳定性发生在凝液呈环状流时，热电偶示值表明离开管道的过冷凝液的最高温度始终没有达到其饱和温度；第二种不稳定性发生在凝液流型突变或呈塞状流时，热电偶示值表明分层进入管道的蒸汽在管道的末端完全冷凝并以液柱形式排出。

Kenichi Hashizurme、Normitsu Abe 和 Toshiaki Ozeki 对水平管内冷凝时接近管道出口段的凝液过冷现象及换热性能低下的现象进行了研究，提出了相应的数学物理模型，发现实验数据与模型吻合得很好。

普遍适用的水平管内蒸汽冷凝过程的数学物理模型如图 2-2 所示。此分析模型为一非平衡模型。饱和蒸汽（平衡状态热平衡常数 $X^*$=1）由点 1 流入并开始冷凝，由于蒸汽速率较高，两相流的流型为环状流。如果忽略凝液过冷现象，则真实热力学平衡参数 $X^*$=$X$。在点 2 处流型开始向分层流转变，假定凝液过冷发生在此点。点 3 处 $X^*$=0，即冷凝完全处于热力学平衡状态，但 $X$ 仍保持为正。点 4 靠近冷凝段出口，从这点开始由于汽液界

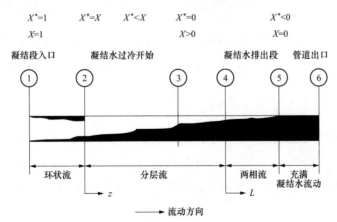

图 2-2　普通适用的水平管内蒸汽冷凝过程数学物理模型

$X$—热平衡常数；$X^*$—平衡状态热平衡常数

面上的直接接触冷凝，凝液温度沿流动方向有所升高，$X$ 趋向 $X^*$。点 5 处管道被凝液充满（$X=0$），凝液于点 6 处流出管道。

2. 水平管多效降膜蒸馏的管内冷凝液流型分析

首先从表面张力与重力平衡的角度，在冷凝液液滴下落过程中，当且仅当液滴重力作用大于表面张力作用时，液滴才会下落，此时计算结果 $d_0$ 为冷凝液液膜流动时导致液滴下落时的临界厚度。其平衡示意图如图 2-3 所示。

平衡计算公式为

$$\pi d\sigma = \frac{2}{3}\pi\left(\frac{d_0}{2}\right)^3 \rho g \tag{2-8}$$

式中　$\sigma$——液滴的表面张力系数；

　　　$\rho$——液滴密度。

第二种方法介绍了水平光管在管内冷凝时冷凝液的不同流型，重点介绍了分层流动模型，并推导出具有通用性的冷凝流型的新模型。

如图 2-4 所示，分别定义了蒸汽冷凝液分层流动时的几何尺寸。$P_L$ 为水平管底部冷凝液膜的湿周，$P_V$ 为上部蒸汽截面的周长，$h_L$ 是冷凝液膜的高度，$P_i$ 是蒸汽冷凝液分界面的长度，$A_L$ 和 $A_V$ 为相对应的蒸汽和冷凝液截面面积。$R$ 为管内壁半径，$\theta$ 为空间所占管道中心角度。

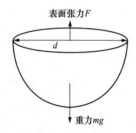

图 2-3　液滴下落时重力与表面张力平衡示意图　　　图 2-4　圆管中两相流的几何描述图

图 2-5 展示了水平管内冷凝过程中完全分层流动的实际几何模型和与之具有相同冷凝液截面和角度的简化几何模型。但是冷凝液分布变成了切去顶端，具有均匀厚度 $\delta$ 的流型。

采用方法一时计算液膜厚度 $d_0$ 为 0.009184m；方法二计算液膜水平面与圆心夹角 $\theta=130.706°$。经分析，此处计算结果与下文中即将提到的 Chato 传热系数计算公式中所假设的 120° 夹角所对应的冷凝液面高度 0.006m 的差距是由以下几个方面原因造成的：

（1）采用两种方法分析计算所得液面高度并未考虑到实际过程中上层较高流速蒸汽对冷凝液的推动作用。

（2）方法二所选取计算公式的计算对象为各种制冷剂，其在传热管出口端的干度在 0.05 左右，而本文出口端干度为 0.15，计算时选取干度 $x=0.1$，即冷凝量相对实际情况更多。

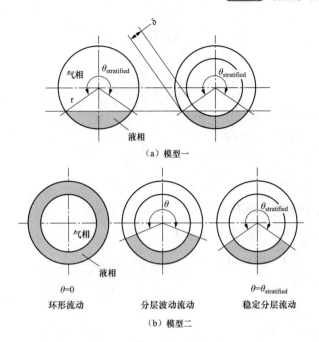

（a）模型一

（b）模型二

图 2-5  两相流流型的简化流动结构模型

$\theta$—管道内凝结水空间所占管道中心角度；$\theta_{\text{stratified}}$—冷凝液液膜临界厚度对应的角度

综上所述，在进行传热管内阻力计算分析冷凝液流动阻力时，所假设冷凝液面与圆心夹角 $\theta=120°$ 是合理的，对计算结果影响不大。

3. 蒸汽冷凝侧传热系数计算方法

对于水平管内侧蒸汽剪切力作用不大的凝结，Chaddoek 和 Chato 在 Nusselt 关于垂直壁面冷凝理论分析的基础上进行了如下假设：

（1）忽略凝液薄膜中加速度的影响。

（2）汽液交界面处温度为蒸汽饱和温度。

（3）忽略膜中凝液的过冷度。

（4）内壁面处到汽液交界面处之间的液膜内温度呈线性分布。

从而得到管内液膜圆周平均传热系数为

$$h_1 = \frac{\theta}{\pi}\beta\left[\frac{\lambda_L\rho_L(\rho_L-\rho_G)gr}{\mu_L D(t_s-t_w)}\right]^{0.25} \quad (2\text{-}9)$$

其中，$\theta$ 角如图 2-6 所示；系数 $\beta$ 决定于 $\theta$ 角，为 0.91～0.72。

为了简化计算，Chato 建议 $\theta$ 角取 120°，同时考虑到靠近壁面的凝液为过冷液，将式（2-9）进行修正，得到估算式为

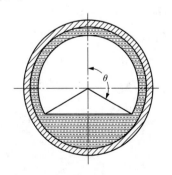

图 2-6  管内冷凝液膜状态示意

$$h_1 = 0.555 \times \left[ \frac{\lambda_L^3 \rho_L (\rho_L - \rho_G) g r'}{\mu_L D (t_s - t_w)} \right]^{0.25} \tag{2-10}$$

$$r' = r + \frac{3}{8} c_p (t_s - t_w) \tag{2-11}$$

式中　$\lambda_L$ ——冷凝液导热系数，W/（m·K）；

　　　$\rho_L$ ——冷凝液密度，kg/m³；

　　　$\rho_G$ ——蒸汽密度，kg/m³；

　　　$g$ ——重力加速度，m/s²；

　　　$r$ ——蒸汽冷凝潜热，kJ/kg；

　　　$c_p$ ——冷凝液定压比热，kJ/（kg·K）；

　　　$\mu_L$ ——冷凝液黏度，N·s/m²；

　　　$D$ ——管道内径，m；

　　　$t_s$ ——饱和温度，℃；

　　　$t_w$ ——管壁温度，℃。

Akers 引用一个管内当量质量流速 $G_e$ 来考虑蒸汽流和冷凝液对放热的影响，将管内两相流动的问题当作单相流动处理，给出了如下关系式：

当 $\dfrac{d_i G_e}{\eta_L} = 10^3 \sim 5 \times 10^4$ 时，有

$$\frac{d_i \cdot h_1}{\lambda_L} = 5.03 \times \left( \frac{d_i G_e}{\eta_L} \right)^{\frac{1}{3}} (Pr_L)^{\frac{1}{3}} \tag{2-12}$$

$$G_e = [G_L + G_G(\rho_L/\rho_G)]/2$$
$$G_L = (G_{L1} + G_{L2})/2$$
$$G_G = (G_{G1} + G_{G2})/2$$

式中　$G_e$ ——管内流体的当量质量流量；

　　　$G_L$ ——凝结液质量流量；

　　　$G_G$ ——蒸汽质量流量；

$G_{L1}$、$G_{L2}$ ——凝结液入口、出口质量流量；

$G_{G1}$、$G_{G2}$ ——蒸汽入口、出口质量流量；

　　　$\eta_L$ ——凝液动力黏度，N·s/m²；

　　　$Pr_L$ ——凝液的普朗特数。

当 $\dfrac{d_i G_e}{\eta_L} = 5 \times 10^4 \sim 3 \times 10^5$ 时，有

$$\frac{d_i \cdot h_1}{\lambda_L} = 0.0265 \times \left( \frac{d_i G_e}{\eta_L} \right)^{0.8} (Pr_L)^{\frac{1}{3}} \tag{2-13}$$

Shah 认为管内凝结时的两相流动放热系数等于管内为单相流体流动时的放热系数乘以修正系数，而该系数与蒸汽的相对含量以及蒸汽的对比压力有关。他综合了各文献的结果，

用 474 个数据得出了适用于水，制冷剂 R11、R12、R113，甲醇，乙醇及苯等液体在竖管、水平管和倾斜管管内的强迫流动凝结传热系数的计算关联式为

$$h_1 = \alpha_L \left[ (1-x)^{0.8} + \frac{3.8x^{0.76}(1-x)^{0.04}}{R^{0.38}} \right] \tag{2-14}$$

当 $Re_L \geqslant 2200$ 时，则

$$\alpha_L = 0.023 Re_L^{0.8} Pr_L^{0.4} \frac{\lambda_L}{d_i} \tag{2-15}$$

当 $Re_L < 2200$ 时，则

$$\alpha_L = 1.86 Re_L^{\frac{1}{3}} Pr_L^{\frac{1}{3}} \frac{\lambda_L}{d_i} \left( \frac{d_i}{L} \right)^{\frac{1}{3}} \left( \frac{\mu_s}{\mu_w} \right)^{0.14} \tag{2-16}$$

式中　$x$——管子进出口则的平均干度；

　　　$R$——$p/p_c$ 为相对蒸汽压力，等于饱和蒸汽压力 $p$ 与临界压力 $p_c$ 的比值；

　　　$L$——管子长度，m；

　　　$Re_L$——全液相雷诺数；

　　　$\mu_s$——凝结液饱和状态动力黏度，$N \cdot s/m^2$；

　　　$\mu_w$——凝结液壁温下动力黏度，$N \cdot s/m^2$。

计算基本参数：污垢热阻 $R_g = 0.00017(m^2 \cdot K)/W$，铝黄铜管径为 25.4mm，管壁厚度取 0.7mm，铝黄铜管导热系数 $\lambda = 105W/(m \cdot K)$，管长 9690mm，管内蒸汽进口流量为 124.7t/h。

计算结果：当分别采用 Chato、Akers、Shah 公式计算管内冷凝换热时，得出管内冷凝换热系数 $h_1$ 分别为 11049.724、4926.11、5385.03W/($m^2 \cdot K$)。

**4. 不凝气体对蒸发器传热的影响**

在低温多效海水淡化设备运行时，蒸发器中会混入少量的不凝气体，这些不凝气体的来源主要有两个，一是海水中溶解的不凝气体会析出释放；二是由于设备在负压运行时，空气会从真空系统的不严密处漏入。这些不凝气体的存在会使传热阻力增加，真空下降，设备运行的经济性降低。

从主流蒸汽到气液界面，不凝气体含量一路升高。这是因为当蒸汽凝结时，蒸汽同时携带不凝气体流向界面，但由于界面对于不凝气体是不可渗透的，不凝气体必须以同样的速率从界面返回以保持稳定状态，这种移动至少有一部分由扩散运动来完成，扩散运动只能由高浓度区向低浓度区方向进行。因此，界面不凝气体的含量必须大于主流蒸汽中不凝气体的含量，才能产生这种扩散运动。当界面不凝气体的含量高到一定值，在气膜内形成一定的浓度梯度时，不凝气体向主流蒸汽的扩散运动与蒸汽携带不凝气体流向界面的对流运动才能达到平衡。

当蒸汽中有不凝气体存在时，蒸发器的传热系数将会降低。这是因为随着蒸汽的凝结，不凝气体被阻留在液体界面，蒸汽必须以扩散的方式穿过这层气体才能进行凝结换热；同时，扩散时产生的阻力引起蒸汽分压力下降，使相应的饱和温度随之降低，减小了凝结的驱动力，相当于附加了一项换热热阻。所以，水蒸气主流中存有的不凝气体会导致换热系

数大大降低。

图 2-7 所示为解利昕等人对水平管薄膜式蒸发装置传热研究后得到的，从图 2-7 中可以看出，不凝空气的存在对过程传热相当不利。在蒸汽中含有不凝气体时，管内热阻

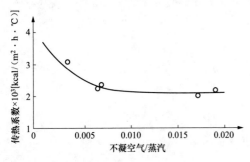

图 2-7　传热系数与不凝气含量关系

注：1kcal≈4.19kJ。

增加，冷凝传热系数明显下降，其结果是总的传热系数降低。因此，在实际操作中，需要严格控制不凝气体的量。从图 2-7 中还可以看出，不凝空气与蒸汽的比例在从 0 附近增加到 0.007 时，传热系数会急剧下降；当不凝空气与蒸汽比例大于 0.007 时，传热系数的变化不是非常明显。

5. 水平管外降膜蒸发传热分析

（1）降膜蒸发传热的影响因素。蒸发侧的传热由液膜流动状态决定，而液膜的流动受上排管液滴的流动及管间蒸汽流动的影响。一些学者研究了喷淋液滴形状和流动阻力，希望能从机理上揭示蒸发侧传热的变化趋势。但这些对液膜波动和液滴尺寸的研究仅针对传热管下部液体与管壁分离时的状态，虽然有利于分析雾沫夹带等壳侧汽液相互作用的现象，却无法研究决定管外壁蒸发传热系数大小随壁面处液膜厚度及波动状况的变化趋势。

水平管外降膜蒸发传热系数较高。对于光滑管而言，水平管的传热系数 3 倍于闪蒸，两倍于竖直管蒸发装置；与竖直管蒸发器相比，水平管蒸发器传热效率高，同时显著降低空间高度，使其易组成多效蒸发器，可以节省液体循环所需能量，并增加了传热有效温差。多年来，众多学者对水平管降膜蒸发器的传热性能进行了许多实验研究，认为喷淋密度、热通量、蒸发温度等是影响传热性能的最主要因素。

1）喷淋密度对降膜蒸发传热系数 $h_2$ 的影响。由图 2-8 可见，降膜蒸发传热系数 $h_2$ 随着液体喷淋密度的增大，先增大后减小。喷淋密度 $\Gamma$=0.54kg/（m·s）时达到最大值。在

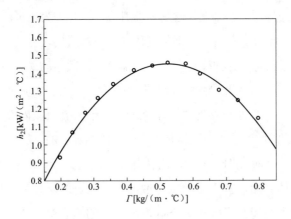

图 2-8　喷淋密度 $\Gamma$ 对降膜蒸发传热系数 $h_2$ 的影响

较小喷淋密度下，随着喷淋密度的增大，管外液体流速增大的强化作用大于液膜增厚的不利传热的阻碍作用，使传热系数有增大的趋势。当液体喷淋密度达到一定值后，膜厚阻碍传热的作用占主导地位，这时，降膜蒸发传热系数 $h_2$ 将随喷淋密度的增大而逐渐减小。

2）蒸发温度对管外降膜蒸发传热系数 $h_2$ 的影响。降膜蒸发传热系数 $h_2$ 随着蒸发温度的升高而增大。因为蒸发温度的升高，使液体的黏度下降，流速增大，导致液膜平均厚度降低。而蒸发温度的升高又使液体的表面张力减小，致使波动振幅增大，波动加剧，两者共同作用的结果使蒸发侧传热系数随蒸发温度的升高而增大。另外，蒸发温度的增大，意味着冷凝侧的温度升高，使冷凝液体黏度下降，表面张力减小，导致管内冷凝液膜的厚度降低，冷凝侧传热系数增大。两者共同作用，结果使得总传热系数 $K$ 随着蒸发温度的升高而增大。

3）热通量对管外降膜蒸发传热系数 $h_2$ 的影响。由图 2-9 可见，管外降膜蒸发传热系数 $h_2$ 随热通量 $q$ 的增大而增大。热通量增加时，水平管表面的过热度随之增大，有利于气泡的产生，对液膜起到扰动作用，因而蒸发侧传热系数增大。

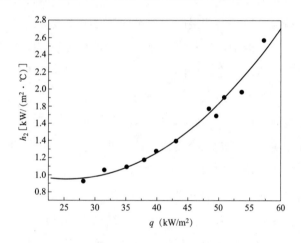

图 2-9 热通量 $q$ 对降膜蒸发传热系数 $h_2$ 的影响

（2）管外降膜蒸发传热系数计算。水平管降膜蒸发换热系数计算公式为

$$h_2 = 0.822 \left( \frac{\lambda^3 g}{\upsilon^2} \right)^{\frac{1}{3}} \left( \frac{4\Gamma}{\mu} \right)^{-0.22} \tag{2-17}$$

式中　$\lambda$ ——液膜导热系数，W/（m·℃）；

　　$g$ ——重力加速度，m/s²；

　　$\upsilon$ ——液膜运动黏度，m/s²；

　　$\Gamma$ ——喷淋密度，kg/（m·s）；

　　$\mu$ ——液膜动力黏度，N·s/m²。

此外，根据 Henning 和 Wangnick 提出的关于管外蒸发侧传热系数的计算公式为

$$h_2 = 0.725 \left[ \frac{\lambda_L^3 \rho_L (\rho_L - \rho_V) g \lambda_V}{d_0 \mu_L (t_w - t_b)} \right]^{\frac{1}{4}} C_{row} C_{nc} \tag{2-18}$$

式中　$t_w$——换垫管管壁温度，℃；

　　　$t_b$——管外蒸发温度，℃；

$$C_{row} = 1.23795 + 0.353808 N_{row} - 0.0017035 N_{row}^2 \tag{2-19}$$

$$C_{nc} = 1 - 34.313 X_{nc} + 1226.8 X_{nc}^2 - 14923 X_{nc}^3 \tag{2-20}$$

式中　　$C_{nc}$——不凝结气体影响系数；

　　　　$X_{nc}$——不凝器质量分数；

　　　　$C_{row}$——管排数修正系数；

　　　　$N_{row}$——换热管排数。

6. 管内冷凝侧流动阻力计算及冷凝流动压降关联式

（1）管内冷凝侧流动阻力计算。蒸汽在凝结管内冷凝时一般都存在不能忽略的压降，因为这将导致蒸汽进口与出口的饱和温度明显不同。这个温度降落会直接影响平均传热温差和热流密度的数值。冷凝器中，在蒸汽与冷却介质相对流动方向给定的条件下，冷凝换热的局部热流密度越高，蒸汽干度降低的速率必定越大，即局部热流密度将决定蒸汽干度的沿程变化特征，也就是通道中蒸汽局部速度的变化情况。而决定冷凝通道压降最关键的因素恰恰就是蒸汽速度的平均值，因此，通道内冷凝换热特性和压降特性是密不可分的，它们相互依赖、相互影响。为了能在冷凝器设计中准确地预计所有的热动力参数，必须同时掌握它的凝结放热规律和压降规律。

低压蒸汽在管内凝结时的流动形态主要是分层流和环状流。靠近蒸汽入口区域的液膜极薄，蒸汽流动速度很高，一般为环状流。随着凝结过程的进行，蒸汽干度和速度都越来越低，两相流表现为完全的分层流动。理论分析和实验结果均表明，冷凝器中蒸汽侧的冷凝压降取决于蒸汽流量或者质量速度、冷凝蒸汽在通道中的积分平均干度、蒸汽与冷却介质的相对流动方向（顺流或逆流）及冷凝蒸汽的平均压力或者平均密度 4 个因素。

一般情况下，冷凝器中的蒸汽凝结过程并非恒热流换热，沿程蒸汽干度呈非线性变化，这导致即使初、终干度相等，冷凝蒸汽与冷却介质顺流或逆流时的积分平均干度也并不相同，如图 2-10 所示。Shah 指出，圆管内全凝过程的积分平均干度更接近于 40%，而不是由算术平均得出的 50%。须注意到，这个论断实际上仅适用于顺流凝结，逆流时全程积分平均干度必定高于 50%。

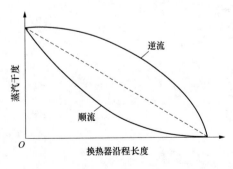

图 2-10　蒸汽干度沿程变化示意图

顺流时为

$$\bar{x} = 0.44 + 0.5465x_2 + 0.025x_2^2 \tag{2-21}$$

逆流时为

$$\bar{x} = 0.56 + 0.4535x_2 - 0.025x_2^2 \tag{2-22}$$

式中 $\bar{x}$ ——蒸汽平均干度；

$x_2$ ——管束出口侧蒸汽干度。

黏性流体在流动过程中，根据产生阻力的外在原因不同，可将其流动阻力 $h_w$ 分为沿程阻力 $h_f$ 和局部阻力 $h_j$ 两部分。工程上多数管道系统有许多等直径管段，在这些等直径管段中又用许多管配件（如弯头、三通等）连接着。这时整个管道系统的能量损失应分段计算，即

$$h_w = \sum h_f + \sum h_j \tag{2-23}$$

对于单位容积流体的平均机械能损失，即压力损失可写为

$$\Delta p_w = \sum \Delta p_f + \Delta p_j \tag{2-24}$$

$$\Delta p_f = \lambda \frac{l}{d} \cdot \frac{1}{2}\bar{u}^2$$

$$\Delta p_j = K \cdot \frac{1}{2}\bar{u}^2$$

式中 $l$ ——管长度；

$d$ ——直径；

$\lambda$ ——阻力损失系数；

$K$ ——比例系数。

计算沿程阻力损失，关键是确定沿程阻力损失系数 $\lambda$。对于圆管层流，$\lambda$ 只与雷诺数 $Re$ 相关，即 $\lambda = 64/Re$。

而在实际工程中，大多数流体的流动都是紊流流动，此时圆管的沿程阻力损失系数 $\lambda$ 是与雷诺数 $Re$ 及管壁相对粗糙度 $\varepsilon/d$ 相关的，即 $\lambda = f(Re, \varepsilon/d)$，$\varepsilon$ 为绝对粗糙度。

1）过渡区：$2320 < Re < 4000$ 为层流向紊流过渡的不稳定区域，在该区域范围较小，实验点比较分散，工程实际中 $Re$ 数处在这个区域的很少，如涉及该区域，常按水力光滑管区进行处理。

2）水力光滑管区，则

$$4000 < Re \leq 26.98\,(d/\varepsilon)^{1.143} \tag{2-25}$$

在此区域，沿程阻力损失系数 $\lambda$ 与相对粗糙度 $\varepsilon/d$ 无关，而只与雷诺数有关。

当 $4 \times 10^3 < Re < 10^5$ 时，常用布拉修斯实验公式，即

$$\lambda = \frac{0.3164}{Re^{0.25}} \tag{2-26}$$

当 $10^5 < Re < 3 \times 10^5$ 时，可采用尼古拉兹经验式，即

$$\lambda = 0.0032 + 0.221Re^{-0.237} \tag{2-27}$$

当 $Re > 10^5$ 时，也可采用卡门-普朗特公式，即

$$\frac{1}{\sqrt{\lambda}} = 2\lg(Re\sqrt{\lambda}) - 0.8 \tag{2-28}$$

3）水力光滑管区至阻力平方区的过渡区（水力粗糙管区），则

$$26.98\ (d/\varepsilon)^{1.143} < Re \leqslant 4160\ (d/2\varepsilon)^{0.85}$$

该区域常用以下经验公式：

柯尔布鲁克公式为

$$\frac{1}{\sqrt{\lambda}} = -2\lg\left(\frac{\varepsilon}{3.7d} + \frac{2.51}{Re\sqrt{\lambda}}\right) \tag{2-29}$$

莫迪公式为

$$\lambda = 0.0055\left[1 + \left(20000\frac{\varepsilon}{d} + \frac{10^6}{Re}\right)^{\frac{1}{3}}\right] \tag{2-30}$$

阿尔特索里公式为

$$\lambda = 0.11\left(\frac{\varepsilon}{d} + \frac{68}{Re}\right)^{0.25} \tag{2-31}$$

洛巴耶夫公式为

$$\frac{1}{\sqrt{\lambda}} = 1.42\lg\left(Re\frac{\varepsilon}{d}\right) \tag{2-32}$$

4）紊流阻力平方区（完全粗糙区）：$Re > 4160\left(\dfrac{d}{2\varepsilon}\right)^{0.85}$，此区域内 $\lambda$ 与 $Re$ 无关。常用

计算公式为

$$\lambda = \left(1.74 + 2\lg\frac{d}{2\varepsilon}\right)^{-2} \tag{2-33}$$

蒸发器内蒸汽通道流动阻力 $\Delta p_t$ 计算公式

$$\Delta p_t = \frac{0.0001306u^2l(1 + 3.6/d)}{\rho_v d^5} \tag{2-34}$$

式中　$u$ ——管内蒸汽的质量流速，kg/s；

　　　$l$ ——管道长度，m；

　　　$\rho_v$ ——管道内蒸汽密度，kg/m³；

　　　$d$ ——管道内径，m。

此外，管内冷凝时的压力损失公式为

$$\Delta p_T = \Delta p_t + \Delta p_r \tag{2-35}$$

式中　$\Delta p_T$ ——管内冷凝时的压力损失；

$\Delta p_{\mathrm{r}}$——变换方向的压力损失。

a. 直管部分压力损失为

$$\Delta p_{\mathrm{t}} = \phi \cdot \frac{4 f_{\mathrm{t}} G_{\mathrm{t}}^2 L n_{\mathrm{t,pass}}}{2 g \mu_{\mathrm{v}} D_{\mathrm{i}}} \tag{2-36}$$

式中 $\phi$——两相流体压力损失修正系数；

$f_{\mathrm{t}}$——假定管内都是蒸汽相时的摩擦系数，作为雷诺数 $Re = G_{\mathrm{t}} D_{\mathrm{i}}/\mu_{\mathrm{v}}$ 的函数；

$G_{\mathrm{t}}$——管内平均质量速度，$kg/(m^2 \cdot s)$；

$L$——管子长度，m；

$n_{\mathrm{t,pass}}$——管侧程数；

$g$——重力加速度；

$\mu_{\mathrm{v}}$——液膜动力黏度，$N \cdot S/m^2$；

$D_{\mathrm{i}}$——管道内径，m。

b. 气流转向的压力损失 $\Delta p_{\mathrm{r}}$ 为

$$\Delta p_{\mathrm{r}} = \phi \cdot \frac{4 G_{\mathrm{t}}^2 n_{\mathrm{t,pass}}}{2 g_{\mathrm{c}} \rho_{\mathrm{v}}} \tag{2-37}$$

此外，光管内冷凝压降可以用 Bo Pierre 关系式进行计算，根据 Bo Pierre 关系式，可以计算得到不同冷凝温度、不同质量通量下纯工质在光管内的冷凝压降。该关系式形式为

$$\Delta p = \left[ f_{\mathrm{av}} + \frac{(x_0 - x_{\mathrm{i}}) d_{\mathrm{i}}}{x_{\mathrm{av}} L} \right] \frac{G^2 L}{d_{\mathrm{i}} \rho_{\mathrm{av}}} \tag{2-38}$$

$$f_{\mathrm{av}} = 0.43 K_{\mathrm{f}}^{0.3} Re^{-0.28} \tag{2-39}$$

式中，$K_{\mathrm{f}}$ 是 Bo Pierre 参数，它的定义形式为

$$K_{\mathrm{f}} = \frac{\Delta x i_{\mathrm{fg}}}{L} \tag{2-40}$$

$$\rho_{\mathrm{av}} = \frac{\rho_{\mathrm{v}} \rho_{\mathrm{l}}}{x_{\mathrm{ac}} \rho_{\mathrm{l}} + (1 - x_{\mathrm{av}}) \rho_{\mathrm{v}}} \tag{2-41}$$

$$x_{\mathrm{av}} = (x_{\mathrm{i}} + x_{\mathrm{o}})/2 \tag{2-42}$$

式中 $f_{\mathrm{av}}$——计算因子；

$x_{\mathrm{o}}$——管道出口蒸汽干度，%；

$x_{\mathrm{i}}$——管道进口蒸汽干度，%；

$d_{\mathrm{i}}$——管内径，m；

$x_{\mathrm{av}}$——管道平均蒸汽干度，%；

$G$——质量通量，$kg/(m^2 \cdot s)$；

$L$——冷凝段长度，m；

$\rho_{\mathrm{av}}$——平均密度，$kg/m^3$；

$\Delta x$ ——蒸汽干度差，%；

$i_{fg}$ ——汽化潜热，J/kg；

$\rho_v$ ——汽相密度，kg/m³；

$\rho_1$ ——液相密度，kg/m³。

丝网除沫器的压降 $\Delta p_P$ 计算公式，即

$$\Delta p_P = 3.88178(\rho_P)^{0.475798}(v)^{0.81317}(d)^{-1.56114147}L_p \tag{2-43}$$

式中　$\rho_P$ ——丝网除沫器的密度；

　　　$v$ ——蒸汽进入丝网除沫器前的速度；

　　　$d$ ——丝网丝直径；

　　　$L_p$ ——丝网除沫器的厚度。

（2）冷凝流动压降关联式。蒸发器内压力损失分布示意如图 2-11 所示。

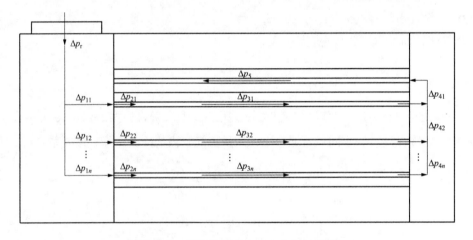

图 2-11　蒸发器内压力损失分布示意图

$\Delta p_{11} \sim \Delta p_{1n}$——回程蒸汽联箱压力损失；$\Delta p_{21} \sim \Delta p_{2n}$——回程管道入口压力损失；

$\Delta p_{31} \sim \Delta p_{3n}$——回程管内换热过程压力损失；$\Delta p_{41} \sim \Delta p_{4n}$——二回程蒸汽联箱压力损失；

$\Delta p_5$——二回程管道内换热过程压力损失；$\Delta p_r$——蒸汽进入壳体压力损失

由图 2-11 可知，蒸汽从进入壳体至二回程传热管出口处的总压力损失由各出入口局部阻力损失和传热管段沿程阻力损失构成。其中，一、二回程传热管段的沿程阻力损失所占比重最大，为最主要影响因素。根据对蒸发器冷凝过程的阻力分析，推导关联式为

$$\Delta p = \frac{(\lambda + 0.00173)}{2} \cdot \frac{L}{D} \cdot \bar{\rho} \cdot \bar{u}^2 \tag{2-44}$$

$$\bar{u} = \frac{u_{x,r}}{1.5}$$

式中　$\lambda$ ——管内冷凝蒸汽流动的沿程阻力损失系数；

　　　$L$ ——传热管长度，$L = L_1 + L_2$，其中 $L_1$、$L_2$ 分别为一、二回程传热管长度，m；

　　　$D$ ——传热管当量直径，m；

$\bar{\rho}$ ——流经一、二回程传热管蒸汽的平均密度，$kg/m^3$；

$\bar{u}$ ——传热管内蒸汽平均速度，m/s；

$u_{x,r}$ ——一回程传热管入口处蒸汽流速。

（3）管内凝结液膜流动阻力的影响。考虑蒸发器传热管内蒸汽冷凝时工作状态应为两相流动，由于传热管内工质主要由蒸汽和冷凝水构成，压损也应该由蒸汽流动阻力和冷凝液流动阻力构成。水平传热管内蒸汽流动时的阻力是连续变化的，而冷凝液的阻力则是间断的，不符合伯努利方程。在蒸发器汽侧流动阻力的分析计算过程中不难发现，在传热管外喷淋海水自上而下的喷淋过程中，由于管内蒸汽冷凝向外传热，导致传热管外管壁处喷淋海水的蒸发，所以各排传热管处喷淋海水的喷淋密度及海水浓度、温度各不相同，最终导致传热管外降膜蒸发传热系数及总传热系数因传热管的位置不同而有差异，从而影响阻力计算的结果。

同理，当加热蒸汽进入蒸发器传热管内部时，由于各排传热管处于不同的高度，必然导致进入各根管子蒸汽的入口压力、密度以及温度和质量流量有所不同。此外，管子出口蒸汽参数也会因此有所差异，并最终影响管内冷凝侧传热系数及管内蒸汽阻力计算。因此，计算过程中须根据不同位置处的具体参数分别进行计算。

## 三、带蒸汽压缩的低温多效蒸馏海水淡化工艺流程

单纯的 MED，造水比（GOR，蒸馏水量与蒸汽消耗量的比值）大约等于效能数：例如，具有 10 个效的蒸发器重复 10 次冷凝－蒸发循环过程，所得蒸馏水量相当于 10 倍蒸汽输入量。因为管内凝结释放的一部分热量用来预热物料海水，所以实际 GOR 要比效能数低 15%～25%。

提高 MED 性能的常用方法是将低温效产生的一部分蒸汽再返还到第一效。这样，用于压缩蒸汽所做的功就转化为海水蒸馏所需的能量，再循环蒸汽所释放的余热被转移到温度更高的效能区。机械压缩机（MVC）或者蒸汽热压缩器（TVC）两种方法都可以用来使蒸汽循环。对于机械压缩机 MVC，多效蒸馏设备的主要能耗是压缩机的电能消耗，而不消耗蒸汽。在 MED 蒸发器中蒸汽循环的优点是更有效地利用热焓。

### （一）机械压缩式低温多效蒸馏装置（MED-MVC）

一般被作为压汽蒸馏装置。其原理是经预热的海水到蒸发器中受热气化，蒸发出的二次蒸汽通过压缩机的绝热压缩，提高其压力、温度及热焓后再送回蒸发室，作为加热蒸汽使用，使蒸发器内的海水继续蒸发，而其本身则冷凝成水，冷凝水从蒸发器内抽出，并与进料海水换热冷却。采用机械压缩原理，使用机械压缩机提高二次蒸汽压力、温度，使二次蒸汽的潜热在蒸发器内连续循环并产生热交换。在正常运转时，机械压缩蒸馏装置蒸发所需的能量基本上从压缩功获得，适用于中小容量的海水淡化装置，造水能耗为 10～15kW·h/$m^3$。然而，受压缩机叶片旋转速度的限制，此类淡化厂规模有限，一般产水量低

于3000t/天。单效机械压汽蒸馏的工艺原型如图2-12所示。

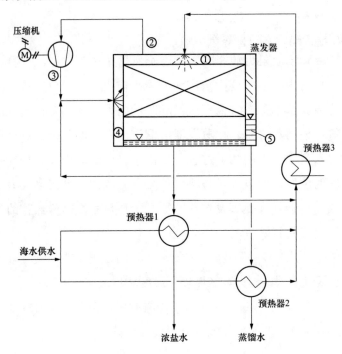

图2-12　单效机械压汽蒸馏的工艺原理图

## （二）蒸汽热压缩式低温多效蒸馏装置（MED-TVC）

### 1. 结构及原理

对于电水联产系统，来自于机组的抽汽压力一般较高，可采用TVC，TVC蒸汽吸入口连接在蒸发器温度最低的效能区，利用动力蒸汽的能量将海水蒸发的部分蒸汽输送到第一效做加热蒸汽，蒸汽回收利用率得到很大提高。由于TVC没有转动部件，结构简单，运行稳定，适用于电水联产系统，因而MED-TVC系统在电水联产系统中发展迅速。

蒸汽热压缩器结构原理如图2-13所示。TVC装置可分为喷嘴、混合室和扩散段3部分。

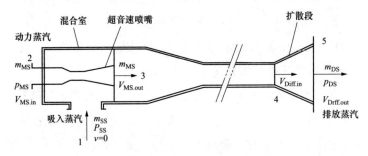

图2-13　蒸汽热压缩器结构原理图

1—引射蒸汽接口；2—动力蒸汽接口；3—喷嘴出口；4—喉部；5—排出口；

MS—动力蒸汽；SS—引射蒸汽；DS—混合蒸汽；in—进口；out—排出口；

$m$—流量，kg/h；$V$—比容，m³/kg；$p$—压力，kPa；$v$—流速，m/s

对于不可压缩流体，根据伯努利方程，流体压缩过程中压能、动能和势能之和保持恒定，即

$$p + \frac{\rho}{2}v^2 + \rho g z = \text{const} \tag{2-45}$$

式中　$p$ ——压强，Pa；

$\rho$ ——密度，$kg/m^3$；

$v$ ——速度，m/s；

$g$ ——重力加速度，$m/s^2$；

$z$ ——高度，m。

扩散段结构见图 2-14。假定状态 1 和状态 2 之间的势能保持恒定（水平方式），则有

$$p_1 + \frac{\rho}{2}v_1^2 = p_2 + \frac{\rho}{2}v_2^2 \tag{2-46}$$

进入和离开扩散器的物料流量相等，扩散段出口的压力可由下式计算，即

$$m_{\text{in}} = m_{\text{out}} = \rho_1 v_1 A_1 = \rho_2 v_2 A_2 \tag{2-47}$$

由于 $\rho = \rho_1 = \rho_2$，因此

$$p_2 = p_1 + \frac{\rho}{2}v_1^2\left[1 - \left(\frac{A_1}{A_2}\right)^2\right] \tag{2-48}$$

从式（2-48）可以得到以下结论：

（1）如果截面积 $A_2$ 大于 $A_1$，则压力 $p_2$ 大于 $p_1$。

（2）如果截面积 $A_2$ 小于 $A_1$，则压力 $p_2$ 小于 $p_1$。

（3）如果流速在扩散器中下降，则压力升高。

（4）如果流速在扩散器中上升，则压力降低。

由此对于 TVC 装置，可以得到以下推论：

1）在喷嘴中，压力较高，速度相对较低；在喷嘴出口动力蒸汽获得了很高的速度，同时所处环境的压力是很低的。

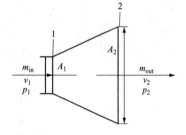

图 2-14　TVC 扩散段结构图

2）在低压的作用下，蒸发器中低压蒸汽被 TVC 装置引射抽出（被抽取的蒸汽称为"吸入蒸汽"）。

3）在混合室，动力蒸汽和吸入蒸汽混合。

4）在扩散段，混合蒸汽的速度降低，压力升高。

图 2-15 所示为 TVC 中压力和速度的变化曲线，其中有两种现象需要注意：①喷嘴出口的速度是超声速的。②由于冲击波（音爆）的作用，扩散段的速度降低。

伯努利方程可以很好地解释 TVC 的原理，但它只对不可压缩流体有效。蒸汽是可压缩的，使用伯努利方程描述喷嘴、混合室和扩散器的能量平衡是不准确的。这里需要使用热力学第一定律和动量转换定律。另外，在 TVC 的工况下，蒸汽的特性不符合理想气体方程。

焓熵图是计算 TVC 过程的最后方式，见图 2-16。

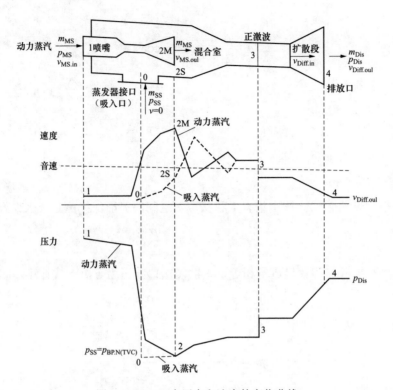

图 2-15　TVC 中压力和速度的变化曲线

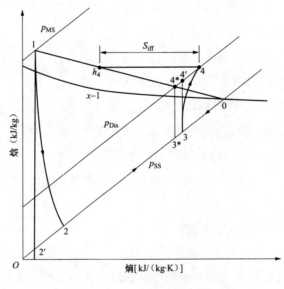

图 2-16　TVC 过程焓熵图

2. TVC 过程中物料的状态主要由 3 个压力确定

（1）动力蒸汽压力 $p_{MS}$。

（2）吸入蒸汽压力 $p_{SS}$。吸入蒸汽压力通常为 MED-TVC 装置吸入效蒸汽压力 $p_{BP, N(TVC)}$。

（3）排放蒸汽压力 $p_{Dis}$。排放蒸汽压力等于首效蒸发器冷凝压力。

动力蒸汽的压力和温度是由蒸汽锅炉确定的，因此，焓熵图中的起点"1"是确定的。在喷嘴中（点 1～点 2），速度升高，压力降低到吸入蒸汽压力 $p_{SS}$。此过程中参数是多变的。混合点 3 位于等压线 $p_{SS}$ 上。为了在等压线 $p_{SS}$ 上得到点 3 的位置，将点 1 和点 0（动力蒸汽和吸入蒸汽）用直线连接起来。等压线 $p_{Dis}$ 和上述连线的交点为 $4^*$。经过 $4^*$ 的垂线与等压线 $p_{SS}$ 的交点为 $3^*$。由于喷嘴和混合器的过程不是可逆的，所以 TVC 的过程也不是等熵的。

TVC 过程的一种计算方法需要引入喷嘴和扩散器的效率，通过下式可计算 TVC 各处的能量平衡，即

$$\frac{m_{SS}}{m_{MS}} = \sqrt{\eta_{noz}\eta_{Diff}\frac{h_1 - h_{2'}}{h_{4'} - h_3}} - 1 \qquad (2-49)$$

式中　$\eta_{noz}$——喷嘴效率；

　　　$\eta_{Diff}$——扩散器效率；

　　　$h$——蒸汽焓值，角标表示喷射器位置，参考图 2-15 和图 2-16，kJ/kg。

由于焓熵图中的等压线是近乎平行的，可以假定为

$$h_{4'} - h_3 = h_{4^*} - h_{3^*} \qquad (2-50)$$

从而得到喷射系数 $w$，即

$$w = \frac{m_{SS}}{m_{MS}} = \sqrt{\eta_{noz}\eta_{Diff}\frac{h_1 - h_{2'}}{h_{4^*} - h_{3^*}}} - 1 \qquad (2-51)$$

# 第二节　低温多效蒸馏海水淡化工艺计算

## 一、单效蒸发器的计算

符号说明：$G$ 表示进料溶液量，kg/h；$C_0$、$C_1$ 表示蒸发前、后的溶液浓度，%（质量百分比）；$D$ 表示蒸发出来的二次蒸发量，kg/h；$D_0$ 表示所用加热蒸汽量，kg/h。单效蒸发器的示意图如图 2-17 所示。

（一）求蒸发量 $D$

从溶质的物料衡算，有下列关系，即

$$GC_0 = (G-D)C_1 \text{ 或 } G-D = G \times \frac{C_0}{C_1} \qquad (2-52)$$

得出

$$D = G \times \left(1 - \frac{C_0}{C_1}\right) \qquad (2-53)$$

$G$、$D$、$C_0$、$C_1$ 4 项中已知 3 项，另一项也可以求出。

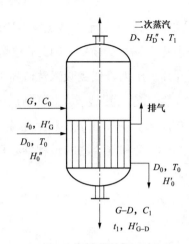

图 2-17  单效蒸发器的示意图

$G-D$—排出浓缩料液量，kg/h；$t_0$、$t_1$、$I_0$、$I_1$—进料溶液温度、排出溶液温度、

加热蒸汽温度、二次蒸汽温度，℃；$H'_G$、$H'_{G-D}$—进料溶液焓值、排出浓缩液焓值，kJ/kg；

$H''_0$、$H'_0$、$H''_D$—加热蒸汽焓值、蒸汽冷凝液焓值、二次蒸汽焓值，kJ/kg

例如，$C_0$=3.5%、$C_1$=5%、$G$=1800kg/h 是小型海水淡化设备的一个具体数据，则每小时蒸发所得淡水量 $D$ 为

$$D = 1800 \times \left(1 - \frac{3.5}{5}\right) = 540$$

由这一例子可见虽然海水浓度变化仅为 1.5%，但造水量却不少。

（二）求加热蒸汽消耗量

$D_0$ 从热量平衡算出，即

$$G_0 H''_0 + G H'_G = D H''_D + G_0 H'_0 + (G - D) H'_{G-D} \tag{2-54}$$

对海水淡化而言，由于经过一个单效蒸发器的浓度变化不是很大，焓值的变化也很小，往往可以认为 $H'_G = H'_{G-D}$，则从式（2-54）可得

$$D_0 (H''_0 - H'_0) = D(H''_D - H'_{G-D}) \tag{2-55}$$

一般采用饱和蒸汽加热，此时加热蒸汽前后焓值 $H''_0 - H'_0$ 的变化即为冷凝潜热 $r_0$，则上式化为

$$D_0 r_0 = D(H''_D - H'_{G-D}) \tag{2-56}$$

虽然浓海水的焓值与水的焓值不一样，但从物性表上可以看出是相差不多的，特别是浓度低时，海水的比热与焓值都比水稍微小一点，粗略地可以看成相等，则焓值 $H''_D - H'_{G-D}$ 的变化即为蒸发出淡水的汽化潜热 $r_D$，上式可以近似地写为

$$D_0 r_0 = D r_D \text{ 或 } \frac{D}{D_0} = \frac{r_0}{r_D} \tag{2-57}$$

如果加热蒸汽温度和二次蒸汽的温度相差不大，那么 $r_0 = r_D$，故 $D/D_0 = 1$，也就是说要蒸出 1kg 水，对单效而言，需要 1kg 蒸汽。

实际情况中还要考虑有热损失以及海水、溶液和清水的不同，$D/D_0$ 总是小于 1 的，也就是对一个单效蒸发器而言，造水比总是小于 1 的，一般为 0.91。

（三）传热计算

求总传热量 $Q$ 和蒸发器的传热面积 $A$。

传热的基本关系式为

$$Q=KA\Delta T \tag{2-58}$$

式中  $K$——总传热系数，W/（$m^2 \cdot ℃$）；

　　$A$——传热面积，$m^2$；

　　$\Delta T$——平均温差，$\Delta T = T_0 - t_1$；

　　$T_0$——加热蒸汽温度，℃；

　　$t_1$——被蒸发的海水或溶液的沸点，℃。

对于稳定操作而言，总传热量 $Q$ 还可通过下式计算，即

$$Q=D_0 r_0 \tag{2-59}$$

所以蒸发器所需要的传热面积 $A$ 为

$$A = \frac{Q}{K\Delta T} \tag{2-60}$$

关于总传热系数的计算与选择详见降膜蒸发中总传热系数 $K$ 的计算 [见式（2-7）]。

## 二、多效蒸发的基本计算

多效蒸发的计算和单效相似，也包括物料衡算、热量衡算和传热计算。下面以含 $n$ 个蒸发效的顺流进料方式为例，多效蒸发流程示意见图 2-18。

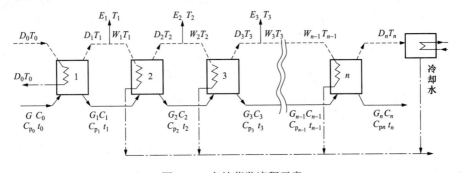

图 2-18　多效蒸发流程示意

$D_0$—第一效蒸发器加热蒸汽流量，t/h；$T_0$—第一效蒸发器加热蒸汽温度，℃；$D_1 \sim D_n$—1～$n$ 效蒸发器

二次蒸汽流量，t/h；$T_1 \sim T_n$—1～$n$ 效蒸发器二次蒸汽温度，℃；$E_1 \sim E_n$—1～$n$ 效蒸发器抽汽量，t/h；

$W_1 \sim W_{n-1}$—2～$n-1$ 效蒸发器加热蒸汽流量，t/h；$G$—第一效蒸发器进料流量，t/h；$C_{p0}$—第一效蒸发器

浓溶液热容，kJ/（kg·℃）；$t_0$—第一效蒸发器浓溶液温度，℃；$C_0$—第一效蒸发器进料溶液浓度，%；

$G_1 \sim G_n$—1～$n$ 效蒸发器浓溶液流量，t/h；$C_{p_1} \sim C_{p_n}$—1～$n$ 效蒸发器浓溶液热容，kJ/（kg·℃）；

$t_1 \sim t_n$—1～$n$ 效蒸发器浓溶液温度，℃；$C_1 \sim C_n$—1～$n$ 效蒸发器浓溶液浓度，%

（一）物料衡算

总蒸发量为

$$D=D_1+D_2+D_3+\cdots+D_n=G（1-C_0/C_n）\tag{2-61}$$

对任意一效的物料进行衡算，则

$$GC_0=G_1C_1=G_2C_2=\cdots=G_nC_n\tag{2-62}$$

$$G_1=G-D_1$$

$$G_2=G-D_1-D_2$$

$$D_n=G-D_1-D_2-\cdots-D_n$$

浓度变化的计算为

$$C_1=\frac{GC_0}{G_1}=\frac{GC_0}{G-D_1}$$

$$C_2=\frac{GC_0}{G_2}=\frac{GC_0}{G-D_1-D_2}$$

$$\vdots$$

$$C_n=\frac{GC_0}{G_n}=\frac{GC_0}{G-D_1-D_2-\cdots-D_n}$$

至于各效产生的二次蒸汽量 $W_1$、$W_2$、$W_3$、$\cdots$、$W_{n-1}$（未考虑淡水闪蒸量），如果没有引出一部分做别的用途（通常把这种抽往别处去的蒸汽叫作额外蒸汽），而是全部引往下一效，则

$$W_1=D_1，\quad W_2=D_2，\quad \cdots，\quad W_{n-1}=D_{n-1}$$

如果有额外蒸汽 $E$ 被抽往别的预热器作热源用，则

$$W_1=D_1-E_1，\quad W_2=D_2-E_2，\quad \cdots，\quad W_{n-1}=D_{n-1}-E_{n-1}$$

（二）热量衡算

对第 1 效的热量进行衡算，加热蒸汽 $D_0$（饱和蒸汽）冷凝和原料液 $G$ 显热变化放出的热量全部用于蒸发，得到蒸汽量 $D_1$，即

$$D_0R_0+GCp_0（t_0-t_1）=D_1r_1\tag{2-63}$$

式中　$R_0$——加热蒸汽 $D_0$ 在温度 $t_0$ 下的冷凝潜热，kJ/kg；

　　　$r_1$——第一效溶剂在温度 $t_1$ 下的汽化潜热，kJ/kg。

同理，对第 $n$ 效的热量进行衡算，其中放出热量的为第 $n-1$ 效的二次蒸汽 $W_{n-1}$ 冷凝、第 $n-1$ 效的浓液 $G_{n-1}$ 由 $t_{n-1}$ 到 $t_n$ 的显热变化。这些热量全部用于盐水蒸发，得到第 $n$ 效由盐水中蒸发出的蒸汽量 $D_n$，即

$$W_{n-1}R_{n-1}+G_{n-1}Cp_{n-1}(t_{n-1}-t_n)=D_nr_n\tag{2-64}$$

式中　$R_{n-1}$——第 $n-1$ 效的加热蒸汽 $W_{n-1}$ 冷凝潜热，kJ/kg；

　　　$r_n$——第 $n$ 效溶剂在温度 $t_n$ 下的汽化潜热，kJ/kg。

（三）传热计算

多效蒸馏装置的传热面积可分为 3 部分，分别是预热传热面积、蒸发传热面积和冷凝

传热面积，即

$$A_{ME}=A_{PH}+A_E+A_C \tag{2-65}$$

式中 $A_{ME}$ ——装置总传热面积，$m^2$；

$A_{PH}$ ——预热传热面积，$m^2$；

$A_E$ ——蒸发传热面积，$m^2$；

$A_C$ ——冷凝传热面积，$m^2$。

传热面积的计算应从传热公式开始，即

$$Q=kA\Delta T_{HT} \tag{2-66}$$

式中 $Q$ ——热流量，kJ/s；

$k$ ——总传热系数，W/（$m^2 \cdot$ K）；

$A$ ——传热面积，$m^2$；

$\Delta T_{HT}$ ——传热温差，K。

上一效产生的蒸汽在下一效中冷凝，产生几乎等量的二次蒸汽，此过程中第 $i$ 效的热流量为

$$Q_{E,i}=m_{D,i}\Delta h_{v,i} \tag{2-67}$$

式中 $Q_{E,i}$ ——第 $i$ 效蒸发热流量，kJ/s；

$m_{D,i}$ ——第 $i$ 效蒸发器蒸汽流量，kg/h；

$\Delta h_{v,i}$ ——第 $i$ 效蒸发器蒸汽凝结释放热量，kJ/kg。

第 $i$ 效蒸发器的换热面积为

$$A_{E,i} = \frac{m_{D,i}\Delta h_{v,i}}{A_{E,i}\Delta T_{HT,i}} \tag{2-68}$$

式中 $k_{E,i}$ ——第 $i$ 效蒸发传热系数，W/（$m^2 \cdot$ K）；

$\Delta T_{HT,i}$ ——第 $i$ 效蒸发器传热温差，K。

假定各效的换热面积是相同的，则总面积可以通过用第 $i$ 效蒸发器的换热面积乘以 $N$ 得到

$$A_E = NA_{E,i} = N\frac{m_{D,i}\Delta h_{v,i}}{k_{E,i}\Delta T_{HT,i}} \tag{2-69}$$

为进一步简化计算过程，采用以下假设：

（1）使用平均汽化潜热和平均总传热系数代替各效的蒸发热和总传热系数，即

$$\Delta h_{v,i} = \Delta h_v, \quad k_{E,i} = k_E \tag{2-70}$$

（2）各效蒸发量和冷凝量相等，蒸馏水总量等于各效蒸馏水量的和，即

$$m_D=Nm_{D,i} \tag{2-71}$$

（3）效间温差和各效的沸点升相等，即

$$\Delta T_{HT} = \Delta T_{HT,i} = \Delta T_{Stage,i} - \Delta T_{BPE,i} = \frac{\Delta T}{N} - \Delta T_{BPE} \tag{2-72}$$

式中　$\Delta T_{Stage,i}$——第 $i$ 效效间传热温差，℃；

　　　$\Delta T_{BPE,i}$——第 $i$ 效盐水沸点温开，℃；

　　　$\Delta T$——蒸发器总效间温差，℃；

　　　$\Delta T_{BPE}$——蒸发器总沸点温升，℃。

从而可以得到下面用于计算单位传热面积的简化公式，即

$$\frac{A_E}{m_D} = \frac{\Delta h_v}{k_E \Delta T_{HT}} = \frac{N\Delta h_v}{k_E(\Delta T - N\Delta T_{BPE})} \tag{2-73}$$

式中　$m_D$——蒸发器总的蒸馏水产量。

进料水在某效蒸发器的预热器预热吸收的热量为

$$Q_{PH,i} = m_F c_{p,i} \Delta T_{Stage,i} \tag{2-74}$$

式中　$m_F$——换热器进料海水产量。

传热量可与传热面积关联起来，另外再引入对数平均温差的概念，可得到

$$Q_{PH,i} = k_{PH,i} A_{PH,i} \Delta T_{HT,i} = k_{PH,i} A_{PH,i} \Delta T_{ln,i} \tag{2-75}$$

式中　$k_{PH,i}$——第 $i$ 效预热传热系数，W/（m²·K）；

　　　$A_{PH,i}$——第 $i$ 效的换热面积，m²；

　　　$\Delta T_{ln,i}$——第 $i$ 效的对数平均温差，K。

每效的对数平均温差可用下式计算，即

$$\Delta T_{ln,i} = \frac{\Delta T}{\ln\dfrac{\Delta T_{TTD,i} + \Delta T_{BPE,i} + \Delta T_{HT,i}}{\Delta T_{TTD,i}}} \tag{2-76}$$

式中　$\Delta T_{TTD,i}$——第 $i$ 效蒸发器换热端差。

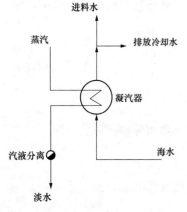

图 2-19　冷凝器的典型流程简图

预热器的传热面积为

$$A_{PH,i} = \frac{m_F c_{p,i} \Delta T_{Stage,i}}{k_{PH,i} \Delta T_{ln,i}} \tag{2-77}$$

根据进料水、蒸馏水、浓盐水的流量关系，上式还可以写成：

$$A_{PH,i} = m_D \frac{CF}{CF-1} N \frac{c_p}{k_{PH}} \frac{\Delta T_{Stage,i}}{\Delta T_{ln,i}} \tag{2-78}$$

式中　$F$——浓缩比，即蒸发器浓液浓度与进料水浓度比值。

再代入对数平均温差，上式可写成

$$\frac{A_{\text{PH},i}}{m_{\text{D}}} = \frac{CF}{CF-1} N \frac{c_p}{k_{\text{PH}}} \ln\left(1 + \frac{\Delta T_{\text{BPE},i} + \Delta T_{\text{HT},i}}{\Delta T_{\text{TTD},i}}\right) \tag{2-79}$$

或者

$$\frac{A_{\text{PH},i}}{m_{\text{D}}} = \frac{CF}{CF-1} N \frac{c_p}{k_{\text{PH}}} \ln\left(1 + \frac{\Delta T_0}{N\Delta T_{\text{TTD}}}\right) \tag{2-80}$$

对于辅助加热器，虽然使用的热源为外供蒸汽，温差为总传热温差，所有换热面积也被包含在其中，但是式（2-79）和式（2-80）没有包含冷凝器的传热面积。

在设计冷凝器时，需要考虑一年四季中原海水温度的变化。一般情况下，作为冷却介质，需根据海水温度的变化，调节海水的供应量，以满足冷凝器的需要。图 2-19 所示为冷凝器的典型流程图，换热量可用下式表示，即

$$Q_{\text{c}} = m_{\text{SW}} c_{\text{p,SW}} \left(T_{\text{SW,out}} - T_{\text{SW,in}}\right) = k_{\text{c}} A_{\text{c}} \Delta T_{\text{ln}} \tag{2-81}$$

$$A_{\text{c}} = \frac{m_{\text{SW}} c_{\text{p,SW}} \left(T_{\text{SW,out}} - T_{\text{SW,in}}\right)}{k_{\text{c}} \Delta T_{\text{ln}}} \tag{2-82}$$

以及

$$\Delta T_{\text{ln}} = \frac{T_{\text{SW,out}} - T_{\text{SW,in}}}{\ln\left(\dfrac{T_{\text{v}} + T_{\text{SW,in}}}{T_{\text{v}} - T_{\text{SW,out}}}\right)} \tag{2-83}$$

式中　$Q_{\text{c}}$——凝汽器换热量，kJ；

$m_{\text{SW}}$——凝汽器海水流量，kg/h；

$c_{\text{p,SW}}$——凝汽器海水比热容，kJ/（kg·℃）；

$t_{\text{SW,out}}$——凝汽器出口海水温度，℃；

$t_{\text{SW,in}}$——凝汽器入口海水温度，℃；

$k_{\text{c}}$——凝汽器换热管传热系数，kJ/（m²·℃）；

$A_{\text{c}}$——凝汽器换热管传热面积，m²；

$\Delta T_{\text{ln}}$——凝汽器对数传热温差，℃；

$T_{\text{v}}$——凝汽器蒸汽饱和温度，℃。

综合上述计算，可得到多效蒸馏装置所需的换热面积。在概念设计阶段，有必要对换热面积计算公式进行简化。与处理单位能量消耗时采取的方法接近，使用一个校正系数计入预热所需的传热面积。一般情况下，蒸发所需的换热面积占总传热面积的90%左右，因此可进行如下简化

$$A_{\text{ME}} = 1.1 A_{\text{E}} \tag{2-84}$$

式中　$A_{\text{ME}}$——总传热面积，m²；

$A_E$——总蒸发面积，$m^2$。

据此可以对多效蒸馏装置的单位能量消耗和单位传热面积进行估算，即

$$\frac{A_E}{m_D} = 1.1\frac{\Delta h_v}{k_E \Delta T_{HT}} = 1.1\frac{N\Delta h_v}{k_E(\Delta T_0 - N\Delta T_{BPE})} \tag{2-85}$$

图 2-20 表示了在以下给定条件下，多效蒸馏淡化装置单位能量消耗和单位传热面积与效数的关系。

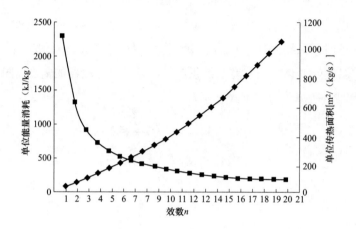

图 2-20　多效蒸馏淡化装置单位能量消耗和单位传热面积与效数的关系

总传热温差 $\Delta T_0$=30K，蒸发热 $\Delta h_v$=230kJ/kg，总传热系数 $k_E$=3.0kW/（$m^2 \cdot$ K），沸点升 $\Delta T_{BPE}$=0.7K。

两条曲线的不同形状（伴随效数的增加，单位能量消耗减少，单位传热面积增加）表明，需要根据能量（与能量消耗相关）和投资（与传热面积相关）费用对于多效蒸馏装置的效数进行优化。

## 三、计算模型比较分析

El-Dessouky and Ettouney 曾分析了 MED 系统造水比并对各种系统布局进行模拟，包括顺流、平行流，同时考虑了蒸汽热压缩和蒸汽机械压缩的影响。发现在较高的蒸汽温度条件下，所需的传热面积减小，带 TVC 可明显增加造水比。

由于 MED 系统的复杂性，在模型中考虑了多个不同的假设，比如假定效间的温差为常数；传热系数和比热容不进行迭代求解［如 Darwish and Alsairafi（2004 年）］等，从而使得模型产生不同的结果。目前，系统性能与设计参数，如效数、盐度、给水温度等的关系已有较多报道。如增加冷凝面积 32%将提高造水比 15%左右。学者 Mistry et al.（2013年）在已有模型的基础上考虑了更多的细节，如海水物理性质的更新。

图 2-21 与图 2-22 分别给出了顺流 MED 中效数与造水比和比面积间的关系，其中造

水比 $GOR$ 定义为蒸馏质量 $m_d$ 与所需蒸汽质量 $m_s$ 的比，即

$$GOR = \frac{m_d}{m_s}$$

（2-86）

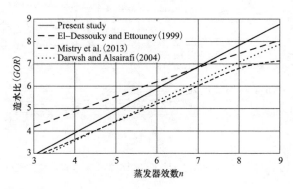

图 2-21　不同模型造水比〔来源：F. Tahir（2015）〕

比面积（$sA$）是每单位蒸馏水对应的包含蒸发器、预热器和冷凝器面积与总面积的比值。

$$sA = \frac{\sum_{j=1}^{n} A_{ej} + \sum_{j=2}^{n-1} A_{pj} + A_c}{m_d}$$

（2-87）

式中　$A_{ej}$——单位蒸发器换热面积，$m^2$；

　　　$A_{pj}$——预热器换热面积，$m^2$；

　　　$A_c$——凝汽器换热面积，$m^2$。

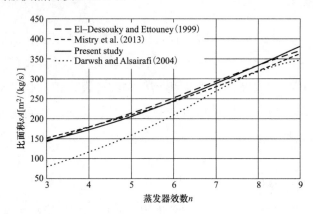

图 2-22　不同模型的比面积比较〔来源：F. Tahir（2015）〕

蒸汽温度对 $sA$ 和 $PR$ 的影响，如图 2-23 所示。由于蒸汽温度的增加，总体造水比改善。增加蒸汽温度减少传热面积，从而减少整体成本。设计上，选择高温蒸汽来增强系统性能。

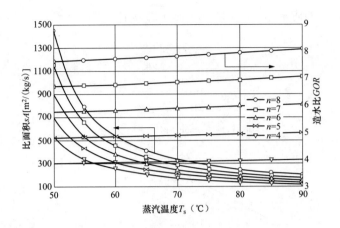

图 2-23　比面积与造水比 *GOR* 比随蒸汽温和效数的变化

# 第三节　低温多效蒸馏海水淡化关键技术

低温多效蒸馏技术经过 20 多年的发展，在国际上已经成为比较成熟的海水淡化技术，国内外大量的应用实例表明，低温多效蒸馏技术具有能量消耗低、装置运行稳定可靠、使用寿命长的特点，是今后具备发展潜力的技术之一。从技术应用层面讲，其关键技术体现在如下几个方面：高效热交换、材料选择和腐蚀、防止微生物增殖、析出不可凝结的气体、积垢和产品水质量控制等。

## 一、强化传热

在蒸馏装置中热量通过热交换器进行传递。在整套淡化装置的成本中，热交换器占了很大的部分。因此，它的热交换参数应该尽可能高，并且在使用过程中不会逐渐降低。通过强化传热技术以及新型廉价传热材料的开发，提高传热效率、降低制水成本，一直是国际低温多效技术领域研究的热点问题。蒸汽中不可凝结的气体含量、管道内外的水垢沉积、蒸发器内管束表面的湿润程度等，其中不可凝结的气体会严重影响热交换的效率。

（一）传热影响因素分析

影响降膜蒸发传热的因素有喷淋密度、布液、管间流型、饱和温度、管子表面结构、管间距、热流密度、表面过冷度及蒸汽横掠管束等。Negeed 和 Awad 实验研究了管束布置方式和操作条件对降膜蒸发率的影响，结果表明蒸发率和传热系数随着管子表面温度的升高、管子直径、蒸发压力的降低和进口过冷度的降低而增加，布液高度的影响不大。众多文献都以水为工质，主要研究对象为海洋能源转换及海水淡化中的水平管降膜蒸发技术，但也有小部分是以其他流体，如制冷剂作为工质开展相关研究。通过以下文献的整理分析大致可以知道各种因素对传热系数影响所占的比重。

1. 热流密度的影响

据 Fujita 等 Hu 与 Jacobi 等的研究，对流蒸发的传热性能与热流密度无关。但当热流密度远大于核态沸腾起始点后，核态沸腾传热占主导地位，气化核心随热流密度的增加而增多，使传热系数增大。同时接触角、管子材料及表面粗糙度都对热流密度对传热系数的影响有促进作用。维持气泡的生长需要一定的液膜过热度，因此，较低的热流密度时不可能提供足够的过热度以维持核态沸腾。此时，膜内传热仅仅是对流和导热传热作用的结果。杨洛鹏等、许莉对降膜蒸发器的管内蒸汽冷凝情况进行了分析，认为管内传热情况影响管外蒸发传热的热流密度，进而对管外降膜传热系数的影响较大。

2. 喷淋密度的影响

喷淋密度指单位管长单侧的质量流量。研究发现，传热系数随着喷淋密度的增大而减小；在 Re 数为 800～4000 时，喷淋密度对传热系数的影响取决于具体的情况，由层流流动理论可知喷淋密度较大膜厚增加则传热系数降低，但汽液界面波动效应使液膜变薄的趋势随着喷淋密度的增大而增强，故传热系数随喷淋密度的增加也有可能升高。

Ganic 和 Roppo 发现在严格的对流沸腾蒸发时，传热系数随着喷淋密度的增大而增大。但在核态沸腾时，传热系数与喷淋密度无关。Roques 实验观察到管子表面完全湿润且沸腾时，传热系数是一个与喷淋密度无关的恒定值。认为干斑起始点对降膜传热有重要影响，应当给予重点关注。

Wang 等发现沸腾强化管的喷淋密度对传热系数也有影响。对于肋片管和标准喷嘴，Zeng 等发现在高饱和温度时，喷淋密度与热流密度的影响差不多；高热流密度时，传热系数随喷淋密度增大而升高，但在干斑区下降；在低热流密度时，由于肋片增大了湿润表面的液膜厚度，相反趋势被观察到。Rifert 等观察到纵向沟槽表面的降膜传热系数随着流量增大，而与热流密度无关。Putilin 等发现降膜传热的强化程度与流量存在一定关系。Yan 等实验发现在一定范围内，随着喷淋密度的增加，滴状流和柱状流的滴、柱直径增大，液膜变厚致使液体覆盖管子表面的面积增加；随着空气流速的增加，滴、柱状流将偏离管子中心，甚至完全不能落在下一根实验管上，并对此现象进行了理论分析。

3. 管间距的影响

降膜传热系数随着管间距的增大而增大，Liu 认为管间距增大导致降落到管子顶部的液体速度增大，进而传热系数增大，但当 Pr 数较大、流体黏性较高时，管间距的强化传热效果减弱甚至消失。Lorenz 和 Yung 认为在管间距较大时，液体在降落到下一根管子上之前，可以从管壁吸收更多的热量，故其使热力发展区的传热加强。

4. 布液高度的影响

布液高度通过改变流型和冲击速度而影响传热系数。随着布液高度的增加，能获得更好的喷淋效果，进而削弱了分布不均现象。在不存在沸腾时，传热系数随着布液高度的增加而增大，这是由于布液高度增加与液体速度增加有关。

5. 管径及管材的影响

无沸腾发生时，Parken 和 Fletcher 测量发现小管径的传热系数较高。这是由于管子顶部的喷射影响区占总传热面积的比例随着管径的减小而增大，传热性能提高。Roques 同时发现小直径管的传热系数较大，这是因为小管径增大了热力发展区的影响范围进而使得传热系数增大。Adams 发现管径从 101.6mm 减小到 25.4mm 时，传热系数显著提高。

6. 气体流动的影响

气体流动以两种相反的方式影响降膜蒸发传热性能。

（1）气体流动使得滴、柱状流时液滴和液柱分布不均，造成局部干斑。

（2）气体流动带来液膜波动效应，强化了对流效应或者使液膜达到临界波长时发生破裂。

Rana 等实验发现有空气流动时的降膜蒸发传热性能是无空气流动时的 0.85～1.75 倍。Armbruster 和 Mitrovic 研究表明由于空气流动强化了膜内波动和表面蒸发，对未饱和降膜传热有显著的强化作用。蒸汽流动的影响与喷淋密度及流动方向有关。上升的低速蒸汽流使液体下降速度降低，对布液和传热不利。

（二）强化传热管

强化传热通常是对光管进行加工得到各种结构的异形管，如波纹管、螺纹管、螺旋槽纹管、横槽管、翅片管、针翅管、多孔表面管等，通过这些异形管进行强化传热，提高工作效率。在蒸馏海水淡化中使用强化传热管，可节约传热材料用量，降低装置造价，但强化传热管在提高传热效率的同时，还带来了腐蚀、污垢等负面问题，限制了在蒸馏海水淡化领域的应用。目前蒸馏淡化强化传热技术多在研究阶段。

1. 波纹管

流体在波纹管的波峰处速度降低，静压增加；在波谷处流速增加，静压降低。流体在反复改变的轴向压力梯度下流动，产生了剧烈的漩涡，使边界层减薄。因此，波纹管作为传热管，由于波节的存在，增加了对管内流体的扰动，从而增强了传热效果。在低雷诺数下，波纹管的换热性能明显好于普通光管；而在高雷诺数下，两者的换热性能非常接近。波纹管的波形分为波鼓形（见图 2-24）、波节形、梯形和缩放形。

2. 螺纹管

螺纹管是使光管由以扩展表面强化传热的螺纹所代替，其截面如图 2-25 所示。它比光管外表面积增加 2.5 倍以上，其总传热系数提高 30%以上，强化冷凝效果显著，因此，作为传热管大大强化了传热效果，尤其适用于各种无相变传热。

3. 螺旋槽纹管

螺旋槽纹管是在光管的外表面压出螺旋形的凹槽,管内则形成螺旋形的凸起,如图 2-26 所示。流体在管内流动时，靠近壁面的部分顺槽旋转，有利于减薄流体边界层；另一部分

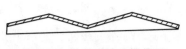

图 2-24　波鼓形波纹管截面

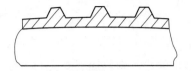

图 2-25　螺纹管截面

流体顺壁面沿轴向运动，凸起使流体产生周期性的扰动，可以加快由壁面至流体主体的热量传递。螺旋槽纹管具有双面强化传热的作用，与普通光管相比，传热性能可提高 2 倍以上，适用于对流、冷凝、沸腾等工况。

4. 横槽纹管

与单头螺旋槽纹管相比，在相同流速下，横槽纹管的流体阻力要大些，传热性能更好，其截面如图 2-27 所示。横槽纹管作用机理是当管内流体流经横向环肋时，管壁附近形成轴向涡流，增加了边界层的扰动，使边界层分离，从而增强传热效率，其应用场合同螺旋槽纹管。

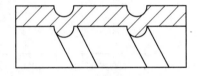

图 2-26　螺旋槽纹管截面

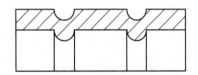

图 2-27　横槽纹管截面

5. 翅片管

翅片管的形状可以是圆形、矩形、T 形或椭圆形。翅片管具有抗垢性能好、导热性能好的特点，总传热系数可提高 40% 以上，设备质量减轻 25% 以上，但造价相对较高。翅片应放置在给热系数小的一侧，可在管外，也可在管内。装在管外的翅片有轴向和螺旋形的。除连续的翅片外，为了增强流体的湍动，也可在翅片上开孔或每隔一段距离断开或扭曲。这种管子有助于扩大传热面积、促进流体的湍动。

6. 针翅管

针翅管既扩大了传热面积，又可造成流体的强烈扰动，极大地强化了传热，而且压降不大，并可借针翅管相互支撑而取消折流板，节省了支撑板材料。

7. 多孔表面管

在管子的表面敷上了一层多孔性金属层，可以使传热表面积大为增加。多孔表面传热管能显著强化沸腾给热过程，覆盖层金属微粒尺寸越小，层数越多，传热效果越好，但其表面的多孔局限了其只能用于无污垢或轻垢的状况。

## 二、不凝结气体的排放

在大量海水流经蒸发器的同时，由于装置在真空状态下运行，海水中溶解的气体将会被释放出来。在化学药剂的作用下，部分重碳酸盐也分解出一些气体从水中释放出来，水垢的沉积将会随之减少。

在低温表面附近局部压力的增加，对释放出的不凝结气体热交换的效率有很大的影响。局部的小气泡将逐渐变大而形成一道热屏障，这对于冷凝器的热交换非常不利。因此，必须对蒸发器内部的不凝结气体进行正确的排放。

（一）不凝结气体量来源

1. 海水中溶解气体

海水中的不凝气体主要是氧气、氮气和二氧化碳，此外，还有极少量的其他气体。因此，对蒸馏法海水淡化而言，只考虑其氧气、氮气和二氧化碳含量的影响。

中东海水淡化研究中心（Middle East Desalination Research Center）的 Heike Glade 博士在"THE RELEASE OF $CO_2$ IN MULTIPLE-EFFECT DISTILLERS"一文中，研究了海水不凝气体溶解性质，分析数据如表 2-1 所示。在温度为 25℃、盐度为 35g/kg 的状况下，海水的密度取 1.02g/L，可以将表 2-1 最后一列数据的单位换算为 mg/L。换算后的结果见表 2-2。

表 2-1　　　　　　　　　　　　　海水不凝气体溶解度

| 气体 | 大气中的分压（bar） | 享利定律系数[mol/（$m^3$·bar）] | 在海水中的浓度 | |
| --- | --- | --- | --- | --- |
| | | | μmol/kg | mg/kg |
| 二氧化碳 | 0.00033 | 29.3 | 9.45 | 0.4 |
| 氮气 | 0.7808 | 0.5 | 383.4 | 10.7 |
| 氧气 | 0.2095 | 1.0 | 206.3 | 6.6 |
| 氩气 | 0.00934 | 1.1 | 10.11 | 0.4 |

注　1bar=0.1MPa。

表 2-2　　　　　　　海水中气体的溶解度（盐度为 35g/kg、温度为 25℃）

| 气体 | 在大气中的分压（bar） | 享利定律系数[mol/（$m^3$·bar）] | 在海水中的浓度（mg/kg） | 在海水中的浓度（mg/L） |
| --- | --- | --- | --- | --- |
| 二氧化碳 | 0.00033 | 29.3 | 0.4 | 0.4 |
| 氮气 | 0.7808 | 0.5 | 10.7 | 10.9 |
| 氧气 | 0.2095 | 1.0 | 6.6 | 6.7 |
| 氩气 | 0.00934 | 1.1 | 0.4 | 0.4 |

注　1. 目前国内外对氩气的研究较少，且氩气在不凝气体中的含量相对较少，本书对氩气在不凝气体中的含量忽略不计。

　　2. 1bar=0.1MPa。

2. 碳酸氢盐分解对不凝气体的影响

海水中含有一定量的碳酸氢根离子，碳酸氢根离子是一种化学性质活跃的阴离子，在一定条件下可能分解出二氧化碳，对不凝气体总量产生影响。在加热的条件下，碳酸氢根离子容易发生热分解，发生分解的具体化学式为

$$2HCO_3^-(aq) \leftrightarrow CO_3^{2-}(aq) + H_2O(l) + CO_2(g) \tag{2-88}$$

式中，aq 表示物质以溶液的形式存在，l 表示物质为液体，g 表示为气体。

当海水中溶解的二氧化碳总量一定时，确定二氧化碳、碳酸根离子、碳酸氢根离子的份额是非常重要的。这种分布取决于 pH 值、温度和离子强度。

（1）盐度对海水中碳系统的影响。图 2-28 描述了在一定温度、不同的盐度下，二氧化碳、碳酸根离子、碳酸氢根离子的摩尔分数随着 pH 值变化的情况。在温度为 25℃、盐度为 35g/kg 的条件下，当 pH 值小于 5 时，大于 87%的总含碳量是以二氧化碳的形式溶解在海水中的。随着 pH 值的增加，二氧化碳的摩尔分数会减小；同时，碳酸氢根离子浓度会增加，并在 pH 值达到 7.4 时浓度达到最大值，最大值为 94.5%。进一步提高 pH 值，碳酸氢根离子的浓度就会下降，而碳酸根离子的浓度会增加，在 pH 值大于 10 以后，超过 92%的总含碳量以碳酸根离子的形式存在。正如图 2-28 中所示，随着盐度的增加，3 种曲线会向着低 pH 值的方向变化。

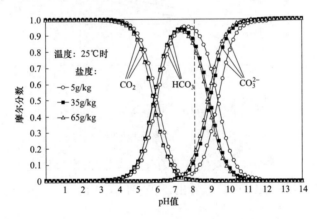

图 2-28　温度一定时，盐度对海水中碳系统的影响

（2）温度对碳酸氢盐热衰变的影响。在盐度一定时，温度对二氧化碳、碳酸氢根离子、碳酸根离子相对分布的影响见图 2-29。在 pH 值一定时，二氧化碳的摩尔分数随着温度的升高而降低，同时，碳酸根离子的摩尔分数上升。在 pH 值小于 7 时，碳酸氢根离子的摩尔分数随着温度的升高而增加。在 pH 值大于 7 时，碳酸氢根离子的摩尔分数降低。

从图 2-29 中可以看出，在低温多效海水淡化设备最高盐水温度为 65℃时，碳酸氢根离子的分解量并不大，且随着温度降低，碳酸氢盐的分解量减少。因此，碳酸氢根离子在海水淡化设备中的分解是少量的。H. LUDWIG 和 M. HETSCHEL 给出了"温度对碳酸氢盐热衰变的影响"的实验数据，见图 2-30，其中浓缩比（盐水排放盐度/海水盐度）为 2.5，TBT 为产出二氧化碳里对应的最高盐水温度。

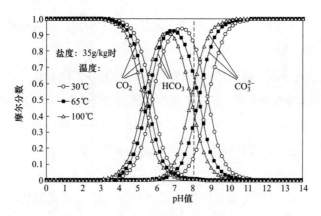

图 2-29  盐度一定时，温度对海水的碳系统的影响

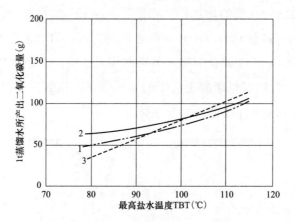

图 2-30  温度对碳酸氢盐热衰变的影响

注：1、2、3 的数据来源不同。

从 pH 值方面来看海水中碳酸氢根离子的分解情况，海水淡化设备中的 pH 值是随着海水的蒸发而降低的，从图 2-29 中可以看出，在 pH 值为 8 附近，pH 值越低，碳酸氢根离子的分解就越少。

（3）真空泄漏气体量计算。在确定抽气量时，可以参照 DL/T 932《凝汽器与真空系统运行维护导则》。在此基础上，根据美国传热学会推荐公式由真空下降速度近似求出漏入系统的空气量，即

$$G_a = 1.657V \left( \frac{\Delta p}{\Delta t} \right) \tag{2-89}$$

式中  $G_a$——漏入的空气量，kg/h；

$V$——处于真空状态下的设备容积，m³；

$\dfrac{\Delta p}{\Delta t}$——真空下降速度，kPa/min。

低温多效装置中的不凝气体一部分来自海水中溶解的不凝气体，这部分气体在蒸发后析出；另外一部分是设备的漏气，两处不凝气体相加应满足设备的真空要求。真空漏气量

还与设备的表面积有关，但 SH/T 3118《石油化工蒸汽喷射式抽空器设计规范》中是以容积来计算，因此这里以容积来计算。

（二）不凝结气体排放量计算

在低温多效蒸馏海水淡化过程中，各效蒸发器压力逐效下降且在真空状态下。这样就需要在蒸发器内部用抽气管道将不凝气体由一效抽到下一效，同时很好地建立各效间压降。

不凝气体排放量与抽气量有直接的关系，因此，首先确定不凝气体总量。低温多效海水淡化设备运行中的不凝气体来源主要有两个：第一，海水中溶解的氮气、氧气、二氧化碳等不凝气体在温度升高、压力降低等条件下会析出，析出原理在第二章第一节已有准确的描述；第二，由于低温多效海水淡化设备在负压下运行，装置的不严密处不可避免会漏入一定量的空气，这部分不凝气体的计算方法可参考 SH/T 3118 来确定，具体到设备的参数要根据设备的严密性实验来确定。这两部分之和即为海水淡化设备的不凝气体总量。

在效与效之间的抽气过程中，不可避免地要抽出一定的水蒸气。为了避免抽气负荷逐效增大太多，一般将抽气管道接至下一效蒸汽凝结侧，让抽出的蒸汽经过该效的凝结管束，使蒸汽凝结下来。这样就使抽气过程中的蒸汽损失最小，可以选择较小容量的抽气器。

抽出气体流量由下式计算，即

$$q = q_1 + q_2 + q_3 \tag{2-90}$$

式中　$q_1$——真空系统渗漏空气量；

　　　$q_2$——蒸发过程中海水释放的不凝气体量；

　　　$q_3$——抽气携带的蒸汽量，这里按不凝气体的 1:2 核计。

1. 不凝气体析出量的计算方法

对于 $q_2$，即海水中溶解的不凝气体的计算，根据国华黄骅电厂区域海水水质与气象条件，可以得到单位海水在冬季、夏季两种情况下溶解的 3 种主要不凝气体量。

对于不同地域、不同气象和海水条件下不凝气体的溶解度，可根据下列公式计算在任意温度和盐度时氮、氧在海水中的溶解度。

计算氮、氧在海水中溶解度的公式是由 Weiss 根据 Carpenter 以及 Murray 和 Riley 测得的数据拟合出的与实验数据吻合的经验方程。

（1）氮气。其计算式为

$$\ln c = A_1 + A_2\left(\frac{100}{T}\right) + A_3 \ln\left(\frac{T}{100}\right) + A_4\left(\frac{T}{100}\right) + \frac{S}{100}\left[B_1 + B_2\left(\frac{T}{100}\right) + B_3\left(\frac{T}{100}\right)^2\right] \tag{2-91}$$

其中，$A_1=-172.4965$；$A_2=248.4262$；$A_3=143.0738$；$A_4=-21.7172$；$B_1=-0.049781$；$B_2=0.025018$；$B_3=-0.003486$。

式中 $c$——氮气的溶解度；

$T$——海水温度，用绝对温度计算，K；

$S$——海水的盐度，‰。

注：式（2-91）的使用条件：大气压力为0.1MPa，相对湿度为100%，大气中氮气含量为78.084%。

式（2-91）适用的温度范围为–1～40℃，盐度范围为0‰～40‰。

（2）氧气。其计算式为

$$\ln c = A_1 + A_2\left(\frac{100}{T}\right) + A_3\ln\left(\frac{T}{100}\right) + A_4\left(\frac{T}{100}\right) + \frac{S}{100}\left[B_1 + B_2\left(\frac{T}{100}\right) + B_3\left(\frac{T}{100}\right)^2\right] \quad (2\text{-}92)$$

式中 $c$——氧气的溶解度；

$T$——海水温度，用绝对温度计算，K；

$S$——海水的盐度，‰。

其中，$A_1=-173.4292$；$A_2=249.6339$；$A_3=143.3483$；$A_4=-21.8492$；$B_1=-0.033096$；$B_2=0.014259$；$B_3=-0.0017000$。

注：式（2-92）的使用条件：大气压力为0.1MPa，相对湿度为100%，大气中氧气含量为20.59%。

式（2-92）适用的温度范围为0～32℃，盐度范围为0‰～38‰。

（3）二氧化碳。目前对于二氧化碳在海水中的溶解度的研究并未建立普遍适用的经验公式，只是得到了一些离散状态下的溶解度，分析计算方法与上述类似，在此不再重复。

（4）计算结果对比。分别在0℃和25℃两种温度、盐度均为31.66‰的条件下比较这两种计算方法得到的结果，计算结果见表2-3和表2-4。

表2-3　　　　　　　　　0℃时两种计算不凝气体溶解度方法比较

| 计算方法 | 氮气 | 氧气 |
|---|---|---|
| 方法1 | 18.6 | 10.6 |
| 方法2 | 15.0 | 8.3 |

表2-4　　　　　　　　　25℃时两种计算不凝气体溶解度方法比较

| 计算方法 | 氮气 | 氧气 |
|---|---|---|
| 方法1 | 10.4 | 6.5 |
| 方法2 | 9.1 | 4.9 |

注　方法1为查表所得，方法2为式（2-91）、式（2-92）的计算结果。

从表2-3、表2-4的比较中可以看出，查表计算所得的气体溶解度比用公式计算出的结果略大，这里采用查表计算得到的数据，设计的抽气系统能满足设备对真空度的需要。

确定了海水中各种不凝气体的溶解度之后，就可以根据具体工程的各效实际海水喷淋量来确定各效不凝气体的析出量。

2. 漏气量的计算方法

对于真空系统渗漏的空气量，可以根据真空下降速度近似求出漏入系统的空气量。

在计算具体设备的漏气时，真空下降速度是根据设备真空衰减实验的结果来确定的，结合具体设备的容积，很容易计算出设备的漏气量。

对于任何一个真空系统，总希望是完全气密的，以达到真空泵的最佳利用。但事实上总有空气泄漏入真空系统。对系统的真空泄漏量最好是用实验来测定，但对于一个新的设计或不能进行实验的场合，只能用计算来得出。

3. 不凝结气体排放携带蒸汽量的计算

在确定抽出的不凝气体中携带的蒸汽量时，参考了电站系统抽气设备的相关资料，表 2-5 为根据美国传热学会（HEI）规定的方法选择的抽气器容量。

表 2-5　　　　　　　　　　　　几种典型机组抽气设备容量的选用值

| 机组功率（MW） | 总排汽量（t/h） | 主排汽口数 | 每个主排汽口有效蒸汽流量（t/h） | 抽吸混合物量 | | | |
|---|---|---|---|---|---|---|---|
| | | | | $m^3/min$ | 干空气量（kg/h） | 水蒸气量（kg/h） | 汽、气混合物量（kg/h） |
| 50 | 134 | 1 | 134 | 0.283 | 20.41 | 44.9 | 65.31 |
| 100 | 257 | 2 | 128.5 | 0.566 | 40.82 | 89.81 | 130.63 |
| 200 | 390 | 3 | 130 | 0.85 | 61.24 | 134.72 | 195.96 |
| 200 | 424 | 2 | 212 | 0.566 | 40.82 | 89.81 | 130.63 |
| 300 | 595.22 | 2 | 297.7 | 0.566 | 40.82 | 89.81 | 130.63 |
| 600 | 1166.78 | 4 | 291.7 | 0.991 | 71.44 | 157.17 | 228.61 |

## 三、腐蚀防护与结垢的控制

（一）腐蚀机理与防护措施

低温多效蒸发器内部存在着蒸汽、高温海水、固体（海水中的细砂）三相流体，极易造成设备的腐蚀。材料的腐蚀受很多因素的影响，包括温度、水的 pH 值、水中氧气和二氧化碳的含量、水被氧化性离子（$S^{2-}$，$NH_4^+$，…）污染的程度等。

1. 腐蚀机理

腐蚀是一种复杂的化学（电化学）反应过程。浸没于流体中的金属材料表面上会出现阴阳电极电池，阳极区金属阳离子离开阳极进入溶液，阴极区电子离开阴极进入溶液，阴、阳两极之间的距离较小，两极间会有电流流动，海水（盐水）是电解质溶液，使电流从阳极流向阴极构成回路。发生在阴阳电极及溶液中的化学（电化学）反应式归纳为

阳极区为

$$Fe=Fe^{2+}+2e^-　　　　　　　　　　（2-93）$$

阴极区为

$$2H_2O+O_2+4e^-=4(OH)^-\qquad\qquad(2\text{-}94)$$

溶液中为

$$CO_2+H_2O=H_2CO_3\qquad\qquad(2\text{-}95)$$

溶液中为

$$H_2CO_3=2H^++CO_3^{2-}\qquad\qquad(2\text{-}96)$$

阴极区为

$$2H^++2e^-=H_2（气）\qquad\qquad(2\text{-}97)$$

2. 腐蚀类型

在金属材料的加工、制作、成型过程中会造成材料表面的不规则性、内部应力、擦伤、缝隙、晶界的差异等，以及设计和材料的选择使金属材料的腐蚀表现出不同的形式：

（1）一般性腐蚀：材料内部及表面的不规则性、应力、擦伤、缝隙、晶粒取向及晶界差异等引起。

（2）电流腐蚀：相互接触的不同材料的电位差作用。

（3）选择性腐蚀：材料组成成分的抗腐蚀性能的不同。

（4）缝隙腐蚀：两种不同材料相互接触于同一溶液中时产生电极电流或不同浓度的溶液作用于同一金属材料而形成的浓度电池。

（5）点蚀：溶液中 $Cl^-$ 离子的作用。

（6）冲蚀：溶液流动、冲刷金属表面。

（7）应力腐蚀裂缝：机械应力与化学物质腐蚀的共同作用。

（8）腐蚀疲劳：腐蚀性环境的周期性变化。

（9）焊接及加热的影响：属于选择性范畴。

3. 腐蚀避免

腐蚀是不可能完全消除或避免的。为了将腐蚀速率减小到技术经济上能够接受的数值，同时又不使设备与系统过分复杂，增加运行上的困难，建议主要采取如下措施来避免腐蚀。

（1）去腐蚀性化学试剂：主要是除氧、二氧化碳及其他微生物。

（2）加保护层：隔离溶液与易腐蚀金属的接触。

（3）正确的材料选择：蒸发器换热管道、管板、壳体及保护层、水箱及保护层、泵及传输管道。目前，在蒸发器壳体的制造方面采用的防腐方式有两种，其一是使用耐海水腐蚀的如 316L 或双相不锈钢材料来确保装置使用寿命；其二是使用普通碳钢加防腐涂层，并外加电化学保护的综合防腐措施来确保装置使用寿命。

（4）为缓解腐蚀，在设计中要注意选取适当的溶液流速、温度，避免不同金属的直接接触等。

（二）水垢的控制

大多数补充海水中含有各种悬浮物质和溶解物，包括沙、盐、泥土、有机物、溶解化学物质、微生物、腐蚀产物、添加剂的产物等，这些物质都可能引起结垢。

1．结垢过程

在海水（盐水）加热过程中，从溶液中析出的沉积物直接黏附在换热面上，这种附着的沉积物如果不能及时除去，就会结垢。水垢的分类如下：

（1）软垢碳酸钙、氢氧化镁，又称碱性垢。

（2）硬垢硫酸钙。

（3）复合垢型 $Na_2SO_4 \cdot 5CaSO_4 \cdot 3H_2O$ 以及少量的 NaCl 和 Fe、Cu 盐等。

在多效蒸馏中，盐水中的碳酸氢盐加热分解成 $CO_3^{2-}$，进而产生碳酸盐水垢。由于垢层的导热系数很小，所以导致传热系数急剧减小，传热速度大大降低。结垢大大影响了设备的正常运行和增加了操作费用，结垢是海水淡化中最复杂的问题之一。

图 2-31 是海水硫酸钙随温度变化的相图，从图 2-31 中可以看出，硫酸钙有 3 种晶体，分别为 $CaSO_4 \cdot 2H_2O$、$CaSO_4$ 和 $CaSO_4 \cdot 1/2H_2O$。海水的浓缩倍数一般为 2，如果再浓缩，硫酸钙将很容易沉淀。从温度影响的角度看，当温度超过 70℃ 以后，硫酸钙的不同晶体也容易结晶沉淀。可见在 70℃ 以下进行低温多效蒸馏可以有效地避免硫酸盐的结垢，目前，大部分多效蒸馏装置的操作温度都低于这个温度，并且浓缩倍数控制在 2 以下。

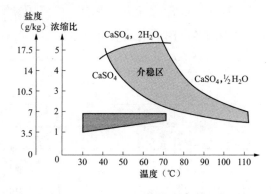

图 2-31　海水硫酸钙随温度变化的相图

蒸发过程中应避免出现硫酸钙结垢，原因在于结垢以后很难去除，因为它既不溶于酸也不溶于碱，而且与传热表面的结合程度非常牢固。

2．水垢的控制措施

（1）工艺条件。造成结垢发生的温度、浓度等主要因素均应得到有效的控制。

目前，低温多效蒸馏装置的操作温度大都低于 70℃，并且浓缩倍数控制在 2 以下，在此条件下运行低温多效蒸馏可以有效地避免无机盐的结垢。

（2）阻垢药剂处理。在进料海水中一般加入 3～5mg/L 的阻垢剂来抑制结垢现象的发生。使用最广泛的阻垢剂是高分子电解质聚合体。这些聚合体由很长的分子链组成，可以吸收碳酸钙结晶体并打乱它们自然的形成过程。它的吸收作用由固态网络支持，并不发生任何化学反应。这一效应的结果使得泥浆中的碳酸钙分子失去黏性，并随着盐水排出。进料水加酸处理也可防止碳酸盐水垢，由于酸化处理会产生大量的二氧化碳气体，在物料水进入蒸发器之前必须进行脱气处理。由于酸化的海水具有较高的腐蚀性，目前这一技术只在一小部分设备中采用。

（3）定期酸洗。对于长时间运行后所出现的碳酸钙垢，采用定期酸洗的方式加以解决。除垢的周期取决于源海水的含盐量、运行时间与淡化条件等。一台低温多效装置根据设计条件和运行情况不同，一般可 12～24 个月进行一次酸洗。

# 第四节　低温多效蒸馏海水淡化技术发展趋势

## 一、技术现状

### （一）国际状况

20 世纪 80 年代以后，低温多效海水淡化技术得到了长足的发展，其装机容量持续增加，目前已有近 400 台该类装置在世界各地运行。在 1990 年为 15 万 $m^3$/天，而在 2000 年达到了 35 万 $m^3$/天，见图 2-32。在 20 世纪 80 年代以前，多级闪蒸海水淡化装置占有绝对的优势。1985 年以后，低温多效与多级闪蒸的装机容量基本不相上下，有时还要多出一些。

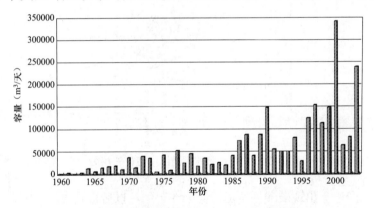

图 2-32　低温多效蒸馏海水淡化的装机容量

在 1985 年以后越来越多的海水淡化装置采用了低温多效蒸馏技术，而且海水淡化工程的数量也是多级闪蒸的 2～3 倍，这反映了低温多效蒸馏技术的发展趋势。

投入运行的部分多效蒸馏淡化装置见表 2-6。

表 2-6　　　　　　　　　　　　投入运行的部分多效蒸馏淡化装置

| 厂名 | 装置产能<br>（×$10^4 m^3$/天） | 型号 | 设计者 | 建设时间<br>（年） | 地点 |
|---|---|---|---|---|---|
| Curacao | 3.2 | LT-TVC-SF | SIDEM | 1991 | 挪威 |
| St.rteen | 2 | LT-TVC-HTE-FF | SIDEM | 1991 | 法国 |
| Eilat | 1 | LT-HTE-SF | IDE | 1992 | 以色列 |

续表

| 厂名 | 装置产能<br>（×10⁴m³/天） | 型号 | 设计者 | 建设时间<br>（年） | 地点 |
|---|---|---|---|---|---|
| Trapani | 14.5 | LT-TVC-SF | SIDEM | 1992 | 意大利 |
| Straz | 1 | LT-VTE-MVC | IONICS | 1996 | 捷克 |
| Jamnagar | 4.8 | LT-HTE-SF | IDE | 1998 | 印度 |
| Las Palmas | 3.5 | LT-HTE-SF | IDE | 2000 | 西班牙 |
| Ajman | 1.4 | LT-TVC-HTE-SF | SASAKURA | 2000 | 阿联酋 |
| Iskenderun | 0.5 | LT-VPE-TVC | ALFA LAVAL | 2001 | 土耳其 |
| Sharjah ayyah | 4.5 | LT-TVC-HTE-FF | SIDEM | 2001 | 阿联酋 |
| St. Croix | 0.6 | LT-HTE-SF | IDE | 2002 | 美国 |
| Bintulu | 0.36 | LT-HTE-TVC-SF | SASAKULA | 2002 | 马来西亚 |
| Taweelah Al | 24 | LT-TVC-HTE-SF | SIDEM | 2003 | 阿联酋 |
| Secunda | 0.32 | LT-MVC-ST | WEIR | 2003 | 南非 |
| Band zzaluyeh | 3.75 | LT-TVC-HTE-SF | SIDEM | 2004 | 伊朗 |
| Planta Centro | 0.5 | LT-THE-TVC-SF | SWS | 2004 | 委内瑞拉 |
| Rabigh | 1 | LT-HTE | AQUATECH | 2005 | 沙特阿拉伯 |
| Ras AI haimah | 6.8 | LT-TVC-HTE-SF | SIDEM | 2005 | 阿联酋 |
| Zuara | 4 | LT-HTE-SF | SIDEM | 2005 | 利比亚 |

注　SF—喷雾膜状；MES—塔式多效蒸馏；ABS—吸收式热泵；FF—降膜；VTE—垂直管蒸发器；LT—低温；TVC—热压缩热泵；HT—高温；THE—水平管蒸发器。

（二）国内现状

中国的蒸馏法海水淡化技术已经从 20 世纪的小型装置研制和消化吸收走向自主技术的工程示范阶段，与此同时，淡水资源短缺对海水淡化的需求也使国外海水淡化公司逐步进入中国市场。总体上讲，虽然我国在个别技术上有所突破，但与国外相比仍有差距，主要表现在技术水平、工程经验、装备规模上，需要尽快缩小这种差距。当时主要是针对船舶的远洋用水问题。20 世纪 60 年代，原船舶工业部上海 704 研究所进行了船用小型压汽蒸馏装置的研究开发，并依托秦皇岛船用机械厂加工了多套 5m³/天级的压汽蒸馏淡化装置，它利用的是船舰柴油机缸套水余热。20 世纪 80 年代以后，国家海洋局天津海水淡化与综合利用研究所进行了 30m³/天规模的压汽蒸馏装置的研究开发工作，首台装置用于新疆沙漠油田。"十五"期间，低温多效蒸馏海水淡化技术示范工程研究被科技部列入国家重大科技项目，山东黄岛发电厂建设 3000m³/天的低温多效蒸馏海水淡化工程由国家海洋局天津海水淡化与综合利用研究所设计，青岛华欧集团公司负责加工制造，其产品水用于发电厂的锅炉补给水。该装置由 9 效组成，加热蒸汽来自电厂的约 0.4MPa 的饱和蒸汽，从第 6 效抽汽进行热压缩循环，蒸发器直径 4m，装置总长度 67m，工程总投资 2400 万元，经过一年多的实际运转，实测造水比为 10.3，吨水电耗为 1.65kW·h。

2006 年起，国华电力开展 MED 装置降膜蒸发传热与流动基础研究，通过基础实验研究和应用技术研究，掌握了 MED 装置和系统设计的关键技术，开发了多效蒸馏海水淡化设计软件。国华电力研究院自主设计的国内首台 1.25 万 t/天低温多效蒸馏海水淡化装置 2008 年底在国华沧电二期工程成功投入商业运行。该装置淡水产量、造水比、电耗等主要技术指标均达到设计值，产品水经国家食品质量监督检验中心检测，各项指标满足国家饮水水质标准要求。2013 年底，自主设计的首台 2.5 万 t/天 MED 装置投产，将国产海水淡化装备的单机制水规模提升到 2.5 万 t/天，达到世界先进水平。

应用基础研究成果，建设了国华沧东电厂 1×1.25 万 t/天 MED 装置、1×2.5 万 t/天 MED 装置，舟山电厂 1×1.2 万 t/天 MED 装置，印尼爪哇 7 号电厂 2×0.4 万 t/天 MED 装置，这些项目均为我国独立研发、设计、制造和建设的拥有自主知识产权的大型低温多效蒸馏海水淡化装置，单机制水量、造水比、产品水质等技术经济指标已达到国际同类产品先进水平，与引进国外的 MED 装置比较，设备投资和制水成本明显降低。

## 二、低温多效蒸馏的技术发展趋势

作为极具前途的低温多效蒸馏海水淡化技术，将体现出如下的发展方向：

（一）装置规模的大型化和超大型化

低温多效蒸馏技术与其装置规模密切相关，装置容量越大，其经济性就越强。该技术正在向提高装置容量的方向发展。目前已投入运行的低温多效的最大单机容量为 6.8 万 t/天。

（二）新材料、新工艺的采用使装置性能提高

蒸馏法海水淡化发展的另一个趋势就是采用新材料和新工艺来提高性能。以色列 IDE 公司使用铝合金管作为传热管材降低了设备造价，提高了竞争能力；大量研究表明使用波纹、沟槽等强化传热管或表面强化传热材料，使用高效的热泵等可有效提高系统效率。

药剂技术的进步和新材料的应用使得提高蒸发器顶温成为可能，产生效率（造水比）提高、水价降低的总体效果。

（三）电水联产

基于火力发电厂和海水淡化厂各自的特点，适合建设电水联产工程，而且已经成为国际上大型海水淡化工程的主要建设模式。电水联产的优势主要在于：

（1）利用电厂的乏汽作为加热蒸汽，可有效降低海水淡化的成本。

（2）有效利用电厂的自用电，自用电由于没有经过电网远距离输送，价格比工业用电低 40% 左右。

（3）可充分利用现有的海水取水构筑物，降低海水淡化取水工程投资。

（四）热膜联产

在一个淡化工厂里同时采用低温多效蒸馏工艺和反渗透工艺，已经成为海水淡化技术的一个发展方向。利用低温多效蒸馏排放的冷却水作为反渗透工艺的原料海水，通过进料

海水温度的提高来增加反渗透系统的产量，降低电力消耗。因此，热膜联产有望取得更低的生产成本。另外，对于一个热膜联产的工程，蒸馏淡化系统消耗的能源主要为蒸汽，而反渗透系统消耗的能源主要为电力，也就是说，工程可以采用两种不同的能源形式，可提高工程的供水安全性。

热膜联产工程同电厂合建，同时实现水电联产，更能体现系统的整体优势，降低电、水的生产成本。

（五）标准化生产及装置的整体运输

低温多效装置是一个复杂的系统，其设计过程是一个耗时的繁琐过程。采用标准化设计不需要对一个工程进行全新的设计，只需要对一套标准设计文件进行局部修改，就可以进行设备加工，可有效缩短设计周期，降低工程费用。同时，采用标准化设计也有利于淡化装置在工厂内加工制造，然后通过海运直接运到安装现场，不需要在现场二次安装，从而降低工程造价。

# 第三章

# 低温多效蒸馏海水淡化基础实验研究

本章介绍了国华电力开展的 MED 基础技术实验研究：水平管降膜蒸发器的传热实验、布液和流动实验研究、喷嘴的筛选和验证实验、TVC 结构设计方法研究及实验验证，通过这些实验研究，建立大型 MED 设计计算模型并开发设计软件。

## 第一节　水平管降膜流动与相变传热特性

水平管降膜流动、换热是液体在管子表面受重力、表面张力等作用下形成薄膜流动，管壁的热量传递给液膜使其蒸发的过程。相比于其他蒸发形式，降膜蒸发有如下主要优点：薄膜流动，工质耗量小；传热系数高，温差小；流动压降可忽略。因此，近十几年降膜蒸发广泛应用于海水淡化、化工石油、制冷空调和食品加工等各种工业领域。

MED 中水平管降膜传热是一个复杂的相变换热过程，管外饱和海水蒸发，管内蒸汽冷凝，蒸发与冷凝是相耦合的，某一方面稍微发生变化都会影响整体的传热性能。因此，在实际运行工况中，管子几何参数、管排布置、管内蒸汽流速、干度、不凝性气体、管外海水物性（浓度）、喷淋密度、温度等均会对蒸发器传热系数产生不同的影响。

本节通过大量文献综述及对水平管降膜蒸发器的传热与流动进行实验研究，阐明蒸发-冷凝相变传热过程的影响因素，包括喷淋密度、蒸汽流速、热负荷、传热管管径和管长等结构参数，对水平管降膜蒸发器的传热与流动的机理进行分析，以建立蒸发传热系数、冷凝传热系数及总传热系数的计算方法，以及建立蒸汽在管内流动阻力的计算方法。

### 一、降膜流动实验研究

（一）降膜流动机理

水平管降膜流动时，因流量大小不同而在管间形成不同降膜流型。其中三种基本流型是滴状流、柱状流和片状流，如图 3-1 所示。特别的是，柱状流会因液体表面张力特性不同而在管间呈现垂直交错或线性液柱，其特征表现为稳定的柱间分离间距。此外，还存在两种过渡滴柱状流、柱片状流。

降膜流型及其转变是降膜蒸发研究的重点之一，众多学者对其进行了实验理论研究，发现管间流型与喷淋密度和管间距有关。Hu 和 Jacobi 研究了不同工质、管径、管间距和喷淋密度，甚至包括气体扰流对管间流型转变的影响，得出了如下 4 个转变关系式：

滴状流到滴柱流为

$$Re=0.074Ga^{0.302} \tag{3-1}$$

滴柱流到柱流为

$$Re=0.096Ga^{0.301} \tag{3-2}$$

柱状流到柱片流为

$$Re=1.414Ga^{0.233} \tag{3-3}$$

柱片流到片流为

$$Re=1.448Ga^{0.236} \tag{3-4}$$

其中，Galileo 特征数 $Ga$ 定义为

$$Ga = \frac{\rho_L \sigma^3}{\mu_L^1 g} \tag{3-5}$$

式中　$\mu_L$ ——流体动力黏滞系数；

　　　$\rho_L$ ——流体密度；

　　　$\sigma$ ——特征尺度。

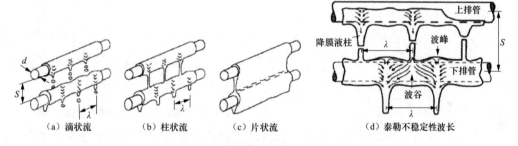

图 3-1　降膜蒸发管间理想流型

$d$—管道外径；$\lambda$—液柱间距；$S$—管道垂直向间距

液膜厚度对于液膜导热和汽液界面的蒸发吸热有着重要的影响，关系到降膜蒸发传热性能的高低，因此，许多文献都对降膜流动的液膜分布及其厚度进行了研究。Gstoehl 等、何茂刚、王小飞等采用激光技术对光滑管或者强化管的液膜厚度进行了测量，侯昊等使用电导探针的方法测量了淡水和海水在光滑圆管表面的液膜厚度。从这些测量结果中，可以发现液膜厚度在管子的上下半周是不完全对称的，管子顶部的液膜厚度较管子底部的大，且圆管的最小厚度出现在周向角度 95°～120°范围内。随着喷淋密度的增加，液膜厚度增大；管外液膜厚度随管间距的增加而减小，而且液膜波动加剧。许莉等研究了水平管外液膜流动状态，通过智能化薄膜厚度测试仪的实验测定得到了表征液膜流动特性的膜厚概率分布和平均厚度。实验发现，液膜的平均厚度不仅随喷淋密度的增加而增大，且不同周向角度的液膜厚度不同；喷淋密度和降膜管直径对液膜的波动状态的影响较大。

降膜流动蒸发的最佳状态是每根传热管上都有均匀铺展的液膜，无论是周向还是管长方向都有连续的液膜存在而厚度合理。液膜太厚，通过液膜的传热阻力增加，阻碍热

量的传递和汽液界面蒸发的进行；而液膜过薄，则会因传热密度的增大或其他耦合因素的影响而破裂形成干斑，严重影响传热的进行，甚至引起管子烧干。光滑管上的液膜破裂常常是几种力共同作用的结果，液膜较薄处具有较高的截面温度，意味着较高的表面张力，使得较薄处的液体向较厚处流动，从而随着热流密度的增大而形成干斑甚至发生液膜破裂现象。干斑通常发生在管束的下排管上，且不稳定，管子表面可能重新湿润。Fujita 与 Tsutsui 及 Thome 等观察和描述了这种由干斑引起的液膜收缩现象。对液膜破裂的具体作用力及其影响总结如下：

（1）液体界面力：滞止区的液体流动减速诱导产生的压力可使管子表面重新湿润，进而消除干斑。

（2）表面张力：表面张力趋向于使干斑尺寸增大。

（3）Marangoni 效应：温度梯度引起的表面张力变化可使薄液体层内的液体向外流动而形成干斑。

（4）蒸汽惯性力：蒸汽略过液体表面时会产生吸附力，使得干斑增大。

（5）界面剪切力：蒸汽流动可夹带迎流面的液体，使液膜变薄，尤其是上升的蒸汽流。

（二）降膜蒸发影响因素

影响降膜蒸发传热的因素有喷淋密度、布液、管间流型、饱和温度、管子表面结构、管间距、热流密度、表面过冷度及蒸汽横掠管束等。Negeed 和 Awad 实验研究了管束布置方式和操作条件对降膜蒸发率的影响，结果表明蒸发率和传热系数随着管子表面温度的升高、管子直径、蒸发压力的降低和进口过冷度的降低而增加，布液高度的影响不大。通过对水及制冷剂工质的研究结果进行分析，可以知道各种因素对传热系数影响所占的比重。

1. 热流密度的影响

Fujita、Hu 与 Jacobi 等的研究指出对流蒸发的传热性能与热流密度无关，而当热流密度远大于核态沸腾起始点后，核态沸腾传热占主导地位，气化核心随热流密度的增加而增多，使传热系数增大；同时，接触角、管子材料及表面粗糙度都对热流密度对传热系数的影响有促进作用。维持气泡的生长需要一定的液膜过热度，因而较低的热流密度不能提供足够的过热度以维持核态沸腾，此时膜内传热仅仅是对流和导热复合作用的结果。杨洛鹏、许莉等对降膜蒸发器的管内蒸汽冷凝情况进行了分析，认为管内传热情况影响管外蒸发传热的热流密度，进而对管外降膜传热系数的影响较大。

2. 喷淋密度的影响

喷淋密度是指单位管长单侧的质量流量。研究发现当 $Re$ 数处于 800～4000 间时，喷淋密度对传热系数的影响取决于液膜流动状况。一方面，由层流流动理论可知，喷淋密度较大时液膜厚度增加，传热系数降低；另一方面，汽液界面波动效应使液膜变薄的趋势随着喷淋密度的增大而增强，故传热系数随喷淋密度的增加也有可能增加。Ganic 和 Roppo

进一步研究分析发现，处于严格对流沸腾蒸发时，传热系数随着喷淋密度的增大而增大，而处于核态沸腾时，传热系数与喷淋密度无关。

3. 管间距的影响

降膜传热系数随着管间距的增大而增大，管间距增大导致降落到管子顶部的液体速度增大，进而传热系数增大。但当 $Pr$ 数较大流体黏性较高时，管间距的强化传热效果减弱甚至消失。当管间距较大时，液体在降落到下一根管子上之前，可以从管壁吸收更多的热量，故其使热力发展区的传热加强。

4. 布液高度的影响

布液高度通过改变流型和冲击速度而影响传热系数。随着布液高度的增加，能获得更好的喷淋效果，进而削弱分布不均现象。当不存在沸腾时，传热系数随着布液高度的增加而增大，原因是布液高度增加使液体速度增加。部分研究指出传热系数随着布液高度增加的区域集中在液体冲击区，整个圆周的平均传热系数随布液高度增大，如图 3-2 所示。对不同流型布液高度的影响存在差异。柱状流条件下，传热系数随着布液高度增加而增大，而滴状流和片状流时的影响较弱。

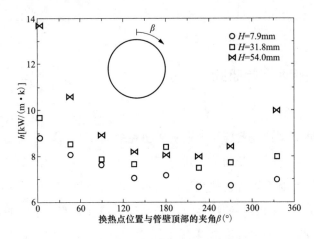

图 3-2 布液高度 $H$ 对传热系数 $h$ 的影响

注：$\Delta H$—布液喷头高度，mm。

当工质的饱和温度较高时，传热系数随着布液高度的增加和喷嘴角度的减小而增加。另外，Chyu、Bergles 的研究发现：当沸腾传热机理占主导地位时，布液高度对沸腾表面管的降膜传热没有影响；而在低热流密度条件下，高热通量管的传热系数受布液高度的影响规律与光滑管相似。

5. 管径及管材的影响

无沸腾发生时，由于管子顶部的喷射影响区占总传热面积的比例随着管径的减小而增大，传热性能提高，同时小管径增大了热力发展区的影响范围进而使得传热系数增大。研究表明管径从 101.6mm 减小到 25.4mm 时，传热系数显著提高。但是，核态沸腾占主导地位时，管径效应不显著。小管径条件下，温度梯度从管子顶部沿圆周方向逐渐减小，传热系数相应减小。

6. 液体喷淋效应影响

喷嘴流量与喷淋角度、喷嘴高度、喷嘴间隔距离、管径、喷淋范围及液滴的分布有关。有学者比较了三种不同布液装置下的降膜传热性能，发现多孔烧结管和多孔板喷淋装置比带孔圆形喷管的性能优 20%，通过研究了广角度的高低压圆形和方形喷嘴的性能，得出高压喷嘴因具有较好的喷射效果而性能较优。当布液高度增加时，喷射速度相应增加，对顶排管的传热性能有促进作用。需要指出的是，使用喷嘴布液存在一个明显缺点，即大量的喷淋液从管间漏掉，不参与降膜传热，且相邻喷嘴的覆盖范围发生重叠使布液不均，造成了大量工质浪费及泵功消耗。

7. 气体流动的影响

气体流动以两种相反的方式影响降膜蒸发传热性能，一是气体流动使滴、柱状流时液滴和液柱分布不均，造成局部干斑；二是气体流动带来液膜波动效应，强化对流效应或者使液膜达到临界波长时发生破裂。有实验研究发现有空气流动时的降膜蒸发传热性能是无空气流动时的 0.85～1.75 倍。另外，部分研究表明由于空气流动强化了膜内波动和表面蒸发，对未饱和降膜传热有显著的强化作用。

## 二、管间流型转变实验研究

（一）实验目的与原理

水平管降膜管间流型转变实验主要研究喷淋密度对管间流型转变的影响，测定不同喷淋密度对应的流型，并与以往经验公式进行对比，为总传热系数测量提供参照。

水平管间流动特性对于管外传热的影响是直接的，三种主要的流型（离散的滴状、连续的柱状及膜状流）对应的管壁润湿性、液膜厚度、液膜流速是不同的，对应的换热系数也不相同。因此，判断实际工程中喷淋海水在管间流动形态是非常有意义的，再深入特定流型下的传热特性，这也是本实验方案的一条研究路线。

一般来说，包裹在管子外周的薄液层主要由两种流动不稳定性控制，管子半径 $r<0.011$mm 时为液体表面张力控制的不稳定性，而管子半径 $r>12.7$mm 时则为重力控制的不稳定性，称为 Rayleigh-Taylor 不稳定性，在它们之间还存在一个交叉的区域，即 $0.011$mm$<r<12.7$mm，液体表面张力与重力同时起作用，关于交叉区域的流动特性可以参考文献。对于水平管间流型转变的判断，Hu 和 Jacobi 的判断依据最有说服力，且被引用的次数最多。他们将管间的流型定义为 6 种：滴状、滴-柱状、稳定的柱状、错列的柱状、柱-膜状以及膜状流型。然后对不同的工质、管径、管间距、流速以及有无顺流气体做了广泛的实验研究，提出了以 Reynolds 数和 Galileo 数为参数的判断准则。

从 Hu 的预测准则关系式中可以看出，在无气流影响下，除流动参数、管子几何参数外管间的流型主要由工质的物性（密度、表面张力、动力黏度）决定。另外，Hu 的公式没有考虑管间距这个重要的因素。很明显，管间距越大液滴自由下落后冲击水平管顶部的流速就越大，这有利于传热，但会使流动不稳定性增大，管间的液柱容易发生断裂，稳定柱状流不容易形成，造成管外壁润湿变差，烧干等传热恶化现象极易发生。在实验中，管间距也是需要调节的一个参数。从以往的文献看，很少考虑压力对管间流型的影响，但工质物性与压力有关系，因此，在实验中也观测了不同压力下的流型变化。

对于水平管降膜管间流型转变，已有的观点是：

（1）流型转变主要与喷淋密度有关。

（2）管子的直径对管外液膜流动稳定性影响很大。

（3）流体的表面张力越大，流型转变对应的喷淋密度越小。

（4）管间距、工质密度、黏度、气流的剪切均会对流型转变产生影响。因此，管间流型实验应以调节喷淋密度、记录流型转变为主。

（二）实验系统的设计

在管间流型实验研究中，布液器的设计至关重要，因为布液的均匀性将直接影响水平管降膜蒸发的传热性能。如果布液不均匀，管子局部供液量不足会造成烧干等传热恶化现象，极大地影响蒸发传热。在实验了单管底部开槽、开小孔和两端进水等布液器结构后，通过改良提出了新的布液器设计方案，如图 3-3 所示。

水平管外降膜的流型主要与喷淋水流量、管子及管排几何参数、流体物性等参数有关，需要实验研究，定量分析。实验中管排所采用的布置如图 3-4 与图 3-5 所示，上下相邻两根管子的中心距为 57mm，管间距为 31.6mm。

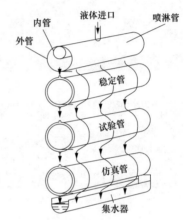

图 3-3　水平管降膜实验布液系统示意图

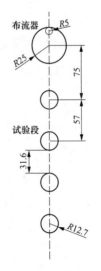

图 3-5　管排布置方式

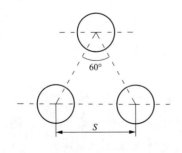

图 3-4　管排对应的管束布置方式

$S$—管间距

（三）实验过程及分析

为了定性地研究流型转变与喷淋密度的关系，实验对不同喷淋密度下的管间流型进行了可视化，并记录了不同流型转变对应的临界值。在实验系统所能达到的喷淋密度范围内选择工况点进行实验，喷淋密度（$m$）为 0.020～0.120kg/ms（即流量为 72～400L/h）的范围内以 0.005kg/ms 为间隔进行测量。

图 3-6 所示为观察到的不同喷淋密度下的管间流型。实验发现：在 $m<0.030$kg/ms 范围内全部是滴状流动；$m=0.030$kg/ms 时，液滴开始在底部积聚，有形成水柱的趋势。当 $m=0.085$kg/ms 时已基本是液滴和液柱参半的状态，在此时形成了稳定的滴-柱状流型，这也是滴-柱状/柱状流型的转变分界。喷淋密度 $m=0.120$kg/ms 时的流型为趋于稳定的柱状流。

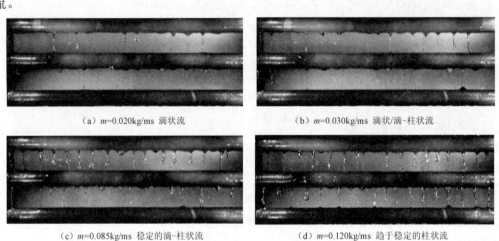

（a）$m=0.020$kg/ms 滴状流　　　　　　（b）$m=0.030$kg/ms 滴状/滴-柱状流

（c）$m=0.085$kg/ms 稳定的滴-柱状流　　　（d）$m=0.120$kg/ms 趋于稳定的柱状流

图 3-6　不同喷淋密度下的管间流型

## 三、水平管外降膜流动特性实验

（一）实验目的及原理

为了更好地研究工程实际中的降膜流动规律及其影响因素，对水平管降膜流动进行了实验和理论研究，主要观测了管束间降膜蒸发时滴状流和柱状流流型的单个液滴或单个液柱在横向气流作用下的水平偏移程度，以及此时水平管外表面液膜的分布情况。

（二）实验结论与分析

在实验中发现，当气流速度为零（没有气流干扰）时，液滴或液柱正好落在水平换热管的上母线上，在水平换热管外表面形成对称的液膜分布（在实验过程中，通过调节布液管的位置可达到此目的），如图 3-7 所示；当气流速度不为零（存在气流干扰）时，液滴或液柱在水平换热管上的"落地点"发生偏移，在水平管外形成的液膜分布不再对称；严重时，水平换热管的一侧出现"干壁"，不能被液膜润湿，如图 3-8 所示。

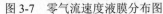

图 3-7　零气流速度液膜分布图

图 3-8　气流干扰液膜分布图

通过对实验采集的图片进行图像处理，可获得不同的水流量下，液滴和液柱在水平换热管上的偏移量随风速变化的情况以及液膜厚度和液膜分布面积随风速和水流量变化的规律。滴状流型偏移量和风速关系如图 3-9 所示，柱状流型偏移量和风速关系如图 3-10 所示。

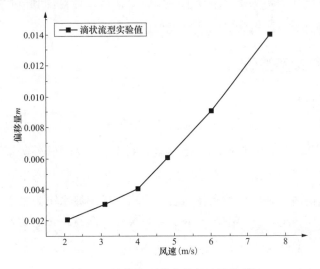

图 3-9　滴状流型偏移量和风速关系

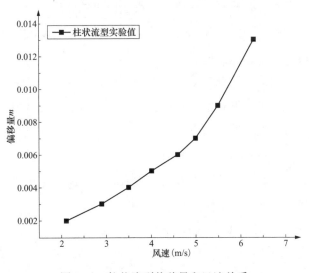

图 3-10　柱状流型偏移量和风速关系

对不同材料圆管进行了有横向气流作用的水平管外降膜流动实验，并通过计算对实验的结果进行了验证，得出了以下结论：

（1）在一定流量范围内，随着流量的增大，液柱和液滴的直径均变大，液膜变厚，液膜面积也随之变大；风速一定时随着流量的增大液柱的偏移量减小。

（2）随着气流流速的增大，液柱和液滴的偏移量均增大，增大的趋势是先变大再逐渐趋于线性变化，直至完全偏离水平管。液滴和液柱在偏移时会有一个临界值，当偏移量超过该临界值时，液膜无法完全覆盖整个水平管，而是只从水平管一侧流下。

（3）水平传热管的材料对液膜厚度和液膜面积影响很大，在本次实验范围内，比较得出不锈钢管作为水平传热管比较合适。

（4）通过计算和实验比较发现，柱状流型时，采用的模型与实验值符合较好，而滴状流型时，由于所选模型和实际液滴形状的差别较大，所以使得计算值与实验值相比虽然总体趋势相同，但明显偏小。滴状流的计算模型还需改进。

## 四、总传热系数实验研究

（一）目的与原理

对于水平管降膜的传热研究，目前多以单一环节为主，即分别研究管外蒸发与管内冷凝，总传热过程的研究所见文献很少。Fletcher 和 Galowin 认为管外降膜蒸发过程是影响总传热系数的决定因素，为了消除海水蒸发结垢影响，揭示光管状态下（未结垢状态）水平管降膜蒸发的换热机理，采用蒸馏水作为实验介质比采用海水更为合适。

实际低温多效海水淡化装置中蒸发器的水平管降膜传热过程要复杂得多，管内蒸汽的冷凝对管外降膜蒸发影响很大，两者的传热是相耦合的。从热阻的角度分析，总传热系数比这两个单一环节的传热系数要低。

对于水平管降膜蒸发总传热系数的研究，得出以下的结论：总传热系数受多种因素的制约和影响，管外和管内环境的变化均会对总传热有影响，主要的影响因素有管外喷淋密度、管间流型、管内流型、蒸汽干度等。

总传热系数实验中调节的工况参数有管内外压力、管内湿饱和蒸汽质量流速及干度、管外喷淋水的喷淋密度及过冷度。实验过程调节某一参数，保持其他参数不变，得到总传热系数、热流密度等与这一参数的关系。

（二）各种因素对总传热系数的影响分析

依次阐述进口流量、压力、喷淋密度及实验段进口干度对总传热系数的影响，分析各种因素变化时总传热系数的变化规律。

1. 实验段进口流量对总传热系数的影响

图 3-11 给出了喷淋密度分别为 0.08kg/ms 和 0.06kg/ms 时，实验段进口流量对总传热系数的影响。由图 3-11 中可以看出，在压力、喷淋密度、干度一定时，实验段进口流量对

总传热系数的影响没有明显规律性。

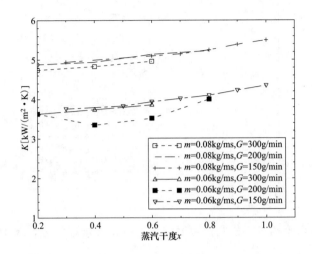

图 3-11 管内压力 21kPa、管外压力 19kPa，实验段进口流量对总传热系数 $h$ 的影响

注：$m$—喷淋密度；$G$—换垫管实验段进口流量。

2. 压力对总传热系数的影响

图 3-12 给出了不同喷淋密度下，压力对总传热系数的影响。由图 3-12 中可以看出，在实验段进口流量、喷淋密度、干度一定时，压力对总传热系数的影响不显著。但在低喷淋密度、高干度时，总传热系数随压力降低而增加。

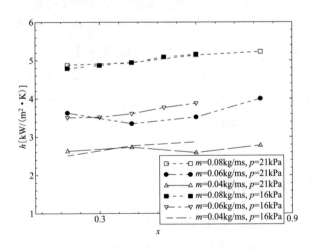

图 3-12 进口质量流速约为 5.53kg/（m²·s），压力对总传热系数的影响

3. 实验段进口干度对总传热系数的影响

图 3-13 给出了不同压力及喷淋密度的条件下，进口干度对总传热系数的影响。由图中可以看出，在实验段内外压力、进口流量、喷淋密度一定时，实验段进口干度的增大，意味着蒸汽流速增加，总传热系数也相应增大。

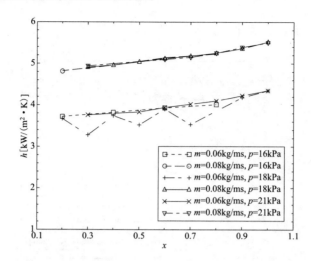

图 3-13　进口质量流速约为 7.37kg/($m^2 \cdot s$)，干度对总传热系数的影响

综上所述，总传热系数受到喷淋密度、喷淋水的物性、实验段的热负荷、实验段的进口流量、干度、管内外压力等因素的影响。对于实验工况，其管内外压力已定，因而喷淋水的物性也就确定了。在实验工况下，总传热系数主要受喷淋密度、实验段进口干度的影响较大。

在实验段内外压力、进口流量、喷淋密度一定时，实验段进口干度的增大，意味着蒸汽流速增加，总传热系数也相应增大。

在实验段内外压力、进口流量、干度一定时，喷淋密度对总传热系数的影响显著，总传热系数随喷淋密度增大而增加。在图 3-11～图 3-13 中，总传热系数与喷淋密度呈现出一定的线性，主要是由于在喷淋密度为 0.02kg/ms 时实验段部分区域发生传热恶化，有"干壁"情况的出现，导致其总传热系数略有偏低，而在喷淋密度为 0.08kg/ms 时实验段区域随液膜的扰动增加，沿液膜厚度的温度梯度减小，造成显著的强化传热，导致其总传热系数略有偏高，因此，总传热系数与喷淋密度的关系在数据图上应表现为一条平滑的曲线。

## 五、单管管内冷凝实验研究

管内冷凝过程与管外的水平降膜蒸发过程相互耦合，都会影响到多效海水淡化过程的效率。下面内容介绍单管管内冷凝的实验，分析干度及压力对管内传热系数的影响。

### （一）目的与原理

本实验的目的在于定量地研究蒸汽在管内冷凝的换热系数及其影响因素，同时对低压蒸汽在水平管内的流动阻力特性进行实验研究，为低温多效蒸发海水淡化装置水平管降膜蒸发器的设计提供可靠的数据。实验得到的数据还将与换热系数实验得到的数据耦合校对。

根据管内冷凝过程的特性，结合本次实验对应的工程参数及实验室的条件，采用以下原理分别测量平均热流密度和管内壁温度平均值，从而计算水管内蒸汽冷凝的平均换热系数。

1. 平均热流密度 $q$ 的测量

实验采用已知定压比热容的冷水对管内蒸汽冷却，管内冷凝实验中的热流量可以通过调节管外冷却水进、出口温度及质量流量控制。测量冷水进、出口温度及质量流量，用下式计算总热流量 $Q$，即

$$Q = Gc_p(t' - t'') \tag{3-6}$$

式中　$G$ ——冷却水质量流量，kg/s；

　　　$c_p$ ——冷却水定压比热容，J/（kg·K）；

　　$t'$、$t''$ ——冷却水的进、出口温度，℃。

于是，平均热流密度 $q$ 用下式计算，即

$$q = Q/(l\pi d) \tag{3-7}$$

式中　$l$ ——冷凝管的长度，m；

　　　$d$ ——冷凝管的内径，m。

2. 管内壁温度平均值 $\overline{t}_{wi}$ 的计算

实验中在实验段的 4 个截面中，每个截面上下各布置一个热电偶，总共布置了 8 个热电偶，可以测出外壁温 $t_{wo}$，在已知管子材料导热系数 $\lambda$ 的情况下，将平均热流密度作为局部热流密度，通过平均热流密度 $q$ 计算得出对应点的管内壁温度 $t_{wi}$，然后得到管内壁温度平均值 $\overline{t}_{wi}$。

$$q = \frac{\lambda}{r_1} \frac{t_{wi} - t_{wo}}{\ln(r_2/r_1)} \tag{3-8}$$

式中　$r_1$、$r_2$ ——管道的内、外半径。

3. 平均换热系数 $h$ 的计算

在得出平均热流密度 $q$ 后，分别测出管内蒸汽饱和压力和温度 $t_v$，内壁温平均值 $\overline{t}_{wi}$ 由上述方法计算得出。内壁温和流体温度的平均温差为

$$\overline{\Delta t} = t_v - \overline{t}_{wi} \tag{3-9}$$

平均换热系数 $h$ 可以根据下式计算，即

$$h = q / \overline{\Delta t} \tag{3-10}$$

根据以上测试原理，本实验包括以下主要内容：

（1）一定参数下管内冷凝换热系数及流动阻力的实验研究：在进口蒸汽温度为 50～65℃，汽速为 0～100m/s，蒸汽饱和或过热的情况下对管内蒸汽冷凝进行实验，干度为 0.0～1.0。改变进口蒸汽的流速、温度和干度，测量平均换热系数，模拟实际工况下的管内冷凝

换热，确定管内流动阻力。

（2）管内冷凝换热系数及流动阻力计算公式的拟合：根据实验结果对实验数据进行拟合，编制换热计算程序，适用范围应满足实际的运行工况，误差不大于15%。程序智能化，易于掌握。

（3）根据管内得到的数据计算公式，去耦合并验证总换热系数实验中管内冷凝部分的实验数据。

（二）结果分析

实验段进口干度由0.5~0.9的工况下，在相同的冷却水流量和进口温度下，管内冷凝平均传热系数随着实验段进口干度的增加而增大。对应每一效的蒸发管束而言，进口处蒸汽干度最大，其管内冷凝平均传热系数也最大；随后蒸汽沿管程逐渐冷凝，蒸汽干度也随之减小，其对应的也逐渐减小。

由图3-14所示，在实验段进口流量为150g/min和管内进口干度为定值时，实验段管内压力由18.4~25.4kPa，在相同的冷却水流量和进口温度下，管内冷凝平均传热系数并没有表现出明显的规律性，近似为一条水平线；说明对于每一效的管内压力在设计工况范围内，管内冷凝平均传热系数受管内压力的影响并不大，其主要受进口干度的影响。

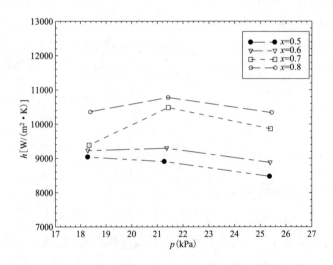

图3-14　不同进口干度下，管内压力对管内传热系数的影响

## 六、单管管外降膜蒸发实验研究

上文介绍了单管管内冷凝实验的原理、实验系统设计以及过程和分析，下面对单管管外降膜蒸发实验进行详细说明，并分析喷淋密度、管外饱和压力以及热流密度对管外平均换热系数的影响。

（一）目的与原理

水平管降膜蒸发过程是由管外降膜蒸发、管内冷凝和管子的热传导组成的，因为管子本身的热阻是一个定值，所以管外降膜蒸发和管内冷凝成了影响总传热系数的主要过程。管外降膜蒸发传热系数大约是管内冷凝传热系数的50%，因此，总传热系数主要是受管外降膜蒸发影响的。单管管外降膜蒸发实验主要研究水平管降膜蒸发管外环节的平均传热系数及局部传热系数沿管程的变化规律，定量地研究喷淋密度、热负荷、喷淋水温度和管内壁面温度等因素对传热的影响。实验得到的数据还将与本节四总传热系数实验得到的数据耦合校对。

（二）结果分析

1. 喷淋密度对管外平均换热系数的影响

图 3-15 给出了不同管外饱和压力下，喷淋密度对管外换热系数的影响。从图 3-15中可以看出，在保持管外喷淋水与黄铜管外壁温差为定值的情况下，随着管外喷淋密度的增大，管外平均换热系数逐渐增大，这是因为管外喷淋密度的增大使得管外液膜的流动速度加快，加剧了管外液膜的波动，汽液相界面的扰动更加剧烈，有利于加强管外对流换热。

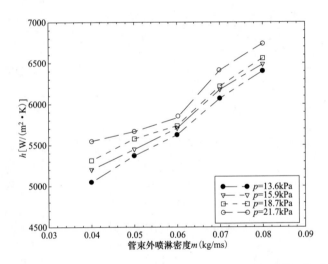

图 3-15　不同管外饱和压力下，喷淋密度对管外换热系数的影响

2. 管外喷淋密度一定时，管外饱和压力对管外平均换热系数的影响

图 3-16 给出了不同喷淋密度下，管外饱和压力对管外换热系数的影响。可以看出，在保持管外喷淋密度和喷淋水与黄铜管外壁温差为定值的情况下，随着管外饱和压力的升高，即管外喷淋水饱和温度的升高，管外平均换热系数略有增大。

3. 管外喷淋密度一定时，热流密度对管外平均换热系数的影响

图 3-17 给出了不同管外饱和压力下，热流密度对管外换热系数的影响。可见，在保持管外喷淋水与黄铜管外壁温差为定值的情况下，随着管外喷淋密度的增大，为保持相同的温差，管内加热器的加热功率也随之增大，对于相同的传热面积，其热流密度也逐渐增大，从而使得管外平均换热系数逐渐增大。

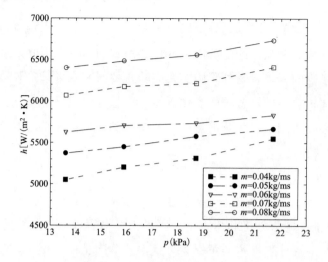

图 3-16　不同喷淋密度下，管外饱和压力对管外换热系数的影响

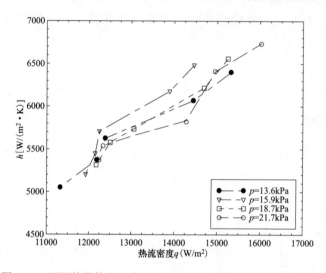

图 3-17　不同管外饱和压力下，热流密度对管外换热系数的影响

## 七、总传热系数耦合

根据前两部分管外降膜平均换热系数及管内冷凝平均换热系数的实验数据，依据等热流量的方法，用部分管外降膜平均换热系数及管内冷凝平均换热系数的实验数据耦合出总传热系数，并与实验中得到的总传热系数进行比较。

（一）计算模型

计算模型示意图如图 3-18 所示。水平管降膜蒸发是一个稳态的传热过程，其传热过程包括串联着的 3 个环节：

（1）从热流体到壁面高温侧的热量传递。

（2）从壁面高温侧到壁面低温侧的热量传递，即穿过固体壁的导热。

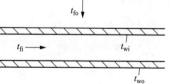

图 3-18　计算模型示意图

（3）从壁面低温侧到冷流体的热量传递。3 个环节的热流量计算公式见式（3-12）～式（3-13）。由于是稳态导热，通过串联着的每个环节的热流量 $\phi$ 相同，则

$$\phi = A_i h_i (t_{fi} - t_{wi}) \tag{3-11}$$

$$\phi = \frac{2\pi\lambda l(t_{wi} - t_{wo})}{\mathrm{Ln}\left(\dfrac{r_o}{r_i}\right)} \tag{3-12}$$

$$\phi = A_o h_o (t_{wo} - t_{fo}) \tag{3-13}$$

式中　　$\phi$ ——热流量，W；

$A_i$ ——单位长度管道内部面积，$m^2$；

$h_i$ ——管内蒸汽冷凝平均传热系数，W/（$m^2 \cdot K$）；

$t_{fi}$、$t_{fo}$ ——管内、外流体温度，℃；

$t_{wi}$、$t_{wo}$ ——管壁内、外侧温度，℃；

$\lambda$ ——管壁导热系数，W/（$m \cdot K$）；

$l$ ——传热管长度，m；

$r_i$，$r_o$ ——传热管内径、外径，m；

$A_o$ ——单位长度管道外壁面积，$m^2$；

$h_o$ ——管外水蒸发平均传热系数，W/（$m^2 \cdot K$）。

将上面 3 个方程式改写成温差的形式，则

$$t_{fi} - t_{wi} = \frac{\phi}{A_i h_i} \tag{3-14}$$

$$t_{wi} - t_{wo} = \frac{\phi \mathrm{Ln}\left(\dfrac{r_o}{r_i}\right)}{2\pi\lambda l} \tag{3-15}$$

$$t_{wo} - t_{fo} = \frac{\phi}{A_o h_o} \tag{3-16}$$

将式（3-14）～式（3-16）相加，得

$$t_{fi} - t_{fo} = \phi \left[ \frac{1}{A_i h_i} + \frac{\mathrm{Ln}\left(\dfrac{r_o}{r_i}\right)}{2\pi\lambda l} + \frac{1}{A_o h_o} \right] \tag{3-17}$$

即

$$\phi = \frac{t_{fi} - t_{fo}}{\dfrac{1}{A_i h_i} + \dfrac{\mathrm{Ln}\left(\dfrac{r_o}{r_i}\right)}{2\pi\lambda l} + \dfrac{1}{A_o h_o}} \tag{3-18}$$

由于

$$\phi = h_{\text{total}} A_o \left( t_{\text{fi}} - t_{\text{fo}} \right) \quad (3\text{-}19)$$

所以

$$h_{\text{total}} = \dfrac{1}{\dfrac{r_o}{r_i h_i} + \dfrac{r_o \text{Ln}(r_o/r_i)}{\lambda} + \dfrac{1}{h_o}} \quad (3\text{-}20)$$

式中　$h_{\text{total}}$——总平均传热系数，W/（m²·K）。

（二）总传热系数耦合结果分析

保证实验段内外压力和喷淋密度为定值，分别将 3 个不同工况下的管内换热系数和管外换热系数进行耦合，得到总传热系数如图 3-19～图 3-21 所示。

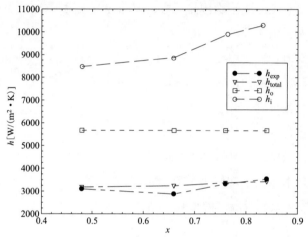

图 3-19　管内 25.4kPa、管外 21.7kPa、进口质量流速为 5.53kg/m²s、
喷淋密度为 0.05kg/ms，进口干度 $x$ 对总传热系数 $h$ 的影响

$h_{\text{exp}}$—管内外对数温差计算的换热系数；$h_{\text{total}}$—总平均供热系数，W/（m²·K）；
$h_o$—管外水蒸发平均传热系数，W/（m²·K）；$h_i$—管内蒸汽冷凝平均传热系数，W/（m²·K）

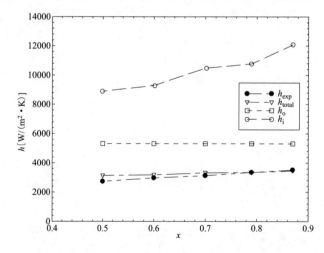

图 3-20　管内 21.4kPa、管外 18.7kPa、进口质量流速为 5.53kg/m²s、

喷淋密度为 0.04 kg/ms，进口干度对总传热系数的影响

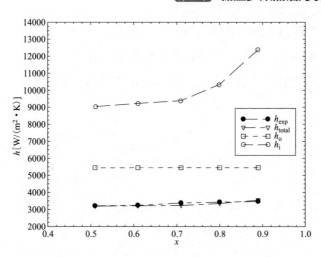

图 3-21　管内 18.3kPa、管外 15.8kPa、进口质量流速为 5.53kg/m²s、
喷淋密度为 0.05 kg/ms，进口干度对总传热系数的影响

由图 3-19～图 3-21 可见，在实验段内外压力和喷淋密度为定值的情况下，根据等热流量的方法耦合出的结果与实验结果吻合得很好。实验段进口干度对管外平均传热系数影响不大，而管内平均传热系数和总传热系数随实验段进口干度的增大而增加。从机理上讲，实验段进口干度的增加使得管内蒸汽的流动速度加快，管内蒸汽的扰动加剧，有利于强化管内对流换热，从而提高了总换热系数。从数值上说明，实验所得出的总传热系数数值范围满足工程的要求。

保证实验段内外压力和进口干度为定值，分别将 3 个不同工况下的管内换热系数和管外换热系数进行耦合，得到总传热系数如图 3-22～图 3-24 所示。

由图 3-22～图 3-24 可见，在实验段内外压力和进口干度为定值的情况下，根据等热流量的方法耦合出的结果与实验结果基本吻合。喷淋密度对管内冷凝平均传热系数影响不大，

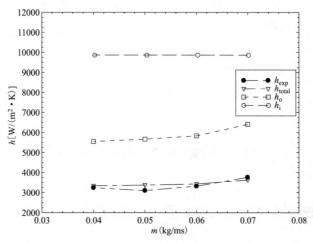

图 3-22　管内 25.4kPa、管外 21.7kPa、进口质量流速为 5.53kg/m²s、
进口干度为 0.76，喷淋密度对总传热系数的影响

而管外平均传热系数和总传热系数随喷淋密度的增大而增加。从机理上讲，喷淋密度的增加使得管外液体的流动速度加快，管外液膜波动加剧，有利于加强管外对流换热，从而提高了总换热系数。从数值上说明，实验所得出的总传热系数数值范围满足工程的要求。

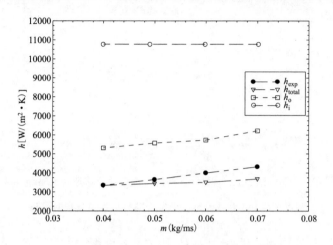

图 3-23    管内 21.4kPa、管外 18.7kPa、进口质量流速为 5.53kg/m²s、

进口干度为 0.8，喷淋密度对总传热系数的影响

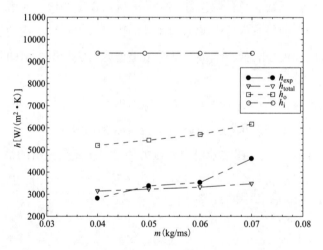

图 3-24    管内 18.3kPa、管外 15.8kPa、进口质量流速为 5.53kg/m²s、

进口干度为 0.7，喷淋密度对总传热系数的影响

# 第二节    喷淋布液规律实验研究

## 一、喷淋布液特性实验研究实验原理及系统

（一）实验目的

（1）喷头的喷淋扩散角和粒径分布测量。研究喷头在不同流量下喷淋扩散角和粒径分

布的变化规律。

（2）喷头喷淋均匀性测量。研究在喷淋范围内不同位置处的喷淋液分布密度，以及在不同流量下喷淋液分布密度的变化。

（3）提出影响喷头喷淋布液的均匀性的关键影响因素。

（二）实验原理及系统

喷嘴的喷淋特性主要包括喷头的喷淋布液范围、喷淋角度、喷淋范围内的液滴尺寸分布以及布液量分布密度等几个方面。喷淋布液的范围与喷林扩散角、喷头的相对安装高度有关。喷淋角度可由喷淋实验时拍摄的图片分析测得。液滴的粒径分布可由高速摄像设备采用特殊的拍摄措施来完成。喷淋布液密度分布可通过对液体收集装置中的采样量的分析来获得。

为了研究单喷头、组合喷头在不同的工况条件下的喷淋布液分布密度，单喷头在不同的流量下喷淋角以及喷淋粒径的变化设计单喷头、组合喷头布液分布实验。

单（双）喷头喷淋特性实验原理图如图 3-25 所示。

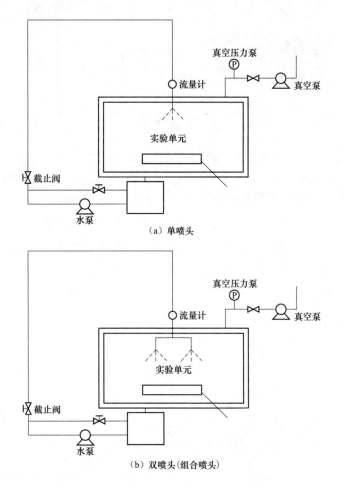

图 3-25 单（双）喷头喷淋特性实验原理示意图

在实验单元的下部安装有喷淋液体的采样收集装置。根据液体收集装置中的液位高度得出布液密度分布趋势。组合喷头喷淋特性实验，两喷头之间的中心距离取为715mm。

图3-26所示为实验系统的实物布置结构示意图。实验设备包括水泵、真空泵、水箱、冷凝器、电加热棒、电控设备、拍摄装置、数据采集系统等。

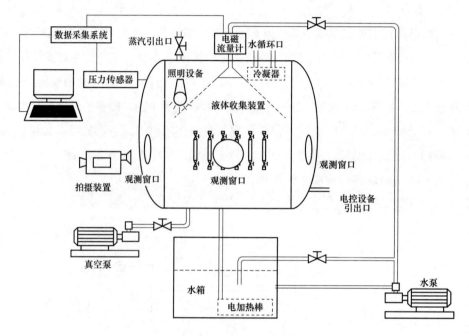

图3-26  实验系统的实物布置结构示意图

由高速相机（CCD）拍摄液滴粒径分布的示意图如图3-27所示。由遮水板将其他部分的水滴遮挡、引导到侧面、流入集水槽；没有被遮水板挡住的液滴分散在一个薄片状的几何空间内，可被高速摄像机拍摄、记录。要拍摄不同位置的粒径，只需调节遮水板的位置即可。这样拍摄出来的照片上的水滴数目较少，而且不同液滴的图像之间的相互干扰很少，便于图像分析。使用Sigmascan Pro图像分析软件进行图像处理和统计，可获得液滴粒子的尺寸分布。

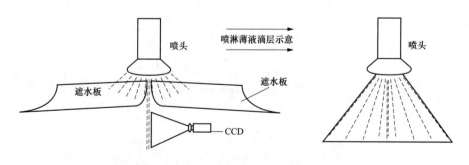

图3-27  液滴粒径的示意图

## 二、粒径分布实验

（一）实验内容

进行常温常压状态下单喷头和组合喷头的喷淋液滴粒径及分布实验。粒径分布实验分为不加载挡板实验和加载挡板实验两部分。

1. 单喷头布液分布实验

进行布液分布实验，主要是对收集装置的测量。使用 Sigmascan Pro 图像分析软件进行图像处理和统计，得到收集装置的液位高度。实验所用研制型蓝色喷头如图 3-28 所示。

图 3-28　实验所用研制型蓝色喷头

2. 组合喷头布液分布实验

如图 3-29、图 3-30 中所示，中间为一三通，连接水泵的给水和对喷头的给水。沿水流向，在流向一个喷头的方向上，管路上装有一个球阀，控制此喷头的开和关。由于布置组合喷头后，与单喷头实验相比，液体收集装置的位置与喷头对应的位置改变，所以，为了对比双喷头组合时与单喷头时的喷淋布液的效果（是否满足叠加关系），需要在做完双喷头实验的基础上，将上述阀门闭合，继续做单喷头的实验。

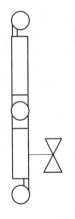

图 3-29　组合喷头布置方式

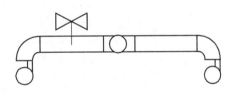

图 3-30　组合喷头布置方式

（二）实验结论

在本实验测量范围内获得了以下结论：

（1）喷头在其圆形布液范围内沿不同直径上的分布并不完全相同，布液沿直径分布的均匀性同流入喷头的工质流动方向有关。

（2）管束对布液分布有再次调节作用，喷头喷淋经过管束后，其布液分布趋于均匀。

（3）随着流量的增大，布液分布趋于均匀。

（4）管束的管排数大于 3 排以后，管排数变化对布液分配作用的影响不大。

（5）管间距（31.75、33.00、35.15mm）的变化，对布液分布均匀性影响不大。在60～105L/min 的流量变化范围内，流量的变化基本不影响其布液分布特性。

（6）研制型蓝色喷头的布液分布在实验收集装置长轴方向呈近似余弦曲线分布趋势，在实验收集装置短轴方向呈稍微波动、比较均匀的分布趋势。

（7）温度（20～70℃）对喷头的布液分布影响不大。

（8）真空度（0～0.09MPa）对喷头的布液分布影响不大。

（9）真空热水条件下（真空度为 0.08MPa，温度的 60℃）与常温常压条件下（真空度为 0，温度为 20℃）的布液分布趋势相同，且可以认为两者变化不大，即常温常压实验数据可以作为真空热水条件下的参照数据。

（10）喷头流量越大，布液分布越趋于均匀，双喷头时的布液分布相当于单喷头时布液分布的叠加。由单喷头到多喷头布液分布的"区域叠加"效果明显，叠加区域的分布量近似等于两个单喷头在此区域内的布液量之和。

## 三、喷头的全周向布液分布测量实验

（一）实验内容

图 3-31 所示为实验系统及相关尺寸，其中用到的设备有喷头、水泵、流量计、水箱、阀门、刚性支架、管板、液体收集装置等。

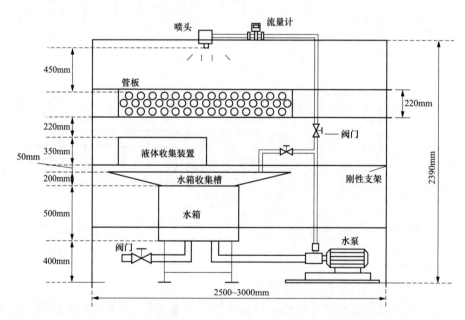

图 3-31　实验系统及相关尺寸

工质水存储在水箱中，经水泵打压通过流量计进入喷头，由喷头喷淋而下，顺着管束外壁面流下，进入收集装置，多余水由水箱收集槽以及周围的挡水布收集到水箱中，形成循环回路。实验中，流量由电磁流量计显示读数，实验测点的测量结果由收集装置读出。回路流量控制由旁路以及主通路上两截止阀控制。

（二）实验结论及分析

1. 实验结论

（1）单喷头的喷淋布液规律趋势并不随喷淋量的增大而发生大的变化，只是随喷淋量的增大，对应的喷淋布液区域变大。

（2）喷头的喷淋布液分布规律并不因为工质由脱盐水变为盐水而发生趋势上的变化，只是在量值上有部分波动。

2. 布液分布分析

为了更为直观地观察实际工程蒸发器内多喷头组合时候的喷淋布液分布情况，利用计算机绘图手段，得到了每个工况下，整个蒸发器内全场喷淋布液分布的 3D 示意图，图 3-32 以 84L/min 喷淋流量工况为例。

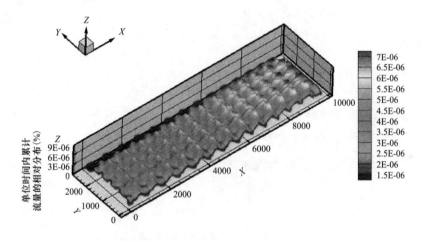

图 3-32　蒸发器内喷淋布液分布情况（单位：mm）

通过蒸发器内多喷头组合的喷淋分布情况看到，由于多个喷头的喷淋液的叠加，叠加的区域往往是局部喷淋液分布相对集中的区域。

# 第三节　蒸汽热压缩喷射器性能实验研究

## 一、蒸汽热压缩喷射器结构与运行工况对性能影响分析

蒸汽喷射器的结构参数和工况参数是影响其实际工作性能的主要因素。在实际生产中由于喷射器结构参数设计得不合理，经常出现真空度不稳定，从而影响整个生产装置的连续、稳定、安全进行。因此，蒸汽喷射器结构参数以及相应工艺参数的设计匹配是关系整个生产工艺能否正常运行的一个重要环节。

（一）结构影响分析

1. 混合段收缩段

锥形和楔形进口的角度 $\alpha$ 要大于 20°，实验结果指出 25°角是最好的收缩角。

2. 混合段喉部

研究表明，喷射器如果没有喉部直接连接扩压器同有喉部连接的相比在引射口能够产生较小的真空度。喉部段的长度要经过合理的设计才能使混合蒸汽在进入扩压器前形成一个均匀的速度分布。均匀的速度分布使流体在扩压器中的总能损失最小，只有这样才能形成相对高的压力恢复。喷射器几何结构示意图如图 3-33 所示。

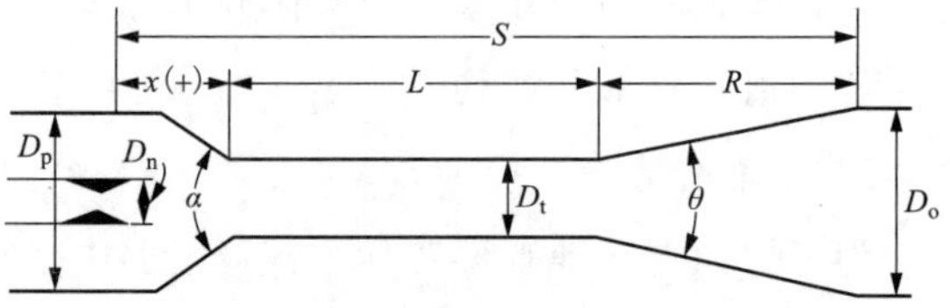

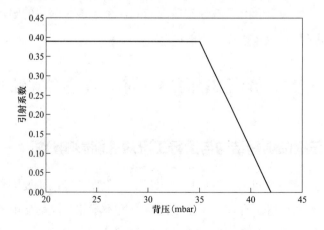

3. 扩压段

图 3-33　喷射器几何结构示意图

扩压段的张角 $\theta$ 通常是 4°～10°。不推荐蒸汽在扩压器内迅速膨胀。扩压器的长度是 4～8 倍的喉部直径，这个长度能够产生期望的压力恢复。

4. 喷嘴

喷嘴结构设计和喷嘴的位置两个因素影响喷嘴对喷射器的性能。喷嘴的位置要比它的设计对蒸汽喷射器的性能影响大得多。很多学者研究了喷射器中喷嘴的最佳位置。研究建议，喷嘴出口应距混合腔 0.5～1 倍混合段喉部直径的位置。不仅是喷射器性能而且主蒸汽和引射蒸汽的混合长度也受喷嘴位置的影响。此外，喷嘴与混合段的同心安装也是非常重要的。

（二）工作参数影响分析

实际喷射器的工作区段一般由两部分构成。喷射器背压/引射系数特性曲线如图 3-34 所示，当喷射器在平滑段工作时，意味着无论如何调节喷射器的背压，引射系数保持不变。

图 3-34　喷射器背压/引射系数特性曲线

注：1bar=0.1MPa。

工程领域还常常使用另外的一种图表来描述喷射器的工作特性，如图 3-35 所示。由图可知，当背压在一定范围内变化时，喷射器的引射压力不会变化，引射流量也保持恒定。产生这种现象的原因是喷射器内部出现了所谓的极限状态。所谓极限状态，就是指在喷射器的任意截面上，引射流体的速度达到了临界速度，因此，流量无法再继续增加，只能维持在一个恒定的水平上。

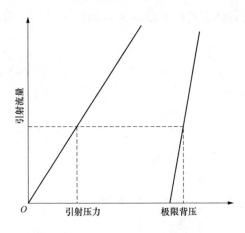

图 3-35　引射压力曲线和极限背压曲线

与上述工况相反的是图 3-34 中的倾斜段，在此段上，引射压力是引射流量、主蒸汽压力和背压等操作参数的单值函数。而且，从图 3-34 中可以看出，只要工作参数稍微发生变化，如背压稍微增大，引射流量就会发生较大幅度的改变，甚至发生倒流，喷射器变为三通，失去功效。

实际喷射器在工作时，其操作参数不可能不发生变化，如果操作参数发生轻微的变化，就会对其生产力产生较大的影响，这势必会影响到整个系统的稳定性，因此，一般希望喷射器能工作在极限状态下，当操作参数发生变化时，喷射器本身保持稳定。出于这样的目的，实验主要研究了极限状态下的喷射器的性能；即逐渐增加出口的背压，如引射压力在某一点发生较大幅度的改变，即认为极限状态消失。

## 二、喷射器模型实验设计

（一）实验目的与内容

蒸汽热压缩器计算模型及数值模拟过程中大量地使用了简化，如①未考虑蒸汽真实气体效应；②对混合过程进行简化假设，混合段入口两流体压力相等；③未考虑超音速水蒸气的相变影响。模型简化假设会不同程度地造成蒸汽热压缩器性能与实际性能存在误差。为了能够更准确地建立模型计算性能与实际喷射过程的联系，准确地建立和修正蒸汽热压缩器计算模型，进行了实际喷射实验。

（1）测量喷射器模型设计工况下的工作蒸汽及引射蒸汽流量，计算模型的喷射系数，并与设计计算值和模拟值对比。

（2）测量不同引射蒸汽压力下喷射器模型的蒸汽流量，计算喷射系数，绘制模型的运行曲线。

（3）测量不同背压下喷射器模型的蒸汽流量，计算喷射系数，绘制模型的运行曲线。

（4）综合考察喷射器模型运行的稳定性。

蒸汽热压缩器实验台具体布置简图如图 3-36 所示。

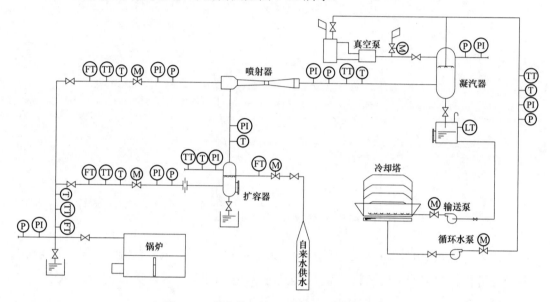

图 3-36　蒸汽热压缩器实验台具体布置简图

蒸汽热压缩器需要两股蒸汽流，一股过热蒸汽作为工作蒸汽（0.4～0.6MPa，过热度 15～30℃），一股低压饱和或微过热蒸汽作为引射蒸汽（10～40kPa，过热度小于 2℃），排出的混合蒸汽（20～50kPa）经冷凝回收。

燃油锅炉加热给水产生 0.65～0.85MPa 的饱和蒸汽，工作蒸汽和引射蒸汽从同一锅炉出汽母管引出，经节流后得到过热度为 20℃左右、0.5MPa 的工作蒸汽。引射蒸汽先经手动减压阀和节流孔板完成第一级粗调压，进入扩容减温器减压后得到 10～30kPa 的过热蒸汽，再经喷水减温达到引射蒸汽参数要求。喷射器出口混合蒸汽接入凝汽罐，凝汽罐内装有冷却水喷头，罐顶装有水环真空泵。由真空泵和冷却水共同维持背压，背压值可通过调节真空泵入口管道的通气阀开度调节真空泵出力获得。

工作蒸汽经喷射器喷嘴减压增速后，引射一定量的引射蒸汽，通过测量两者流量比计算喷射系数大小。同样方法可以得到不同引射压力和背压下的性能曲线。对比喷射系数的实验值、数值模拟值和计算值三者之间的关系，验证设计计算的可靠性。

根据实验台条件选取蒸汽边界参数见表 3-1，该条件下蒸汽喷射器的设计喷射系数为 1.38，临界背压计算值为 39.1kPa。

表 3-1　　　　　　　　　　　　蒸汽热压缩器模型设计蒸汽参数

| 项　目 | 压力（kPa） | 温度（℃） | 质量流量（kg/h） | 体积流量 | |
| --- | --- | --- | --- | --- | --- |
| | | | | m³/h | m³/h（标准状态） |
| 工作蒸汽 | 500 | 170 | 181 | 71.36 | 45 |
| 引射蒸汽 | 20 | 62 | 251 | 1930 | 1573 |
| 混合蒸汽 | 35 | 103.25 | 432 | | |

### （二）喷射器模型流场模拟

计算采用基于密度的 $k$-$\varepsilon$ 湍流模型，蒸汽按理想气体计算，黏度采用多项式耦合温度模型；进口采用压力入口，出口为压力出口边界条件，模拟设计工况下喷射器的流场。

喷射器模型流场的马赫云图如图 3-37 所示，轴线上的压力与马赫数曲线如图 3-38 所示。

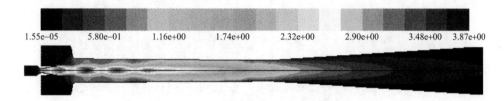

1.55e-05　　5.80e-01　　1.16e+00　　1.74e+00　　2.32e+00　　2.90e+00　　3.48e+00　　3.87e+00

图 3-37　喷射器模型流场的马赫云图

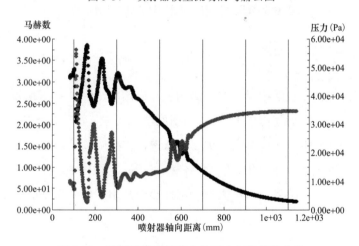

图 3-38　喷射器模型轴线上的压力与马赫数曲线

•压力；•马赫数

模拟结果：工作蒸汽流量为 177.6kg/h，引射蒸汽流量为 241.2kg/h，喷射系数为 1.36。

## 三、实验过程及实验数据

### （一）实验步骤与实验数据

#### 1. 实验步骤

锅炉点火升温升压，待锅炉压力、温度稳定后逐渐开启工作和引射蒸汽入口门，调节两蒸汽压力、温度，稳定至实验工况值（该过程同步调整真空泵出力），记录相关参数数据。

调整引射蒸汽电动门，调整喷射器吸入口蒸汽在不同压力，期间注意同步调整减温水量，使吸入口保持饱和或微过热状态，记录实验数据。

调整真空泵入口空气阀开度，调节喷射器出口背压，同时跟踪调整喷射器工作、引射蒸汽参数在设计值，记录不同背压下的蒸汽参数，进行变背压实验。

2. 实验数据

对实验数据原始数据进行处理，通过扩容减温罐前后能量守恒修正减温水流量，并根据实际工作蒸汽温度和引射蒸汽温度与设计值的偏差对喷射系数进行修正，数据处理结果见图 3-39。

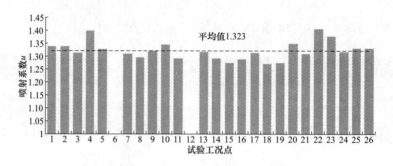

图 3-39　设计工况下喷射器模型的喷射系数

（二）实验数据分析与结论

1. 引射蒸汽变压力性能分析

蒸汽喷射器的喷射系数随引射蒸汽压力的提高而增大，如图 3-40 所示。从 $p_H \sim u$ 的关系曲线上可见存在一个临界拐点压力 $p_{H*}$，当引射蒸汽压力低于该临界值 $p_{H*}$ 时，喷射器混合段未出现第二极限状态，工作蒸汽呈欠膨胀状态，工作喷嘴出口激波强度增大，喷射系数快速降低，喷射器工作性能恶化。继续降低至小于 $p_{H0}=12.5$kPa（计算值为 13kPa）时，引射入口压力已低于工作喷嘴出口压力值，工作蒸汽从引射口回流到引射蒸汽管道，喷射

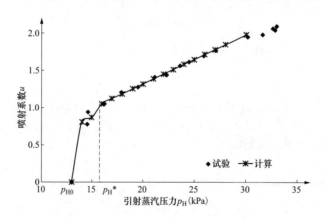

图 3-40　喷射器模型变引射压力特性曲线

系数出现负值，严重时喷射器出口蒸汽逆流进入引射管道。当引射蒸汽压力高于临界值 $p_{H*}$ 时，混合段出现第二极限状态，喷射系数与 $p_H$ 呈线性增长，但斜率要小于前阶段。从实验曲线看，该临界值 $p_{H*}\approx16\text{kPa}$（计算值为 15.8kPa），对应喷射系数为 1.05。实际应用过程中引射蒸汽压力过高，工作喷嘴出口蒸汽处于过膨胀状态，产生强烈的压缩激波，虽然总体喷射系数会增大，但附带产生的能量损失增大，喷射器不能处于最优的工作状态，因此，综合考虑该喷射器引射蒸汽压力的正常工作范围为 $16\text{kPa}\leqslant p_H\leqslant25\text{kPa}$。

2. 变背压性能分析

在其他操作参数保持设计值的情况下，调整喷射器出口背压值，所得喷射系数 $u$ 与背压 $p_c$ 的关系如图 3-41 所示。从图 3-41 中可知，两者关系曲线存在一个拐点，当背压低于拐点压力 $p_{c*}$ 时，喷射器混合段出现第三极限状态，第二喉管处蒸汽出现"壅塞"，喷射系数 $u$ 基本维持不变，可以认为降低背压喷射器性能不变化，但是这种情况下喷射器扩压管内出现斜激波链，并伴有射流分离，能量损失增大。随着背压的逐渐降低，激波前马赫数逐渐增大，激波面逐渐向扩压管出口移动，当低于某值时波阵面出现在喷射器出口截面，斜激波变为正激波，压力回升，达到出口背压值。由于低的背压扰动不能逆流传播，所以背压的降低不能改变激波波阵面之前的流动状态，即当混合蒸汽背压低于临界值 $p_{c*}$ 时，在波阵面前喷射器内流体状态并不随背压降低而变化，该部分流动是稳定的。另外，当背压逐渐高于 $p_{c*}$ 时，激波面向混合段入口发展，混合效果变差，喷射系数开始快速下降，甚至出现回流，实验表现为喷射器引射蒸汽口压力和流量出现大幅波动。

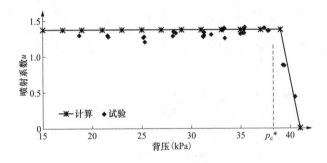

图 3-41 喷射器模型变背压运行特性曲线

模型设计工况下计算临界背压值为 39.13kPa，从图 3-41 中看出实验临界值 $p_{c*}\approx38\text{kPa}$，与计算值基本吻合。在 $p_c\leqslant38.7\text{kPa}$ 内喷射器性能基本不变，但背压越小，出口速度越大，对喷射器出口下游的设备或管道带来较大的摩擦损失，一般情况下控制出口速度在 100m/s 以内，因此，选择出口背压的工作范围为 $30\text{kPa}\leqslant p_c\leqslant38.7\text{kPa}$。

3. 实验结论

从数据分析结论可知，喷射器模型的实验性能与设计值偏差在 5%以内，在可接受范围。引射蒸汽压力工作范围为 $16\text{kPa}\leqslant p_H\leqslant25\text{kPa}$、背压工作范围为 $30\text{kPa}\leqslant p_c\leqslant38.7\text{kPa}$，该范围内喷射器模型工作性能稳定。喷射器模型混合段采用新型的设计方法，使得喷射器工作范围增大，稳定性提高。

从实验结果看喷射器设计计算模型具有较高的可靠度，所设计的喷射器性能及运行曲线与实验结论吻合，新的喷射器设计方法不仅提高了喷射性能，而且喷射器工作的稳定性也有所提高，达到了实验预设的目标。

从实验数据分析结果看喷射器模型喷射系数与设计值及模拟值偏差小于5%，在可接受范围，通过实验证明喷射器计算模型具有较高的可靠度。另外，在变引射压力和变背压实验中，喷射器模型具有较好的稳定性，过载点和临界点基本与计算值吻合。

# 第四章

# MED 设备结垢与腐蚀机理研究

由于海水中的盐度、硬度、总固溶物及其他杂质的含量均较高，导致在热法海水淡化的换热面上易结垢，这已成为热法海水淡化面临的主要问题之一。传热管表面的结垢恶化传热性能，增加能量消耗，堵塞管路，降低了装置的产水量，增加腐蚀概率，威胁设备安全。本章介绍低温多效蒸馏海水淡化结垢与腐蚀实验研究，通过实验和理论分析，研究盐水的结垢与腐蚀特性，研究盐水浓度、盐水温度、喷淋密度、热流密度等参数条件对盐水结垢与传热的影响，探索低温多效工程装置在实际应用过程中可行的防腐防垢技术措施。

# 第一节　结垢特性实验研究

## 一、结垢物形成与阻垢技术

### （一）主要垢物及形成原因

关于低温多效的结垢机理，人们已经进行了大量研究。目前已经形成共识的是操作过程中随着 $CO_2$ 的释放，造成离子平衡反应发生变化是产生结垢的主要原因。盐垢组成主要是碳酸钙和氢氧化镁及少量的硫酸钙。

海水淡化设备中的垢层主要有两种类型：一种为硬垢，主要成分是 $CaSO_4$，按结晶水的不同有 3 种存在形式：$CaSO_4 \cdot 2H_2O$、$CaSO_4 \cdot 1/2H_2O$ 和 $CaSO_4$。这种垢层不溶于酸，也不溶于碱，与传热表面的粘结非常牢固，一旦形成，只能通过机械方式去除，对海水淡化蒸发器的危害大。另一种为软垢，主要成分是 $Mg(OH)_2$ 和 $CaCO_3$。$CaCO_3$ 在 90℃以下结垢的倾向比较大，而 $Mg(OH)_2$ 则在 95～110℃以上易结垢，它们均是温度的负溶解性化合物，即随着温度的升高，其在水中的溶解度逐渐降低，其中 $Mg(OH)_2$ 对温度更为敏感。这种垢可通过对设备定期酸洗得到去除。

垢层还可能含有少量的碳酸镁和磷酸钙等无机垢。另外，风浪、潮汐作用使海水中混杂泥沙，设备和管路腐蚀产生的铁氧化物和氢氧化物、生物有机体等，也可能与碳酸钙、氢氧化镁、硫酸钙等无机盐形成混合垢而沉积到换热管表面。

1. 阻垢技术

阻垢技术是在热法海水淡化过程中，通过减少或控制 $Ca^{2+}$、$Mg^{2+}$ 及相应结垢离子的浓度或装置的设计优化等方法，防止 $CaCO_3$、$CaSO_4$、$Mg(OH)_2$ 等无机垢在蒸发器和管路表面沉积。目前，工程中使用的阻垢技术主要有酸化、药剂阻垢、设备结构设计和操作条件优化、纳滤和其他阻垢技术等。

（1）酸化。酸化反应的原理是利用硫酸（或其他强酸）的酸性比碳酸强的特点，将碳酸氢根离子转化为 $CO_2$ 气体排出。同时降低溶液的 pH 值，从而防止碱性垢在换热面上析出。酸化处理会产生大量 $CO_2$ 气体，在补给水进入蒸发器之前必须进行脱气处理以防止酸性气体对蒸发器的腐蚀。酸化不能防止硫酸钙垢的析出，如果往海水中加入硫酸，使 $SO_4^{2-}$ 的浓度增加，还会增加硫酸钙结垢的危险。

（2）药剂阻垢。为防止海水在蒸馏过程中结碳酸钙等碱性垢，目前，国际上普遍采用的方法是在进料海水中加入适量的阻垢剂，使水体中的小晶体或悬浮粒子稳定分散在水体中，破坏碳酸盐的晶体结构，保持碳酸盐溶解在水中而不是在换热管表面沉积。

阻垢剂也称水质稳定剂，其作用是阻止水体中难溶盐类沉积成垢和抑制污垢生长，广泛应用于工业循环冷却水系统、海水淡化、锅炉、地热资源开发以及油气田等众多场合。阻垢剂在工业上常用的形式主要有阻垢缓蚀剂和阻垢分散剂两种。阻垢缓蚀剂主要有以下类型：无机聚合磷酸盐、有机多元磷酸、葡萄糖酸和单宁酸等。阻垢分散剂主要是中、低相对分子质量的水溶性聚合物，包括均聚物和共聚物两大类。其中均聚物有聚丙烯酸及其钠盐、水解聚马来酸酐等，共聚物的品种较多，以丙烯酸系和马来酸系的两元或三元共聚物为主。共聚物的阻垢分散性能远比水溶性均聚物优异，它们不仅能够抑制碳酸钙垢，同时对磷酸钙垢、膦酸钙垢、氧化铁、黏泥等也有很好的抑制分散作用。

磷酸盐类主要应用于 90℃ 以下的低温蒸馏装置，且应用并不广泛。而聚合物类（如聚马来酸类）则多用于高温蒸馏装置，且应用广泛。由于磷的排放将引起周围水域的富营养化，促进菌藻的滋长形成"赤潮"，为此欧美发达国家已提出禁磷限磷措施，未来的阻垢剂将向着绿色环保型方向发展。

（3）设备结构设计和操作优化。在 MED 装置中，蒸发器的结构形式及操作参数对结垢有较大影响，需通过优化设计来防止或减少换热表面的结垢。如在多效蒸馏中多采用列管式降膜蒸发器，通过控制海水的喷淋密度和蒸发温度有效控制结垢。蒸发器从顶层到底部，海水均匀分布是保证最优热交换和防止结垢的必要条件。若布水系统的设计不合理，蒸发换热不均匀，就会很快引发换热面结垢问题。

为防止传热面上的结垢，必须对温度、浓缩比等运行操作参数加以限制。MED 装置蒸发器设计顶温一般控制在 65℃ 左右，最高不超过 70℃，此设计温度位于硫酸钙亚稳区之外，实际操作中海水浓缩倍率通常控制在 1.5 左右，有效地避开了硫酸钙的亚稳区，这样就避免硫酸钙析出并降低碳酸钙垢的析出速度，延长淡化装置的清洗周期。

（4）纳滤（NF）和其他阻垢技术。纳滤膜技术是一种低压反渗透技术，是介于反渗透和超滤之间的一种新型压力驱动膜分离技术。对 $Ca^{2+}$、$Mg^{2+}$、糖类、解离酸有较好的截留率，而对单价离子的去除率相对较低，已被用于水软化，包括海水的软化。

在海水淡化中 NF 可作为进料海水的预处理工艺。在降低结垢可能性的同时，为进一步提高蒸发过程的盐水最高温度提供了可能。但是在提高水质的同时，也增加了建造和运行成本，目前还处于实验室研究阶段，工程应用较少。

另外，为减少硫酸钙结垢，可采用加热软化法，即通过在预处理工序中使海水加热到较高的温度，使海水中硫酸钙提前析出，减少后续工序中硫酸钙结垢。其优点是不消耗化学药品，也不需要多消耗大量蒸汽。随着科技的发展还出现了许多新技术，如表面材料改性和涂层技术，将换热管表面改性或涂上涂层，改变其物理化学性质，可提高抗结垢能力。例如纳米涂层由于微小纳米粒子的填充作用，使表面光滑度很高，近壁流层薄，从而不利于结垢。另外，纳米涂料的化学结构形成亲油憎水表面，一方面能使污垢粒子排列整齐，不形成垢质分子交错穿插的硬垢；另一方面，排斥污垢粒子，使其不能黏附到涂层表面，达到防垢的功能。此外，磁化和超声阻垢技术也是广泛应用于锅炉和换热设备的阻垢技术，在热法海水淡化领域的应用值得探讨。

2. 清洗技术

不管是持续向海水中添加阻垢剂，还是采用酸化等其他方法，并不能完全避免结垢，所产生的少量水垢仍需要定期进行清理。为了有效除垢，必须首先确知被清洗物质的组成，然后确定清洗剂的种类和清洗工艺。在热法海水淡化设备中常用以下两种方法进行清洗。

（1）机械清洗。机械清洗主要是指海绵球在线清洗。球状海绵清洗装置被广泛用于带盐水循环系统的多级闪蒸装置中。但是在多效蒸馏装置中，结垢主要发生在传热管的外表面，因此，海绵球清洗并不适用于多效蒸馏装置。

（2）酸洗。酸洗是指利用腐蚀性较低的稀酸溶液与水垢等杂质发生反应，生成可溶性物质，从而将水垢从换热器表面清除。常用的酸洗液包括盐酸、氨基磺酸、柠檬酸、硫酸等。不同的酸清洗的物质不同，因此，酸洗前首先要分析结垢的成分，从而确定酸洗液的组成及清洗工艺。

酸洗的周期取决于海水的含盐量、预处理工艺、运行时间与淡化条件等。一台低温多效装置根据设计条件和运行情况不同，通常每 1～2 年进行一次酸洗，有的装置连续运转 6 年而未进行清洗。

由于热法海水淡化装置的蒸发器和冷凝器是由多种材质的金属构成，包括碳钢、316L 不锈钢、铝黄铜、镍铜和钛等金属材料。在酸洗过程中，由于不同金属对于酸洗液的抗腐蚀性不同，难免会产生腐蚀。酸洗在清除水垢的同时，也增加了腐蚀的概率。

## 二、海水结垢形成条件实验研究

模拟低温多效蒸馏环境，通过调整真空度控制一定的温度，在没有添加任何药剂的情况下,对海水进行微沸浓缩,当蒸出的水量达到所设定的容量(231、333、500、600mL)时,停止浓缩,冷却至室温,恒压过滤,并对过滤后液体进行离子浓度分析,根据浓缩过程中 $Ca^{2+}$、$Mg^{2+}$、$SO_4^{2-}$ 和碱度的变化,探究浓缩过程中结垢形成条件和垢物的组成分析。

(一)实验系统

1. 实验装置

结垢形成条件实验装置如图 4-1 所示。

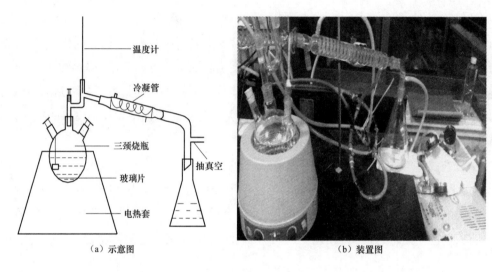

(a)示意图          (b)装置图

图 4-1　海水结垢形成条件实验研究示意图与装置图

2. 实验试剂、材料和设备

(1)真实海水(取自黄骅港,取水季节为 9 月,经过自然沉降的表面海水)、甲基橙水溶液、酚酞与乙醇混合溶液、溴甲酚绿-甲基红指示液、盐酸标准溶液。

(2)圆底烧瓶、冷凝管、锥形瓶、温度计、酸式滴定管、移液管、铁架台、电热套(ZDHW)、循环水式多用真空泵(SHB-B95)。

(二)实验原理及分析测试方法

实验模拟低温多效条件下海水浓缩结垢情况,研究蒸发温度为 75、60、40℃和浓缩倍数为 1.2~2.5 倍条件下的结垢情况。通过分析 $Ca^{2+}$、$Mg^{2+}$、$SO_4^{2-}$ 和碱度的前后变化量,来探究结垢形成条件和组成成分。垢物在玻璃片上形成并获得,通过场发射扫描电子显微镜(SEM)和能谱仪(EDS)对玻璃片表面颗粒的形貌和组成元素进行分析。$Ca^{2+}$ 和 $Mg^{2+}$ 的浓度用北京瑞利 WFX130 型原子吸收分光光度计(AAS)测定;$SO_4^{2-}$ 浓度用 Dionex DX-600 离子色谱(IC)测定。

碱度是水的综合性指标,水中的碱度形成主要是由于碳酸氢盐、碳酸盐及氢氧化物的存在,其代表能被强酸滴定物质的量的总和。本实验碱度采用盐酸滴定法进行测定。

（三）数据处理及分析

以 $Cl^-$ 的浓度为浓缩倍数基准，将得到的浓缩液中离子浓度按浓缩倍数返算，得到各离子浓度变化。

定义浓缩倍数 $\alpha$ 为

$$\alpha=[Cl^-]/[Cl_0^-] \tag{4-1}$$

式中   $[Cl^-]$ ——浓缩过程氯离子浓度，mg/L；

         $[Cl_0^-]$ ——原水中氯离子浓度，mg/L。

定义离子损失率 $\theta$ 为

$$\theta=(C_0-C_i/\alpha)/C_0\times100\% \tag{4-2}$$

式中   $C_0$ ——原水中离子浓度，mg/L；

         $C_i$ ——浓缩过程中离子浓度，mg/L；

         $\alpha$ ——浓缩倍数。

1. 40℃下海水浓缩过程

40℃下海水浓缩过程离子浓度变化见表 4-1。

表 4-1                         40℃下海水浓缩过程离子浓度变化

| 浓缩倍数 | $Ca^{2+}$（mg/L） | $Mg^{2+}$（mg/L） | $SO_4^{2-}$（mg/L） | 碱度（mmol/L） | $Cl^-$（mg/L） |
|---|---|---|---|---|---|
| 1 | 390.0 | 1312 | 2765 | 2.950 | 19500 |
| 1.2 | 476.2 | 1602 | 3374 | 3.598 | 23809 |
| 1.4 | 542.3 | 1837 | 3867 | 3.930 | 27319 |
| 1.9 | 718.8 | 2527 | 5113 | 4.056 | 37557 |
| 2.4 | 885.8 | 3162 | 6134 | 4.333 | 47073 |

表 4-2 和图 4-2 是 40℃下海水浓缩过程中成垢离子和碱度的损失率变化。可以看出，钙离子在 1.2 倍浓缩以前未有明显变化，在 1.4 倍开始钙离子发生微量损失，至浓缩倍数提高到 2.4 时，钙离子损失率达到 5.91%。镁离子在 2 倍浓缩以前基本不变，在 2 倍浓缩后，有微量损失，表明整个浓缩过程中，镁垢的形成及其微少。碱度的变化趋势和钙离子的变化趋势接近，但损失率要大于钙离子，这与蒸发浓缩过程中 $CO_2$ 的挥发释放有关。

表 4-2                         40℃下海水浓缩过程离子损失率                  %

| 浓缩倍数 | $Ca^{2+}$ | $Mg^{2+}$ | 碱度 |
|---|---|---|---|
| 1.2 | 0.00 | 0.00 | 0.10 |
| 1.4 | 0.74 | 0.08 | 4.92 |
| 1.9 | 4.31 | 0.00 | 28.61 |
| 2.4 | 5.91 | 0.15 | 39.15 |

从上述分析可以得到，40℃下海水浓缩过程，在浓缩倍数较低时，损失的主要是钙离子，结合能谱中垢物的主要元素为 Ca、C、O，推测主要是碳酸钙沉淀；在浓缩倍数为 2.4 倍时，除了钙离子的损失，镁离子也有少量损失，结合能谱中多出现的元素，推测除了碳酸钙垢以外还有少量的硫酸钙和氢氧化镁沉淀。

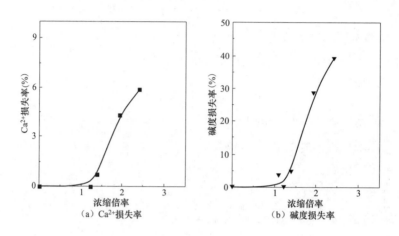

（a）$Ca^{2+}$ 损失率      （b）碱度损失率

图 4-2　40℃下海水浓缩过程 $Ca^{2+}$ 和碱度损失率变化

图 4-3 和图 4-4 是垢物场发射扫描电子显微镜（SEM）和 EDS 的分析结果。从图 4-3 可以看出 1.4 倍浓缩下，生成的沉淀多为细小棒状颗粒，较为分散，且形状规律单一。通过能谱分析，其主要成分为碳酸钙。由图 4-4 可以看出 2.4 倍浓缩下，生成的沉淀为棒状、片状颗粒，且聚集成束，能谱分析显示其元素比 1.4 倍浓缩多了 Mg、S、Na、Cl 元素，Na 和 Cl 出现可能为盐夹杂于沉淀中，Mg 和 S 的出现推测其间混杂有少量氢氧化镁和硫酸钙。

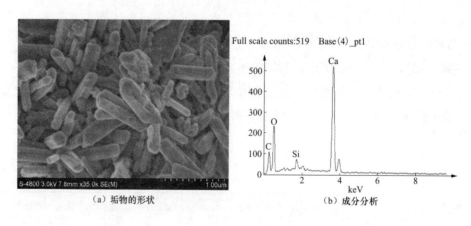

（a）垢物的形状      （b）成分分析

图 4-3　40℃、1.4 倍浓缩下垢物的形貌和成分分析

2. 60℃下海水浓缩过程

60℃下海水浓缩过程离子浓度变化见表 4-3。

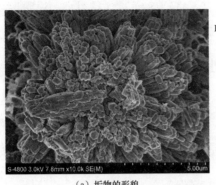

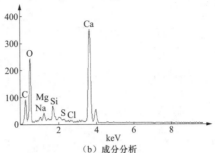

Full scale counts:351　Base（10）_pt1

（a）垢物的形貌　　　　　　　（b）成分分析

图 4-4　40℃、2.4 倍浓缩下垢物的形貌和成分分析

表 4-3　　　　　　　　　　60℃下海水浓缩过程离子浓度变化

| 浓缩倍数 | $Ca^{2+}$（mg/L） | $Mg^{2+}$（mg/L） | $SO_4^{2-}$（mg/L） | 碱度（mmol/L） | $Cl^-$（mg/L） |
|---|---|---|---|---|---|
| 1 | 390.0 | 1307 | 2751 | 2.950 | 19500 |
| 1.4 | 540.9 | 1830 | 3415 | 3.900 | 27300 |
| 1.6 | 601.0 | 2090 | 4280 | 4.440 | 31200 |
| 2.0 | 733.5 | 2600 | 4854 | 3.950 | 38805 |
| 2.4 | 874.0 | 3157 | 2380 | 4.249 | 47210 |

表 4-4 和图 4-5 为 60℃下海水浓缩过程离子损失率。与和 40℃结果比较，离子变化趋势基本一致，稍有不同的是钙离子损失率有所提高，浓缩倍数提高到 2.4 时，钙离子损失率达到 7.44%，表明温度升高增大了钙离子结晶成垢的趋势。60℃蒸发浓缩条件下，1.4～1.6 倍浓缩阶段，主要是碳酸钙沉淀产生，1.6～2 倍浓缩阶段，主要成分为 $CaCO_3$ 和少量 $CaSO_4$，2 倍浓缩以后阶段，有少量 $CaSO_4$ 和 $Mg(OH)_2$ 沉淀产生。

表 4-4　　　　　　　　　　60℃下海水浓缩过程离子损失率　　　　　　　　　　%

| 浓缩倍数 | $Ca^{2+}$ | $Mg^{2+}$ | 碱度 |
|---|---|---|---|
| 1.4 | 0.93 | 0.00 | 5.56 |
| 1.6 | 3.69 | 0.08 | 5.93 |
| 2.0 | 5.49 | 0.00 | 32.71 |
| 2.4 | 7.44 | 0.23 | 40.51 |

图 4-6 和图 4-7 是 60℃下垢物场发射扫描电子显微镜（SEM）和 EDS 的分析结果。对比图 4-6 和图 4-7 可以看出，1.6 倍浓缩下产生的是片状、棒状分散的颗粒，根据元素分析可知为 $CaCO_3$，此条件下并未发现 S 元素产生。2 倍浓缩下产生的主要是聚集的、成束状

垢物,对其元素进行分析,Ca、C、Mg、S 均有,Mg、S 元素含量很小,说明垢物的成分主要为 $CaCO_3$ 和少量 $CaSO_4$ 及 $Mg(OH)_2$。

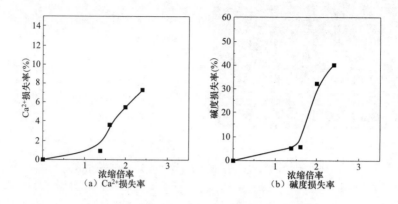

图 4-5　60℃下海水浓缩过程 $Ca^{2+}$ 和碱度损失率变化

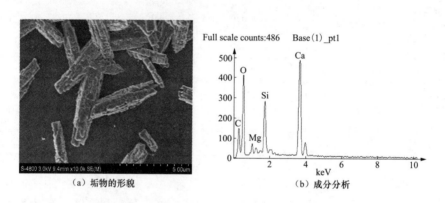

图 4-6　60℃、1.6 倍浓缩下垢物的形貌和成分分析

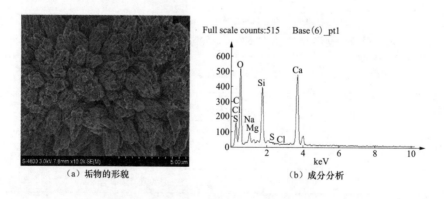

图 4-7　60℃、2.0 倍浓缩下垢物的形貌和成分分析

## 3. 75℃下海水浓缩过程

75℃下海水浓缩过程离子浓度变化见表 4-5。

表 4-5                              75℃下海水浓缩过程离子浓度变化

| 浓缩倍数 | $Ca^{2+}$<br>(mg/L) | $Mg^{2+}$<br>(mg/L) | $SO_4^{2-}$<br>(mg/L) | 碱度<br>(mmol/L) | $Cl^-$<br>(mg/L) |
|---|---|---|---|---|---|
| 1 | 390.0 | 1312 | 1192 | 2.950 | 19500 |
| 1.3 | 501.7 | 1686 | 1530 | 2.329 | 25096 |
| 1.4 | 536.4 | 1897 | 1681 | 2.620 | 28021 |
| 2.0 | 732.9 | 2748 | 2419 | 2.748 | 40599 |
| 2.5 | 866.1 | 3162 | 2660 | 1.870 | 48165 |

表 4-6 和图 4-8 为 75℃下海水浓缩过程离子损失变化。离子变化规律与 40、60℃一致。但其主要区别是,离子损失率进一步提高,浓缩倍数提高到 2.5 时,钙离子损失率达到 10%,碱度损失率达到 74%,镁离子在 2 倍浓缩之前基本不变,2 倍浓缩后变化明显。碱度在整个过程中变化一直比较大,说明在较高温度下碳酸氢根分解加快,碳酸根结合钙离子形成 $CaCO_3$ 沉淀的速率增大。

表 4-6                              75℃下海水浓缩过程离子损失率                              %

| 浓缩倍数 | $Ca^{2+}$ | $Mg^{2+}$ | 碱度 |
|---|---|---|---|
| 1.3 | 0.05 | 0.76 | 38.64 |
| 1.4 | 4.29 | 0.00 | 38.20 |
| 2.0 | 9.74 | 0.00 | 55.25 |
| 2.5 | 10.09 | 3.03 | 74.34 |

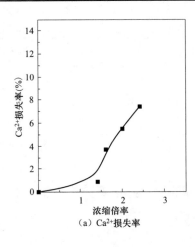

（a）$Ca^{2+}$损失率

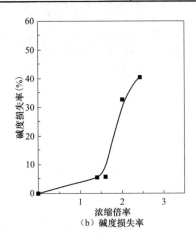

（b）碱度损失率

图 4-8   75℃下海水浓缩过程 $Ca^{2+}$ 和碱度损失率变化

图 4-9 和图 4-10 是 75℃下海水浓缩垢物场发射扫描电子显微镜（SEM）和能谱仪（EDS）的分析结果。与 40℃和 60℃相比,生成的晶体直径明显增大,大多为六角柱状体,且柱状

结晶体周围包裹一些细微絮状微粒。对其进行元素分析可知，1.4 倍浓缩时，Ca、O、C 含量明显较高，故主要为碳酸钙，此浓缩倍数下已经开始产生 $CaSO_4$ 和 $Mg(OH)_2$。2.5 倍浓缩产生的垢物，其表面形状除了六角柱状体，还存在很多不定形的晶体形状，对其进行元素分析，除了 Ca、O、C 含量较高以外，其镁离子含量明显高于 1.4 倍浓缩时的含量，认为在此浓缩倍数下 $Mg(OH)_2$ 产生的速率开始提高。从能谱元素含量分析看来，S 元素的含量基本在 0.3%左右，与 1.4 倍比较未有明显增大。

（a）垢物的形貌　　　　　　　　（b）成分分析

图 4-9　75℃、1.4 倍浓缩下垢物的形貌和成分分析

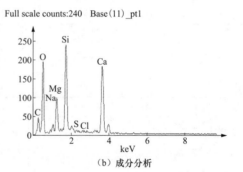
（a）垢物的形貌　　　　　　　　（b）成分分析

图 4-10　75℃、2.5 倍浓缩下垢物的形貌和成分分析

**（四）实验结论**

综合分析上述实验研究结果可以看出：

（1）随着浓缩倍数的提高，钙离子损失率逐渐增大，垢物成分也会相应变化。在 40、60、75℃下，随着浓缩倍数的增大，钙离子损失率和碱度损失率的变化趋势基本一致，都随之变大。在 1.4 倍浓缩之前，钙离子损失率变化较少，1.4~2 倍损失率曲线斜率最大，2 倍浓缩以后，损失率曲线斜率与上一阶段相比变小。在 40℃下，1.4 倍浓缩时，钙离子的损失率为 0.74%，对垢样进行能谱分析显示仅有 Ca、C、O 元素，推测有碳酸钙产生；2.4 倍浓缩时，钙离子的损失率为 5.91%，能谱分析显示除了 Ca、C、O 元素外，还有 S、Mg 等

元素，说明除了碳酸钙外还可能有硫酸钙、氢氧化镁产生。

（2）随着温度的升高，钙离子损失率逐渐增大。1.4 倍浓缩下，钙离子的损失率在 40℃时为 0.74%，在 60℃时为 3.69%，在 75℃时为 4.29%。温度的升高，提高了成垢离子的接触频率，同时由于碳酸钙的逆溶解性，更提高了其结垢趋势。

（3）低温低浓缩倍数（40℃、1.4 倍浓缩）下，钙离子损失率为 0.74%，高温高浓缩倍数（75℃、2.5 倍浓缩）下，钙离子损失率为 10.09%，温度和浓缩倍数对成垢离子的影响很大。尤其是在高温下提高海水浓缩倍数时，应采取阻垢措施。

## 三、静态蒸发阻垢实验

为了模拟实际低温多效蒸馏中蒸发状态，探索低温多效蒸馏海水淡化装置应用条件下的结垢特性，设计并实施以下实验。

（一）实验系统

1. 实验装置

静态蒸发阻垢实验装置见图 4-11。

2. 实验试剂、材料和设备

实验试剂、材料和设备包括真空泵、阻垢剂 A、黄骅港真实海水、高真空硅脂、铁架台、化学隔膜泵（PC 610 NT）、调温电热套（ZDHW）、三颈烧瓶（1000mL）、温度计、实验室 pH 计（FE-20）温度计卡套、空气冷凝管、抽滤瓶、蒸馏头、蛇形冷凝管、接液管、塑料硬管、针阀、塑料三通。

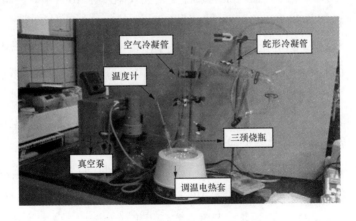

图 4-11　静态蒸发阻垢实验装置

（二）实验原理及方法

1. 实验原理

以浓缩海水为实验原料，在一定真空度下，通过加热提高海水温度，使其表面呈蒸发状态，促使碳酸钙的加速生成。实验结束后测定试液中的钙离子浓度。浓度越大，则该阻垢剂的性能越好。

在 500mL 容量瓶中，用移液管加入一定量阻垢剂，用真实浓缩海水稀释至刻度，摇匀。将不加阻垢剂的试液作为空白。将试液和空白分别置于洁净的 1000mL 三颈烧瓶中，按实验装置图 4-11 组装各部件后，根据实验要求，利用带自动控制的化学隔膜泵（PC 610 NT），自动控制一定的真空度，使得在一定的温度下持续沸腾，考察时间为 3h。采用电热套进行加热，受热均匀，并可调节功率使其达到平稳的微沸状态。为方便后续测试分析比较，将试液冷却至室温后用滤纸过滤，滤液待分析。

2. 分析测试方法

考虑真实海水的成分比较复杂，用络合滴定法难以得到较为准确的数据。通过研究分析对比，确定钙离子含量的分析方法。采用 WFX130 型原子吸收分光光度计（AAS）。测定时，钙标准样浓度为 1～5mg/L，标准曲线线性相关度达到 0.995 以上，能够满足实验数据分析要求。

（三）数据处理与分析

根据实验测试得到的钙离子浓度数据，按下列公式计算损失率及阻垢率，即

$$Ca^{2+}损失率=\frac{初始海水Ca^{2+}含量-恒沸实验后海水Ca^{2+}含量}{初始海水Ca^{2+}含量} \quad (4-3)$$

$$阻垢率=\frac{加阻垢剂恒沸实验后海水Ca^{2+}含量-未加阻垢剂恒沸实验后海水Ca^{2+}含量}{初始海水Ca^{2+}含量-未加阻垢剂恒沸实验后海水Ca^{2+}含量} \quad (4-4)$$

从图 4-12 可以发现，在不加阻垢剂条件下，蒸发温度在 40～70℃、盐水浓度在 5%～8% 范围内，经过模拟蒸发实验后，均有 $Ca^{2+}$ 的损失，这说明实验过程中，有一部分 $Ca^{2+}$ 转变为 $CaCO_3$ 或者 $CaSO_4$ 等不溶盐析出，降低了溶液中的 $Ca^{2+}$ 含量。$Ca^{2+}$ 损失率越大，说明溶液中越容易形成 $CaCO_3$ 或者 $CaSO_4$ 晶核，随着其在溶液中的不断生长并聚集，也就越容易形成盐垢。

从图 4-12 可以看出，$Ca^{2+}$ 损失率并没有随盐水浓度和蒸发温度变化表现出明显的变化规律，这可能与蒸发条件下实验过程的影响因素复杂有关。从整体实验数据来看，$Ca^{2+}$ 损失率平均在 0.1 左右，实验过程中和结束后，也未观察到有明显的悬浮颗粒产生。分析原因可能是在盐水浓度为 5%～8%、蒸发温度为 40～70℃、pH 值为 8.11～8.82 下，海水中不易形成 $CaCO_3$ 或 $CaSO_4$ 沉淀垢物。考虑真实低温多效装置中，蒸发管上的结垢现象是因为溶液里 $Ca^{2+}$、$CO_3^{2-}$ 和 $SO_4^{2-}$ 等成垢离子浓度达到局部过饱和状态，形成晶核，晶核沉积在蒸发管表面上并作为晶体生长点，不停生长成颗粒并聚集附着在蒸发管表面。而模拟蒸发静态阻垢实验中，沸腾比较缓和、均匀，不会出现局部剧烈沸腾、局部 $CaCO_3$ 和 $CaSO_4$ 等不溶盐过饱和析出现象。加之，$CaCO_3$ 和 $CaSO_4$ 等晶核不易吸附在玻璃器皿表面，故没有太多晶体生长点，晶体生长速度也大大减缓。

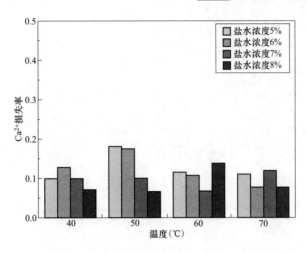

图 4-12　不加阻垢剂不同条件下的 $Ca^{2+}$ 损失率

从图 4-13 可以看出，加入阻垢剂 A 后，可以减小 $Ca^{2+}$ 损失率，即可以抑制溶液中的 $Ca^{2+}$ 离子结合形成 $CaCO_3$ 或者 $CaSO_4$ 等晶核，从而有效阻碍结垢现象产生。另外，随着阻垢剂加入量增加，损失率下降越小，这与之前静态阻垢剂筛选的实验结果相一致，即增加阻垢剂加入量可以有效增加阻垢率，改善阻垢效果。

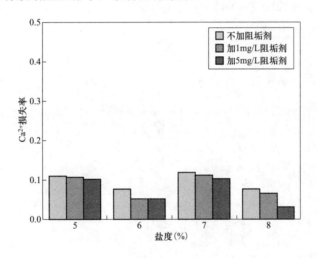

图 4-13　70℃不同盐水浓度阻垢剂 A 加入量对 $Ca^{2+}$ 损失率变化

在阻垢率数据计算与处理中发现，由于蒸发温度变化呈现不规律，所以将蒸发温度条件忽略，计算同个盐水浓度下的平均值，得到图 4-14。从图 4-14 可以看出，随着盐水浓度提高，阻垢剂的阻垢效果也明显提高。因为，随着盐水浓度升高，包含有 $Ca^{2+}$、$HCO_3^-$ 等成垢离子的浓度也变大，也越容易达到过饱和度从溶液中析出，并进一步生长成垢，所以此时加入阻垢剂，其阻垢效果更明显。增加阻垢剂加入量也能明显改善阻垢效果，这个结论与前面的实验结果一致。

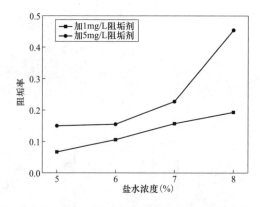

图 4-14　平均阻垢率与盐水浓度关系

# 第二节　腐蚀特性基础实验研究

## 一、旋转挂片腐蚀实验

通过本实验，研究各类金属材料在高浓盐水中的腐蚀特性，为低温多效蒸馏装置和部件的材料选择，提供腐蚀特性基础数据。

（一）实验系统

1. 实验装置

旋转挂片腐蚀测试实验装置见图 4-15。

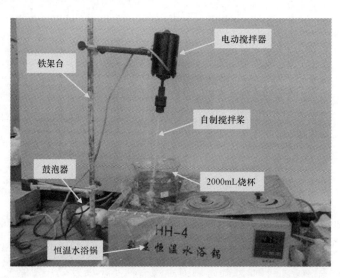

图 4-15　旋转挂片腐蚀实验装置

2. 实验试剂、材料和设备

实验试剂包括无水乙醇、丙酮、70%硝酸、10%硝酸、20%盐酸、黄骅港真实海水、标准金属试片（采用 HG/T 3523—2008《冷却水化学处理标准腐蚀试片技术条件》里的Ⅱ型试片）实验；挂片包括铝合金 1100、铝合金 2024、2205 双相不锈钢、2304 双相不锈钢、316L 不锈钢和 HA177-2A 铝黄铜；实验器材包括毛刷、自制搅拌桨（带有试片固定装置）、2000mL 烧杯、铁架台、电子显微镜（KH-7700）、电子天平（METYLER TOLEDO）、数显恒温水浴锅（HH-4）、电动搅拌器（D-7401-90）、鼓泡器（H-9300）。

（二）实验原理与步骤

1. 实验原理

金属受到均匀腐蚀时的腐蚀速度表示方法一般有两种：一种是用在单位时间内，单位面积上金属损失（或增加）的质量来表示，通常采用的单位是 $g/(m^2 \cdot h)$；另一种是用单位时间内金属腐蚀的深度来表示，通常采用的单位是 mm/a。目前，测定腐蚀速度的方法有很多，如重量法、容量法、极化曲线法、线性极化法（极化电阻法）等。重量法是一种经典的方法，适用于实验室和现场挂片，是测定金属腐蚀速度最可靠的方法之一，可用于检测材料的耐腐性能、评选缓蚀剂和改变工艺条件对腐蚀的影响作用。

重量法是根据腐蚀前后试件质量的变化来测定金属腐蚀速度，分为失重法和增重法两种。当金属表面上的腐蚀产物容易除净且不至于损坏金属本体时常用失重法；当腐蚀产物完全、牢靠地附着在试件表面时，则采用增重法。工业生产中测定金属腐蚀速度的方法是把金属材料做成实验小件，放在腐蚀环境中（如化工设备、大气、海水、土壤或实验介质中），经过一定时间之后，取出并测量其质量及尺度的变化，计算其腐蚀速度。本实验中，是把金属材料做成一定形状和大小的试件，经过表面预处理之后，放在腐蚀介质中，经过一段时间后取出，通过试片前后质量损失，计算其腐蚀速度。

2. 实验步骤

参考 GB/T 18175—2014《水处理剂缓蚀性能的测定　旋转挂片法》。

（1）将标准金属试片用滤纸把防锈油脂擦拭干净，然后分别放入丙酮和无水乙醇中用脱脂棉擦洗（每 10 片试片用不少于 50mL 上述试剂），置于干净滤纸上，用滤纸吸干，置于干燥器中 4h 以上，称量，用电子显微镜观察试片表面形貌，保存于干燥器中，待用。

（2）在 2000mL 玻璃烧杯中加入 1800mL 不同盐水浓度的浓缩海水，将烧杯置于一定温度的恒温水浴中，向烧杯中连续通入空气。

（3）待浓缩海水达到指定温度时，挂上金属试片，再置于烧杯中，在烧杯外壁与液面同一水平处划上刻线，启动电动机，使试片按一定旋转速度转动，并开始计时。

（4）让海水自然蒸发，每隔 1～2h 补加蒸馏水一次，使液面保持在刻度线处。

（5）当运转时间达到设定值时，停止试片转动，取出试片并进行外观观察。

（6）将试片用毛刷刷洗干净，然后放在相应的清洗液（见表 4-7）中进行清洗，取出，用蒸馏水冲洗，用滤纸擦拭并吸干，在无水乙醇中浸泡约 3min，置于干净滤纸上，用滤纸吸干，置于干燥器中 4h 以上，称量并用电子显微镜观察试片表面形貌。同时做试片的酸洗空白实验。

表 4-7 各种金属清洗液和清洗方式

| 挂片材质 | 清洗剂成分 | 清洗温度 | 清洗时间（min） |
|---|---|---|---|
| 铝及铝合金 | 8%磷酸+2%铬酐（$CrO_3$） | 80℃ | 6～10 |
| | 70%硝酸 | 室温 | 1 |
| 铜及铜合金 | 15%～20%盐酸 | 室温 | 3～5（边洗边轻擦） |
| | 5%～10%硫酸 | | |
| 不锈钢 | 10%硝酸 | 室温 | 10～20 |
| | 15%柠檬酸铵 | 70℃ | 10～20 |

3. 数据处理与分析

（1）腐蚀前后各试片形貌如图 4-16、图 4-17 所示。

图 4-16 腐蚀前各试片形貌　　　图 4-17 腐蚀后各试片形貌

由图 4-16 和图 4-17 对比可以看出，铝合金系列腐蚀前后（3%、45℃、3 天）颜色有很大差别。另外，表面可以看到明显的腐蚀痕迹。腐蚀后（8%、80℃、20 天），不锈钢系列表面基本没有腐蚀痕迹，表面有层薄薄的盐垢层。铝黄铜表面有明显的颜色变化，表面有条条黑色痕迹出现，见图 4-18～图 4-23。

（a）腐蚀前　　　　　　（b）腐蚀后

图 4-18 HAl77-2A 铝黄铜试片腐蚀前后电子显微镜图（8%、80℃、20 天）

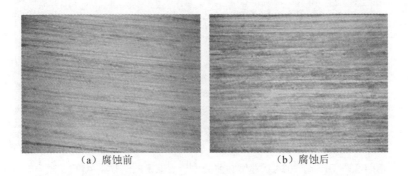

（a）腐蚀前　　　　　　　　（b）腐蚀后

图 4-19　2205 双相不锈钢试片腐蚀前后电子显微镜图（8%、80℃、20 天）

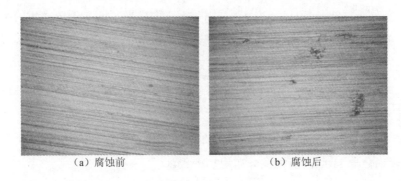

（a）腐蚀前　　　　　　　　（b）腐蚀后

图 4-20　2304 双相不锈钢试片腐蚀前后电子显微镜图（8%、80℃、20 天）

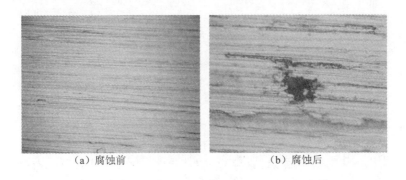

（a）腐蚀前　　　　　　　　（b）腐蚀后

图 4-21　316L 不锈钢试片腐蚀前后电子显微镜图（8%、80℃、20 天）

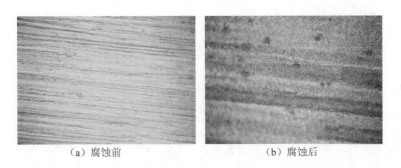

（a）腐蚀前　　　　　　　　（b）腐蚀后

图 4-22　铝合金 1100 试片腐蚀前后电子显微镜图（3%、45℃、3 天）

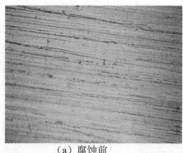 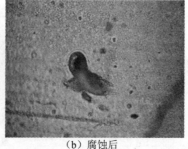

(a) 腐蚀前　　　　　　　　　　(b) 腐蚀后

图 4-23　铝合金 2024 试片腐蚀前后电子显微镜图（3%、45℃、3 天）

从图 4-18～图 4-23 可以看出：

在恶劣条件下（8%、80℃、20 天），铝黄铜表面出现了明显的较密集的小片坑蚀，它不同于一般的点蚀，腐蚀面比较大。而不锈钢系列出现了不同程度的腐蚀区域，相比较铝黄铜还是较轻微的，腐蚀面也不大。不锈钢系列中腐蚀现象也有所不同，2205 双相不锈钢的表面呈现比较均匀的腐蚀，2304 双相不锈钢和 316L 不锈钢都有小的坑蚀产生，也有少量的点蚀孔分布在表面。

在 3%、45℃、3 天条件下，铝合金表面的腐蚀以点蚀为主，从图 4-23 可以看出，铝合金 2024 较铝合金 1100 的点蚀孔分布更加密集。

（2）腐蚀速率测试。用高精度电子天平进行质量称量，以 g/（m² · h）表示腐蚀速度，按下式计算，即

$$v = \frac{9986 \times (m - m_0)}{s \cdot t} \tag{4-5}$$

式中　$m$——试片质量损失，g；

　　　$m_0$——试片酸洗空白实验的质量损失平均值，g；

　　　$s$——试片的表面积，cm²；

　　　$t$——实验时间，h。

工程应用中常用 mm/a 表示腐蚀速度，两种腐蚀速度单位换算公式为

$$v(mm/a) = \frac{8.76}{\rho} \times v[g/(m^2 \cdot h)] \tag{4-6}$$

式中　$\rho$——试片密度其中铝合金 1100 为 2.71g/cm³，铝合金 2024 为 2.78g/cm³，铝黄铜 HAl77-2A 为 8.6g/cm³，2205 双相不锈钢和 2304 双相不锈钢为 7.8g/cm³，316L 不锈钢为 7.98g/cm³。

各试片进行旋转腐蚀实验条件和结果见表 4-8。

表 4-8　　　　　　　　　各试片进行旋转腐蚀实验条件和结果

| 挂片材质 | 盐水浓度（%） | 温度（℃） | 时间（天） | 腐蚀前后质量损失（g） | 腐蚀速度 [g/（m² · h）] | 腐蚀速度（mm/a） |
|---|---|---|---|---|---|---|
| 铝合金 1100 | 3 | 45 | 3 | 0.0112 | 0.0777 | 0.2512 |
| 铝合金 2024 | 3 | 45 | 3 | 0.0118 | 0.0818 | 0.2578 |

续表

| 挂片材质 | 盐水浓度（%） | 温度（℃） | 时间（天） | 腐蚀前后质量损失（g） | 腐蚀速度[g/（m²·h）] | 腐蚀速度（mm/a） |
|---|---|---|---|---|---|---|
| HAl77-2A 铝黄铜 | 8 | 80 | 20 | 0.0147 | 0.0153 | 0.0157 |
| 2205 双相不锈钢 | 8 | 80 | 20 | $1.55\times10^{-4}$ | $1.6\times10^{-4}$ | $1.8\times10^{-4}$ |
| 2304 双相不锈钢 | 8 | 80 | 20 | $2.37\times10^{-3}$ | $2.5\times10^{-3}$ | $2.8\times10^{-3}$ |
| 316L 不锈钢 | 8 | 80 | 20 | $1.18\times10^{-3}$ | $1.2\times10^{-3}$ | $1.3\times10^{-3}$ |

由表 4-8 分析可得，45℃下，原海水（盐水浓度 3%）中，铝合金 1100 和 2024 腐蚀速度相近，铝合金 2024 更易腐蚀，达到 0.0818g/（m²·h）。同样，温度 45℃、3 天的腐蚀量对于不锈钢材质极其微小，用高精度电子天平难以捕捉到腐蚀前后质量损失，加上测量误差，得不出相应的数据。改变温度、盐水浓度和实验时间进行尝试，在给定范围内，选取最恶劣条件（盐水浓度为 8%，温度为 80℃，时间 20 天）进行旋转挂片腐蚀实验。最终得出的数据如表 4-9 所示，可以发现，在旋转腐蚀实验条件下，HAl77-2A 铝黄铜腐蚀速度较不锈钢系列更快，而不锈钢系列中，2304 双相不锈钢和 316L 不锈钢腐蚀速度相当，2205 双相不锈钢腐蚀速度最小。

表 4-9 　　　　　　　　　不同温度条件下金属材料的腐蚀速度　　　　　　　　　mm/a

| 材质 | HAl77-2A 铝黄铜 | 2205 双相不锈钢 | 2304 双相不锈钢 | 316L 不锈钢 |
|---|---|---|---|---|
| 8%、80℃、20 天 | 0.0156 | $1.8\times10^{-4}$ | $2.8\times10^{-3}$ | $1.3\times10^{-3}$ |
| 8%、40℃、20 天 | 0.0060 | $1.3\times10^{-4}$ | $2.6\times10^{-3}$ | $8.7\times10^{-4}$ |

（3）不同温度下腐蚀速率比较。从表 4-9 可以看出，实验温度升高，各种金属材料的腐蚀速度都有所增加。因为升高温度，微观粒子运动变得剧烈，加速了腐蚀反应的进行。而不锈钢等金属材料在盐水中腐蚀是阴极去极化过程，提高温度，使得氧到达金属表面速度增大，从而加速了腐蚀过程。

因此，在满足生产工艺要求的前提下，适当降低温度可以有效地减缓金属材料在盐水中的腐蚀速度。

## 二、浸泡法腐蚀实验

（一）实验系统

1. 实验装置

浸泡法腐蚀测试挂片处理方式见图 4-24。

2. 实验试剂、材料和设备

实验试剂包括黄骅港真实海水、阻垢剂 B、无水乙醇、丙酮、盐酸、70% 硝酸、10% 硝酸、20% 盐酸、标准金属试片（采用 HG/T 3523—2008《冷却水化学处理标准腐蚀试片技术条件》

里的Ⅱ型试片）；材料腐蚀试片包括 2205 双相不锈钢、2304 双相不锈钢、316L 不锈钢和 HAl77-2A 铝黄铜（预氧化和未氧化处理的铝黄铜换热管），加工制作成实验挂片；实验器材包括铁架台、棉线、毛刷、1000mL 烧杯。

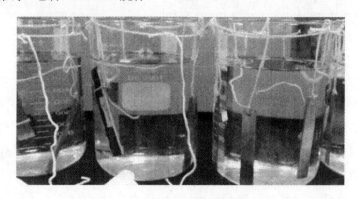

图 4-24　金属挂片浸泡处理方式

电子显微镜（KH-7700）、电子天平（METYLER TOLEDO）、数显恒温水浴锅（HH-4）。

（二）实验原理及方法

实验原理参照本节一、旋转挂片腐蚀实验（二）中1。

（1）将标准金属试片用滤纸把防锈油脂擦拭干净，然后分别在丙酮和无水乙醇中用脱脂棉擦洗（每 10 片试片用不少于 50mL 上述试剂），完毕后置于干净滤纸上，用滤纸吸干，置于干燥器中 4h 以上，称量，用电子显微镜观察试片表面形貌，保存于干燥器中，待用。

（2）恒温水浴锅设定相应的温度，恒温水浴锅中分别放置 4 个 1000mL 烧杯，依次加入盐水浓度 5%浓缩海水 800mL，不加阻垢剂；盐水浓度 5%浓缩海水 800mL，加 5mg/L 阻垢剂 B；盐水浓度 8%浓缩海水 800mL，不加阻垢剂；盐水浓度 8%浓缩海水 800mL，加 5mg/L 阻垢剂 B。

（3）对烧杯依次编号，然后用棉线将金属试片悬于烧杯中。用塑料薄膜盖好烧杯口，在液位处做好标记，每隔 1~2h 补充蒸馏水，在恒温恒盐水浓度条件下放置 20d。

（4）实验结束后，取出金属试片，通过电子显微镜观察表面形貌变化。

（5）按表 4-7 方法进行清洗，干燥后称重，计算腐蚀速度。

（三）数据处理与分析

通过计算可以得出各类金属试片的腐蚀速度，通过对比分析，得出不同温度、不同材料的腐蚀特性。在实验过程中，加入阻垢剂 B，验证该阻垢剂是否具有缓蚀作用。

1. 表面形貌

通过电子显微镜观察在温度为 75℃、盐水浓度为 8%、时间为 20 天、不加阻垢剂条件下 6 种金属材质表面的腐蚀形貌，见图 4-25。

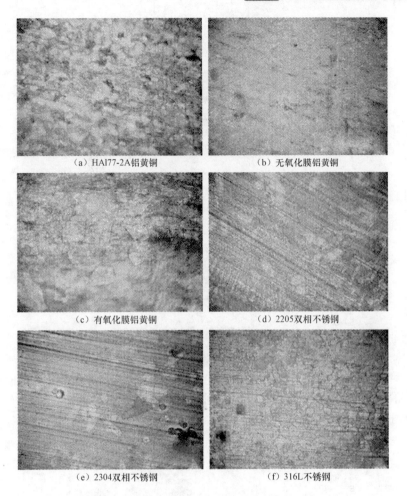

（a）HAl77-2A铝黄铜

（b）无氧化膜铝黄铜

（c）有氧化膜铝黄铜

（d）2205双相不锈钢

（e）2304双相不锈钢

（f）316L不锈钢

图 4-25 各种金属材质挂片腐蚀实验后表面形貌

试验通过图 4-25 可以看出，各种金属材质经过浸泡实验后表面都出现了不同程度腐蚀迹象。铝黄铜系列的表面腐蚀情况较不锈钢系列更加明显。2205 和 2304 双相不锈钢较之 316L 不锈钢腐蚀腐蚀区域较分散些。

2. 腐蚀速度

（1）在温度为 60℃、盐水浓度为 8%的实验条件下，不同金属样品的腐蚀速度对比如图 4-26、图 4-27 所示。

从图 4-26 和图 4-27 可以看出，在温度为 60℃、盐水浓度为 8%的实验条件下，不锈钢系列的腐蚀速度要比铝黄铜系列小得多。即不锈钢系列较铝黄铜系列更耐腐蚀。另外，在不加阻垢剂时，2205 双相不锈钢和 316L 不锈钢的腐蚀速度要更小点，更耐腐蚀。未经过预氧化处理的铝黄铜腐蚀速度要更大些，更易腐蚀。加入 5mg/L 阻垢剂 B 后，对于不锈钢系列有一定的缓蚀作用，腐蚀速度都有所减小。而对于铝黄铜系列缓蚀作用不明显，甚至个别加快其腐蚀速度，这可能是加入阻垢剂后溶液性质发生了变化。说明阻垢剂 B 并不具有广泛性的缓蚀性能。

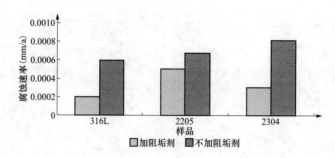

图 4-26 不锈钢系列金属样品腐蚀速度对比

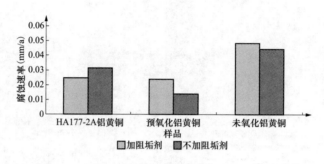

图 4-27 铝黄铜系列金属样品腐蚀速度对比

（2）在温度为 75℃、不加阻垢剂、5% 和 8% 盐水浓度下，不同金属样品腐蚀速度如图 4-28、图 4-29 所示。

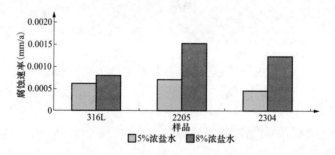

图 4-28 不同盐水浓度不锈钢系列金属样品腐蚀速度

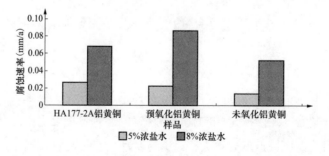

图 4-29 不同盐水浓度铝黄铜系列金属样品腐蚀速度

从图 4-28 和图 4-29 可以看出，在温度为 75℃、不加阻垢剂的条件下，不同金属样品随着盐水浓度增加，其腐蚀速率都有不同程度的增加。因为盐水浓度增加，溶液电导率增加，电化学腐蚀反应加快，腐蚀速率增加。铝黄铜系列的腐蚀速度对于盐水浓度的变化更为敏感。

（3）在水浓度为 8%、加入 5mg/L 阻垢剂 B 的条件下，对比不同温度对腐蚀速率的影响，如图 4-30、图 4-31 所示。

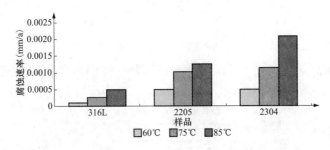

图 4-30　不同温度不锈钢系列金属样品腐蚀速度

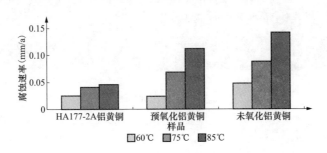

图 4-31　不同温度铝黄铜系列金属样品腐蚀速度

从图 4-30 和图 4-31 可以看出，在盐水浓度为 8%、加入 5mg/L 阻垢剂 B 的条件下，随着温度的增加，不同金属样品的腐蚀速率都有不同程度的增加。因为温度的升高，加快粒子间的运动，碰撞机会增多，所以易于发生化学腐蚀反应，加速金属的腐蚀。在不锈钢系列中，2304 双相不锈钢的腐蚀速度对于温度变化较为敏感。铝黄铜系列中，HAl77-2A 铝黄铜腐蚀速度对温度变化最不敏感，且腐蚀速度也较小。因此，在高温下，铝黄铜系列中首选 HAl77-2A 铝黄铜作为换热管材料。

3. 与旋转挂片腐蚀测试比较

浸泡腐蚀实验中，试片静止放置于试液中，不受其他任何应力作用。而旋转挂片腐蚀实验中试片还受水流冲击的应力影响，故两种条件下的腐蚀并不相同。但是两种实验条件下，腐蚀速度在同一个数量级上。数值上都小于 0.05mm/a，可以认为铝黄铜系列与不锈钢系列均是耐腐蚀良好的金属材料，不锈钢系列耐腐蚀性能更优。浸泡腐蚀实验条件下，对于温度、盐度等条件变化更为敏感，可能是因为处于相对静止状态，更易形成浓差极化，造成腐蚀速度较大变化。两种实验条件下的腐蚀速度都随着温度的升高而加快，因此要注意高温操作条件下的金属防腐问题。

### 三、模拟蒸发环境中的腐蚀实验

为了更加贴近实际工业生产中设备的真空腐蚀环境，使得出的数据更具有可靠性和参考性，重点研究不同蒸发温度下盐雾中、浸没液体里与气液交界面处的腐蚀情况对比。

（一）实验系统

1. 实验装置

模拟蒸发腐蚀测试实验装置见图 4-32。

图 4-32　模拟蒸发环境中的金属腐蚀实验装置

2. 实验试剂、材料和设备

实验试剂包括黄骅港真实海水、无水乙醇、丙酮、盐酸、70%硝酸、10%硝酸、20%盐酸；试片采用标准金属试片（采用 HG/T 3523—2008《冷却水化学处理标准腐蚀试片技术条件》里的Ⅱ型试片）包括 2205 双相不锈钢、2304 双相不锈钢、316L 不锈钢和 HAl77-2A 铝黄铜。实验设备包括空气冷凝管、蛇形冷凝管、3000mL 圆底烧瓶、温度计、棉线、电热套（ZDHW）、真空泵。

（二）实验原理和方法

失重法测腐蚀速度实验原理参照本节一、旋转挂片腐蚀实验（二）中 1。

（1）将标准金属试片用滤纸把防锈油脂擦拭干净，然后分别在丙酮和无水乙醇中用脱脂棉擦洗（每 10 片试片用不少于 50mL 上述试剂），完毕后置于干净滤纸上，用滤纸吸干，置于干燥器中 4h 以上，称量，用电子显微镜观察试片表面形貌，保存于干燥器中，待用。

（2）如图 4-32 所示搭建实验装置，在圆底烧瓶中加入 2000mL 浓缩海水，并把下面悬挂有 3 片同材质的试片的胶塞塞好，通过调节棉线长度，使得 3 片同材质的金属试片分别完全悬于空气中，完全浸没在液体里，一部分在气体里，另一部分在液体里。

（3）开启真空泵，调节真空阀，使得烧瓶里保持一定真空度，从而控制蒸发的温度，持续运行 20 天。

（4）实验结束后，通过电子显微镜观察金属表面形貌变化，并对 3 片同材质金属试片形貌做出对比。

（5）按表 4-7 要求，清洗试片，干燥后称重，利用失重法计算腐蚀速度。

（三）数据处理与分析

1. 表面形貌分析

如图 4-33 和图 4-34 所示，同种材质的 3 片金属试片从左至右依次为完全悬于空气中、部分在气体中、部分在液体里和完全浸没在液体里。3 种不锈钢材质试片表面基本上没有大面积的腐蚀痕迹出现，存在的点点锈迹也并不明显，而铝黄铜表面腐蚀现象很明显。几种金属试片气液交界面处，腐蚀现象较严重。气液交界面处即是干湿界面处，微观粒子运动剧烈并且状态变化不断，易发生化学反应，从而产生腐蚀现象。

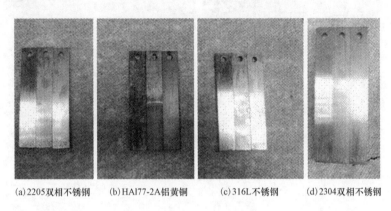

(a)2205双相不锈钢　(b)HAl77-2A铝黄铜　(c)316L不锈钢　(d)2304双相不锈钢

图 4-33　腐蚀实验后金属试片表观形貌（8%、70℃、20 天）

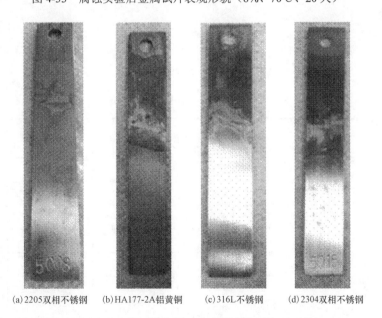

(a)2205双相不锈钢　(b)HAl77-2A铝黄铜　(c)316L不锈钢　(d)2304双相不锈钢

图 4-34　部分在气体里，部分在液体里的金属试片腐蚀实验后表观形貌（8%、70℃、20 天）

进一步观察可知，316L 不锈钢浸入液体部分比气体部分有更多锈蚀点处。2205 和 2304 双相不锈钢，浸入气体和液体部分均匀分布着不明显的锈蚀点。铝黄铜在空气里部分腐蚀较为严重，浸入液体中部分并没有出现太明显的腐蚀，只是表面颜色变得暗淡无光泽。

如图 4-35 所示，HAl77-2A 铝黄铜腐蚀区域比较大，且局部表面凹凸不平，腐蚀程度比较严重。不锈钢系列的金属试片比铝黄铜腐蚀情况较轻，2205 和 2304 双相不锈钢腐蚀锈点比较少，而 316L 不锈钢表面分布的腐蚀锈点比较密集。

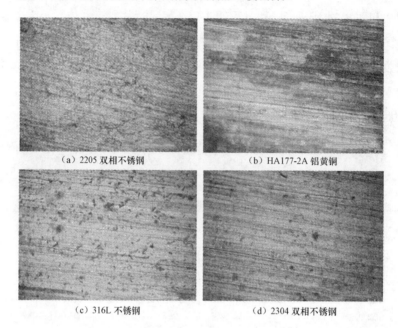

（a）2205 双相不锈钢 　　（b）HA177-2A 铝黄铜

（c）316L 不锈钢 　　（d）2304 双相不锈钢

图 4-35　腐蚀实验后各金属试片局部腐蚀点电子显微镜图（8%、70℃、20 天）

2. 腐蚀速度分析

不同实验条件下金属材料的腐蚀速度见表 4-10。

表 4-10　　　　　　　　不同实验条件下金属材料的腐蚀速度　　　　　　　　mm/a

| 材质 | HA177-2A 铝黄铜 | 2205 双相不锈钢 | 2304 双相不锈钢 | 316L 不锈钢 |
|---|---|---|---|---|
| 8%、70℃、20 天（全浸气体） | 0.0194 | $1.8\times10^{-4}$ | $5.3\times10^{-4}$ | $2.5\times10^{-4}$ |
| 8%、70℃、20 天（全浸液体） | 0.0186 | $1.6\times10^{-4}$ | $4.5\times10^{-4}$ | $2.3\times10^{-4}$ |
| 8%、40℃、20 天（全浸气体） | 0.0132 | $1.6\times10^{-4}$ | $3.1\times10^{-4}$ | $1.8\times10^{-4}$ |
| 8%、40℃、20 天（全浸液体） | 0.0182 | $1.2\times10^{-4}$ | $2.6\times10^{-4}$ | $1.4\times10^{-4}$ |
| 5%、70℃、20 天（全浸气体） | 0.0107 | $7.3\times10^{-5}$ | $1.6\times10^{-4}$ | $8.0\times10^{-5}$ |
| 5%、70℃、20 天（全浸液体） | 0.0077 | $5.5\times10^{-5}$ | $1.2\times10^{-4}$ | $9.1\times10^{-5}$ |

从表 4-10 可以看出，铝黄铜较不锈钢系列金属试片腐蚀速度更快，而不锈钢系列金属试片，都表现出良好的耐腐蚀性。其中，2205 双相不锈钢表现出更优的防腐性能。

从表 4-10 还能看出，金属试片在大部分腐蚀条件下，气相中的腐蚀速度大于液相中的腐蚀速度。这是因为盐雾中的金属试片处在不断变化的环境中，盐雾可能凝结成液滴附在试片表面，又慢慢挥发至干，处在干湿交替的不稳定环境中，易发生腐蚀反应，加快腐蚀速度。

当温度升高时，金属试片的腐蚀速度普遍加快。因为温度升高，微观粒子运动变得更加活跃，加快腐蚀反应进行，腐蚀速度增大。当盐水浓度增加时，金属试片的腐蚀速度加快。因为此实验是在真空状态下模拟蒸发，溶解氧量很少，所以随着盐水浓度的变化溶解氧量变化也很小，受氧去极化作用也不随盐水浓度有大的变化。而盐水浓度的增大，使得溶液离子强度变大，各离子的浓度变大，这推动了腐蚀反应进一步发生，导致腐蚀速度加快。

3. 失重法测量材料腐蚀速度小结

以上 3 种失重法测量金属材料腐蚀速度都有各自研究的实际应用背景，因为装置的不同部位有着不同的腐蚀环境，应该选择与真实腐蚀环境最接近实验方法去考察，这样才能使实验的数据更具有参考价值。旋转挂片腐蚀实验可以模拟喷淋液体对于换热管的应力作用，浸泡腐蚀实验可以模拟长时间储液的盐水罐内部环境，模拟蒸发腐蚀实验模拟了蒸发器内部抽真空的特性。

3 种不同测试方法，得到各金属腐蚀速度虽不完全相同，但处于一个数量级上。不锈钢系列耐腐蚀性优于铝黄铜系列，但它们的腐蚀速度都小于 0.05mm/a，认为是优良的耐腐蚀性材料。

提高盐水浓度和温度后，金属腐蚀速度有增大的趋势，因此，工艺要求高盐度和高温条件下，可以添加适宜量的缓蚀剂来达到减缓金属腐蚀的效果。

## 四、电化学腐蚀实验

电化学腐蚀实验采用电化学分析法，通过腐蚀电流与电位等电化学参数来表征各种金属材料在浓盐水介质中的腐蚀性能，并验证阻垢剂是否具有缓蚀性能。

（一）实验系统

阻垢剂 A、阻垢剂 B 和阻垢剂 C、无水乙醇、聚乙烯粉、石蜡、金属试片（2205 双相不锈钢、2304 双相不锈钢、316L 不锈钢和 HAl77-2A 铝黄铜）、100mL 三颈烧瓶、100mL 容量瓶、铂电极、Ag/AgCl 电极（雷磁参比电极 218）、数显恒温水浴锅（HH-4）、动电位极化曲线测试采用多通道恒电位仪/恒电流仪（WMPG1000）、抛光采用手提式抛光机（3M7403）。

（二）实验原理及方法

1. 实验原理

极化曲线测量是金属电化学腐蚀和保护中一种重要的研究手段。测量腐蚀体系的极化曲线，实际就是测量在外加电流作用下，金属在腐蚀介质中的电极电位与外加电流密度之间的关系。

恒电位法就是将研究电极依次恒定在不同的数值电位上，然后测量对应于各电位下的电流。极化曲线的测量应尽可能接近稳态体系，稳态体系指被研究体系的极化电流、电极电势、电极表面状态等基本上不随时间而改变。

动态法就是控制电极电势以较慢的速度连续地改变（扫描），并测量对应电位下的瞬时电流值，以瞬时电流与对应的电极电势作图，获得整个的极化曲线。一般来说，电极表面建立稳态的速度越慢，电位扫描速度也应越慢。因此，对不同的电极体系，扫描速度也不相同。为测得稳态极化曲线，人们通常依次减小扫描速度测定若干条极化曲线，当测至极化曲线不再明显变化时，可确定此扫描速度下测得的极化曲线即为稳态极化曲线。同样，为节省时间，对于那些只是为了比较不同因素对电极过程影响的极化曲线，则选取适当的扫描速度绘制准稳态极化曲线就可以了。

将 2205 双相不锈钢、2304 双相不锈钢、316L 不锈钢和 HAl77-2A 铝黄铜试片线切割成 11mm×9mm×2mm 的试片，然后用 400～2000 号砂纸逐级打磨，再进行表面抛光，直至光亮如新（表面有预氧化处理的金属片不进行打磨、抛光步骤），再依次用蒸馏水清洗、无水乙醇除油，吹干备用。

用导电胶布将细铜导线与金属片表面粘牢，将塑料中空细管用聚乙烯醇竖直粘接在金属片表面，浸入石蜡和聚乙烯加热混合溶液中，片刻取出，冷却后用镊子小心取出塑料细管，并确保其余部分封装严密，再用无水乙醇擦洗金属表面。

配制一定浓度阻垢剂溶液，移取一定体积的阻垢剂溶液置于 100mL 容量瓶中，并用浓缩海水定容，再移入 100mL 三颈烧瓶中，将铂电极、Ag/AgCl 电极和制作的金属电极与多通道恒电位仪/恒电流仪连接构成三电极体系，三颈烧瓶置于某温度下的恒温水浴锅中进行动电位极化曲线测试。其中金属电极工作面积为 $0.1698cm^2$，扫描速度为 1mV/s。

2. 分析测试方法

对电极施加较大幅度的极化时，则

$$\Delta E_a = -\beta_a \log i_{corr} + \beta_a \log i_a$$
$$\Delta E_c = -\beta_c \log i_{corr} + \beta_c \log i_c \qquad (4-7)$$

式中　$\Delta E_a$、$\Delta E_c$ ——阳、阴极化过电位；

　　　$\beta_a$、$\beta_c$ ——阳、阴极塔菲尔常数；

　　　$i_{corr}$ ——腐蚀电流；

　　　$i_a$、$i_c$ ——阳、阴极外加电流。

式(4-7)表明，在极化曲线的强极化区，外加电流与电极极化呈现 Tafel 关系，在$\Delta E$-$\log i$半对数坐标上是一条直线。这直线也就是$\Delta E_a$-$\log i_a$和$\Delta E_c$-$\log i_c$局部阳、阴极极化曲线，两直线相交在 $E_{corr}$ 点，此时 $i_a=i_c=i_{corr}$。由此，从 Tafel 直线的交点可求出腐蚀金属电极自腐蚀电流 $i_{corr}$。对于一些腐蚀金属体系，阳极极化曲线不易测定（如由于钝化或强烈溶解），也可以只由一条阴极极化曲线和$\Delta E=0$直线相交，得到 $i_{corr}$。

（三）数据处理与分析

1. 动极化曲线图

从图 4-36 可以看出，3 种不锈钢的动极化曲线的趋势相近，都出现了钝化区，在该区域内，随着扫描电位的增加，对应电流变化较小，说明在这个电位范围内，由于钝化膜的存在，不锈钢表面膜的破坏与生成达到平衡。图 4-36（a）～图 4-36（c）中，还有明显的拐点及多重峰，即出现电位升高、电流也开始升高，说明在这个电位下，钝化膜开始被击穿。然后又出现类似电位升高、电流密度不变甚至降低的现象，这是由于腐蚀产物的生成，附着在试样表面，阻碍了腐蚀过程进行。

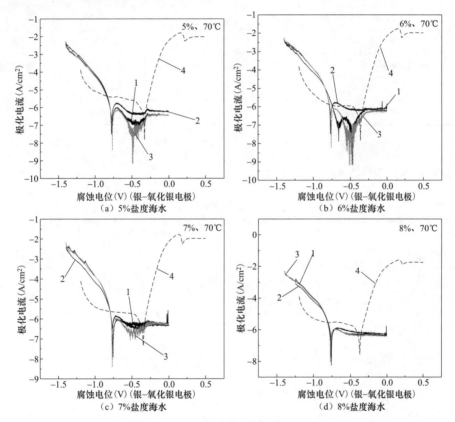

图 4-36　70℃ 不同盐水浓度浓缩海水中各金属材料的动极化曲线（不加阻垢剂，采用 Ag/AgCl 电极）

1—316L 不锈钢；2—2304 双相不锈钢；3—2205 双相不锈钢；4—HA177-2A 铝黄铜

2. 腐蚀电位

70℃ 各材料在添加不同种类阻垢剂、不同盐水浓度浓缩海水中腐蚀电位见表 4-11。

从表 4-11 可以看出，不锈钢系列金属材料对应的腐蚀电位相当，铝黄铜对应的腐蚀电位更大，说明从热力学角度看，不锈钢系列金属材料有更易发生腐蚀的趋势。盐水浓度对腐蚀电位的影响并不明显且没有规律。另外，加入不同阻垢剂对腐蚀电位的变化不同，排除个别异常数据点，加入 5mg/L 阻垢剂 A 与阻垢剂 C，使得金属腐蚀电位变小，即热力学角度上看，反而添加阻垢剂使得金属有更容易腐蚀的趋势，而加入阻垢剂 B，金属在溶液里腐蚀电位变大，即热力学角度上，加入该阻垢剂金属有更不易腐蚀的趋势。

表4-11　　70℃各材料在添加不同种类阻垢剂、不同盐水浓度浓缩海水中腐蚀电位表

| 盐水浓度（%） | 材料 | 腐蚀电位（Ag/AgCl 电极，V） | | | |
|---|---|---|---|---|---|
| | | 不加阻垢剂 | 加入5mg/L 阻垢剂 A | 加入5mg/L 阻垢剂 B | 加入5mg/L 阻垢剂 C |
| 5 | 316L 不锈钢 | −0.769 | −0.774 | −0.706 | −0.770 |
| | 2304 双相不锈钢 | −0.774 | −0.792 | −0.700 | −0.789 |
| | 2205 双相不锈钢 | −0.766 | −0.777 | −0.716 | −0.759 |
| | HAl77-2A 铝黄铜 | −0.331 | −0.377 | −0.329 | −0.357 |
| 8 | 316L 不锈钢 | −0.768 | −0.772 | −0.728 | −0.771 |
| | 2304 双相不锈钢 | −0.780 | −0.779 | −0.776 | −0.790 |
| | 2205 双相不锈钢 | −0.770 | −0.781 | −0.761 | −0.781 |
| | HAl77-2A 铝黄铜 | −0.376 | −0.397 | −0.357 | −0.370 |

### 3. 腐蚀电流密度

同材料、不同条件下腐蚀电流密度见表4-12。

表4-12　　　　　　　　同材料、不同条件下腐蚀电流密度

| 温度（℃） | 盐水浓度（%） | 材料 | 腐蚀电流密度（μA/cm²） | |
|---|---|---|---|---|
| | | | 未加阻垢剂 | 加 5mg/L 阻垢剂 B |
| 40 | 5 | 316L 不锈钢 | 3.347 | 3.374 |
| | | 2304 双相不锈钢 | 2.767 | 2.452 |
| | | 2205 双相不锈钢 | 1.748 | 1.889 |
| | | HAl77-2A 铝黄铜 | 5.476 | 5.631 |
| | 8 | 316L 不锈钢 | 4.438 | 3.845 |
| | | 2304 双相不锈钢 | 4.682 | 4.446 |
| | | 2205 双相不锈钢 | 2.721 | 2.595 |
| | | HAl77-2A 铝黄铜 | 6.493 | 6.251 |
| 70 | 5 | 316L 不锈钢 | 6.986 | 6.765 |
| | | 2304 双相不锈钢 | 4.896 | 4.236 |
| | | 2205 双相不锈钢 | 3.567 | 4.003 |
| | | HAl77-2A 铝黄铜 | 7.986 | 8.094 |
| | 8 | 316L 不锈钢 | 6.786 | 6.786 |
| | | 2304 双相不锈钢 | 5.102 | 5.035 |
| | | 2205 双相不锈钢 | 3.745 | 3.898 |
| | | HAl77-2A 铝黄铜 | 8.245 | 8.132 |

从表 4-12 可以看出，加入阻垢剂 B，金属的腐蚀电流密度变化不大，没有明显的规律，说明了阻垢剂 B 并没有显著的缓蚀作用。但可以看出铝黄铜的腐蚀电流密度大于不锈钢系列，说明电化学测试方法下，铝黄铜比不锈钢系列更易腐蚀。不锈钢系列，其腐蚀电流密度都比较小，具有较好的耐腐蚀性能，其中 2205 双相不锈钢耐腐蚀性能更优。另外，当盐水浓度增加时，各金属的腐蚀电流密度有增大的趋势，说明较高盐水浓度会加快金属腐蚀速度。因为盐水浓度越高，海水电导率越大，促进了电化学腐蚀反应。当温度升高时，金属腐蚀电流密度也明显增大，说明提高温度会加快金属腐蚀速度。因为，高温会增加微观粒子的能量，从而使粒子运动更剧烈，加速了化学和电化学腐蚀反应，高温也使得氧的扩散速度加快，促进腐蚀过程的进行。但温度对于腐蚀速度的影响大于盐水浓度对其影响。

个别数据还出现了加入阻垢剂后，金属腐蚀电流密度增加，这可能是加入阻垢剂后改变了电解质溶液的性质，如增大了溶液的离子强度，使溶液电导率增大，增加了溶液的酸性，促进了电化学腐蚀反应进行。

通过以上各类腐蚀实验可以看出，不同测试方法得出的结论不完全相同。这是因为各方法研究腐蚀的侧重点和表征指标不同，而金属的腐蚀也是不同腐蚀类型共同作用产生的。另外，换热管等低温多效蒸馏淡化工程设备所用材料的选择，耐腐蚀性能只是其中考虑的一方面，还需要综合考虑材料的导热性能、力学拉伸性能和成本等因素。

从几种腐蚀测试方法所得的腐蚀挂片形貌分析可以初步看出，在 5%～8% 盐度范围内，铝合金的腐蚀形态主要以点蚀为主；在 8% 盐度下，铝黄铜表面出现了明显的较密集的小片坑蚀，它不同于一般的点蚀，腐蚀面比较大，实验结果表明，提高盐度后，对铝黄铜材料有增大片状坑蚀的趋势。不锈钢系列出现了不同程度的腐蚀区域，相比较铝黄铜还是较轻微的，腐蚀面也不大。不锈钢系列中腐蚀现象也有所不同，2205 双相不锈钢在 5%～8% 的盐度范围内，表面呈现比较均匀的腐蚀，2304 双相不锈钢和 316L 不锈钢都有小的坑蚀产生，也有少量的点蚀孔分布在表面。从腐蚀速率的数据分析，不锈钢系列比铝黄铜材料耐应力腐蚀的能力更强。

# 第三节 结垢及腐蚀特性动态实验研究

模拟低温多效蒸馏设备真实运行情况，考察高浓度盐水在动态蒸发情况时，不同操作条件下，阻垢剂的实际阻垢效果和换热管的腐蚀情况，为综合平台实验装置的深入研究提供更直接可靠的依据。

## 一、实验系统

### （一）实验装置

由计算参数选定设备和部件，包含蒸汽发生器、恒温水浴锅、盐水储罐、盐水循环泵、转子流量计、水平管降膜蒸发器、计量缓冲罐、冷凝器、真空泵等,再根据管路连接图 4-37 组装实验装置,并试运行,优化至可以在装置上进行实验研究。

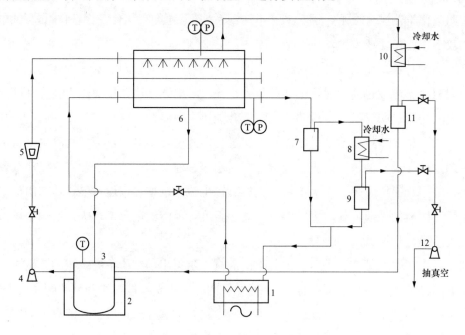

图 4-37 动态蒸发实验装置流程示意图

1—蒸汽发生器;2—恒温水浴锅;3—盐水储罐;4—盐水循环泵;5—转子流量计;

6—水平管降膜蒸发器;7、9、11—计量缓冲罐;8、10—冷凝器;12—真空泵

为了便于对结垢状况进行更直接的观察,获得更详细的宏观认识,实验装置水平管降膜蒸发器外壳拟采用玻璃制作,规格为 $\phi 230 \times 300mm$。换热管可拆卸,便于考察换热管表面腐蚀情况。设计共有 3 根管,从上往下分别作为喷淋管、液体再分布管和蒸发管。

换热管与外壳采用胶塞连接,整个外壳气密性的好坏关键在于胶塞与换热管,外壳口与胶塞的密封好坏,需要连接紧密。

由盐水循环泵最大流量为 5L/min,选定 MP 型磁力驱动循环泵,其额定流量为 7L/min,额定扬程为 4m。另外,进、出口可直接接皮管,利于安装拆卸。

盐水储罐、计量缓冲罐和冷凝管等零部件均采用玻璃加工。另外,与蒸发器外壳匹配的蒸馏头和接头也都需要特别加工。

监测参数包括真空度、温度和流量。真空度采用真空表进行读数、监测;温度采用煤油温度计进行读数;流量采用转子流量计进行监测。

考虑到管径要求、管路承受负压要求,以及所运输海水温度(40~70℃)要求,方便连接、拆卸和改造管路,选择塑料硬管和塑料快接头。

装置主体框架选用角钢和三合板搭建,进行各零部件连接,盐水循环和蒸汽循环管路连接,还有冷凝水管路连接,抽真空管路连接,电源电线的布置。

（二）分析测试方法

1. 离子浓度测定——化学滴定法、光谱法

（1）$Ca^{2+}$，$Mg^{2+}$含量的测定：以钙-羧酸为指示剂，在调节溶液 pH 值为 12~13 时，用 EDTA 标准溶液滴定水样中的钙离子含量；以铬黑 T 为指示剂，在调节溶液 pH 值为 10 时，用 EDTA 标准溶液滴定水样中的钙、镁离子总量，减去钙离子含量即为镁离子含量。

（2）$SO_4^{2-}$含量的测定：氯化钡与样品中硫酸根生成难溶的硫酸钡沉淀，过剩的钡离子用 EDTA 溶液滴定，以铬黑 T 为指示剂，用 EDTA 标准溶液返滴定法求得水样中 $SO_4^{2-}$ 的含量。

（3）$SO_3^{2-}$、$HSO_3^-$含量的测定：分别以酚酞、甲基橙为指示剂，用盐酸标准溶液滴定水样中 $SO_3^{2-}$、$HSO_3^-$ 的浓度。

（4）$Ca^{2+}$，$Mg^{2+}$含量的测定：采用原子吸收分光光度计测量。

2. 垢样分析——表面观察、化学分析法、SEM、EDS 和 XRD

（1）SEM 和 EDS：场发射扫描电子显微镜（含能谱仪，S-4800），可对金属、矿物、半导体、陶瓷、生物、高分子、复合材料、催化剂等固体物质进行微观形态观察，微区成分测定。

（2）XRD：X 射线衍射仪（D8-Focus），可进行粉末及薄膜样品的晶体结构分析，物相鉴定（物相定性、定量分析），相变分析，结晶度测定等。

## 二、实验内容

（一）实验操作条件

（1）盐水浓度：5%、6%、7%、8%。

（2）蒸发温度：40、55、70、80℃。

（3）阻垢剂浓度：1、5、8mg/L。

（4）盐水喷淋密度：0.06、0.08、0.10、0.12kg/（m·s）。

（二）实验内容

（1）固定盐水浓度、蒸发温度、喷淋密度条件下，阻垢剂浓度对结垢的影响。

（2）固定盐水浓度、蒸发温度、阻垢剂浓度条件下，喷淋密度对结垢的影响。

（3）研究盐水浓度和蒸发温度对结垢的影响。

（4）考察在高温，高盐最恶劣操作条件下，HAl77-2A 铝黄铜换热管动态蒸发环境下的腐蚀情况。

## 三、数据处理及分析

1. 蒸发管表面形貌

如图 4-38 所示，在蒸发温度为 70℃、盐水浓度为 8%、喷淋密度为 0.08kg/（m·s）、无阻垢剂运行 4h 后，未做氧化预处理铝黄铜管表面由平滑光亮变得暗淡，有点点白色盐渍分布于表面，没有明显的腐蚀痕迹，存在着片区状盐垢。

（a）实验前　　　　　　　　（b）实验后

图 4-38　HAl77-2A 铝黄铜蒸发管实验前后表面形貌对比图

2.　盐垢分析

（1）化学分析：将盐垢转移到烧杯中，加入蒸馏水并搅拌，发现白色固体小颗粒溶于水中，肉眼不能发现有不溶于水的颗粒。说明蒸发管上的盐垢绝大多数是可溶性盐，不存在或存在极少 $CaCO_3$、$Mg(OH)_2$、$CaSO_4$ 等不溶解性盐。即在实验周期范围内，换热管上并不容易形成垢物和明显的腐蚀现象。

（2）电镜能谱分析：对蒸发管上的盐垢进行采集、制样、测试，测试结果如图 4-39 和图 4-40 所示。

从 SEM 图可以看出，在实验条件无阻垢剂，8%、70℃、0.08kg/（m·s）、4h 时，有规则的四方体小晶体存在，有大，有小。没有其他不规则晶体出现，说明盐垢组成物质比较单一。再通过 EDS（色散谱）图可以发现，四方体小晶体主要构成元素绝大部分为 Na 和 Cl，即为 NaCl。说明蒸发管表面少

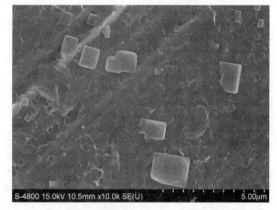

图 4-39　盐垢 SEM（电子扫描显像）图

许盐垢主要成分是 NaCl，即在蒸发过程中，蒸发管上形成极少量的 $CaCO_3$ 垢物，这与之前的化学分析结果一致。盐垢的形成是因为实验过程中，局部区域出现盐水喷淋不均，形成干点所致。重新对喷淋管进行优化打孔，使得盐水喷淋更加均匀，在此基础上进行后续实验。

3.　盐水罐中悬浮微粒分析

实验过程中，可以发现盐水在不断循环的过程中，产生了不吸附在蒸发管表面的不溶性悬浮颗粒。实验结束后，将盐水罐中的盐水经过过滤操作得到结晶微粒，对其清洗后进行 SEM、EDS 和 XRD 分析。

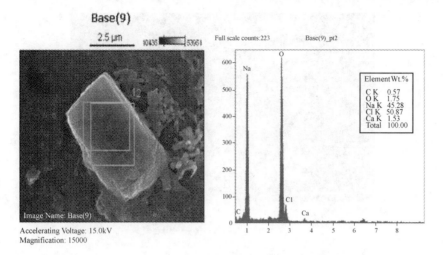

图 4-40 盐垢 EDS 图

结晶微粒 SEM、EDS、XRD 图如图 4-41～图 4-43 所示。

图 4-41 结晶微粒 SEM 图

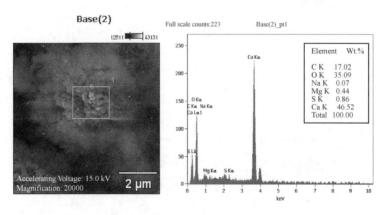

图 4-42 结晶微粒 EDS 图

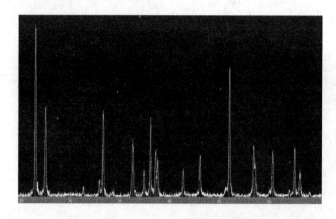

图 4-43　结晶微粒 XRD 图

如图 4-41 可以发现，在实验条件无阻垢剂、8%、70℃、0.08kg/（m·s）、4h 时，盐水罐中结晶微粒的微观形貌为团簇柱状物，与文石和球霰石的晶体结构相似。再通过图 4-42 分析可知，主要成分为 $CaCO_3$，有可能还含有极少量的 $CaSO_4$ 和 $Mg(OH)_2$，说明实验过程中，损失的 $Ca^{2+}$ 形成了大部分的 $CaCO_3$ 和极少量的 $CaSO_4$ 晶核，而形成的微小晶核并没有黏附在蒸发管表面并生长，可能在一定喷淋量下，小晶核从蒸发管表面被冲刷至液体里所致，也可能是蒸发管表面相对光滑，对小晶核的吸附力较小所致。微小的晶核随着盐水循环过程在盐水溶液中生长，聚并成较大颗粒而析出。从图 4-43 可以看出，垢样在 $2\theta=26.2$、27.4 位置出现衍射峰，这些特征峰与文石型碳酸钙的标准谱图相吻合。说明结晶微粒中存在大量的碳酸钙晶体，且为文石型碳酸钙结构。这是因为在初期碳酸钙形成过程中，先生成介稳相文石型碳酸钙，晶核并没有附着在换热管上稳定生长，而是随着喷淋过程处于流动状态，导致晶核生长过程受碍，最终形成文石型碳酸钙。

4. 离子浓度变化实验研究

（1）实验条件：阻垢剂 B、盐度为 8%、喷淋密度为 0.06kg/（m·s）、时间 4h。不同实验条件下钙离子含量见表 4-13。

表 4-13　　　　　　　　　　　不同实验条件下钙离子含量　　　　　　　　　　　mg/L

| 实验温度（℃） | 实验前 | 加 0mg/L 阻垢剂实验后 | 加 1mg/L 阻垢剂实验后 | 加 5mg/L 阻垢剂实验后 |
|---|---|---|---|---|
| 40 | 916.88 | 862.64 | 873.83 | 903.96 |
| 55 | 865.22 | 822.18 | 831.65 | 853.17 |
| 70 | 858.34 | 807.54 | 817.87 | 835.95 |

根据阻垢率=（加入阻垢剂实验后液体 $Ca^{2+}$ 含量–未加阻垢剂实验后液体 $Ca^{2+}$ 含量）/（实验前液体 $Ca^{2+}$ 含量–未加阻垢剂实验后液体 $Ca^{2+}$ 含量），由此可以计算出相对应的阻垢率，见表 4-14。

表 4-14                        不同实验条件下阻垢剂的阻垢率

| 实验温度（℃） | 加 1mg/L 阻垢剂 | 加 5mg/L 阻垢剂 |
|---|---|---|
| 40 | 0.206 | 0.762 |
| 55 | 0.220 | 0.720 |
| 70 | 0.203 | 0.559 |

（2）实验条件：阻垢剂 B、盐度为 5%、喷淋密度为 0.06kg/（m·s）、时间 4h。不同实验条件下钙离子含量见表 4-15。

表 4-15                    不同实验条件下钙离子含量                  mg/L

| 实验温度（℃） | 实验前 | 加 0mg/L 阻垢剂实验后 | 加 1mg/L 阻垢剂实验后 | 加 5mg/L 阻垢剂实验后 |
|---|---|---|---|---|
| 40 | 569.93 | 551.85 | 559.60 | 561.32 |
| 55 | 586.29 | 564.76 | 569.07 | 572.51 |
| 70 | 533.77 | 502.78 | 513.97 | 519.13 |

由此可以计算出相对应的阻垢率，见表 4-16。

表 4-16                       同实验条件下阻垢剂的阻垢率

| 实验温度（℃） | 加 1mg/L 阻垢剂 | 加 5mg/L 阻垢剂 |
|---|---|---|
| 40 | 0.428 | 0.524 |
| 55 | 0.200 | 0.360 |
| 70 | 0.361 | 0.528 |

（3）实验条件：阻垢剂 B、盐度为 5%、喷淋密度为 0.12kg/（m·s）、时间 4h，不同实验条件下钙离子含量见表 4-17。

表 4-17                    不同实验条件下钙离子含量                  mg/L

| 实验温度（℃） | 实验前 | 加 0mg/L 阻垢剂实验后 | 加 1mg/L 阻垢剂实验后 | 加 5mg/L 阻垢剂实验后 |
|---|---|---|---|---|
| 40 | 567.69 | 564.30 | 554.98 | 563.45 |
| 55 | 554.98 | 542.27 | 546.50 | 546.50 |
| 70 | 519.39 | 516.85 | 515.15 | 516.00 |

从表 4-14、表 4-16 可以看出固定盐度与喷淋密度，随着加药量的增加，阻垢率是有明显提高的，在 8%盐度条件下，当加入 1mg/L 时，随着蒸发温度的升高，阻垢率没有明显变化。当加入 5mg/L 时，随着蒸发温度的升高，阻垢率有明显的减小趋势。说明在高盐度下，提高阻垢剂浓度是可以有效提高阻垢率的，但是提高阻垢剂浓度后，阻垢率受温度变化的影响较大，这可能是因为阻垢剂在温度较高的条件下有效成分失去活性所致。

在 5%盐度条件下，随着阻垢剂浓度的变化，阻垢率的变化幅度没有在 8%盐度条件下变化幅度那么大。说明在高盐度条件下通过增加阻垢剂浓度来提高阻垢率更加有效、合理。

当增加喷淋密度时，可以发现增加阻垢剂浓度，对于体系中钙离子的含量变化没有太大影响，即在大的喷淋密度下，更加不容易出现结垢现象，因此，再加入药剂也就是起到了预防的作用。

为了更好地了解阻垢剂和喷淋密度及蒸发温度对阻垢效果的影响，对上述实验条件下的结垢情况进行了更详细分析。定义钙离子损失率为

钙离子损失率=（实验前液体钙离子浓度−实验后液体钙离子浓度）/实验前液体钙离子浓度量。

各实验条件下钙离子损失率情况见表4-18。

表4-18 各实验条件下钙离子损失率变化情况

| 项目 | 实验条件1 | | | 实验条件2 | | | 实验条件3 | | |
|---|---|---|---|---|---|---|---|---|---|
| 盐度（%） | 8 | | | 5 | | | 5 | | |
| 喷淋密度[kg/（m·s）] | 0.06 | | | 0.06 | | | 0.12 | | |
| 阻垢剂浓度（mg/L） | 0 | 1 | 5 | 0 | 1 | 5 | 0 | 1 | 5 |
| 蒸发温度（℃） | 钙离子损失率（%） | | | 钙离子损失率（%） | | | 钙离子损失率（%） | | |
| 40 | 5.9 | 4.7 | 1.4 | 3.2 | 1.8 | 1.5 | 0.6 | 2.2 | 0.7 |
| 55 | 5 | 3.9 | 1.4 | 3.7 | 2.9 | 2.3 | 2.3 | 1.5 | 1.5 |
| 70 | 5.9 | 4.7 | 2.6 | 5.8 | 3.7 | 2.7 | 0.5 | 0.8 | 0.65 |

综合分析表4-18钙离子损失率数据，可以总结出如下几个主要结论：

1）在盐度为5%～8%、喷淋密度为0.06kg/（m·s）、蒸发温度为40～70℃实验条件下，进行水平管喷淋动态蒸发实验，即使在不添加阻垢剂的情况下，盐水钙离子损失率均在较低水平。高浓盐水添加阻垢剂后，钙离子损失率降低幅度更大，说明在高浓盐水条件下，添加一定浓度阻垢剂可以达到阻垢效果。

2）比较5%和8%两种盐度条件，在相同的喷淋密度0.06kg/（m·s）和相同阻垢剂添加量5mg/L条件下，钙离子损失率数据可以发现，两种盐度的钙离子损失率基本在同一水平范围之内，因此，可以初步确定，添加适宜浓度的阻垢剂，可以保证高浓盐水和低浓盐水一样，也维持较低的钙离子损失率。

3）比较实验条件2、3的钙离子损失率数据可以发现，喷淋密度的增加能够有效降低蒸发过程的钙离子损失率，其阻垢效果甚至比添加阻垢剂还要好。这也为高浓盐水低温多效过程阻垢措施提供了一个新的思路。

4）从实验条件3喷淋密度0.12kg/（m·s）的钙离子损失率数据可以看出，较大喷淋密度下，即使不添加阻垢剂，钙离子损失率已经降低到很低水平。添加阻垢剂后钙离子损失率变化已经很不明显，个别数据反而提高，这在一定程度上说明，由于钙离子损失率本来就很小，分析误差可能已经影响到了钙离子损失率的计算精度。

（4）成垢离子变化分析。（1）～（3）实验用不同盐水浓度的海水是通过真实海水在70℃蒸发浓缩得到。因为蒸发浓缩过程缓慢耗时，且每批海水浓缩到所需盐水浓度时，钙镁等离子初始浓度并不能保证相同。另外，蒸发浓缩过程也存在部分钙镁等离子提前析出损失情况，导致后续实验中钙镁等离子初始浓度偏小。为更接近真实情况，表 4-19 实验通过自配不同盐水浓度海水进行实验。

表 4-19　　　　　　　　　　　　不同条件下成垢离子损失率

| 实验条件<br>（蒸发温度、盐水浓度、喷淋密度、阻垢剂浓度） | 损失率 | | | |
|---|---|---|---|---|
| | $Ca^{2+}$ | $Mg^{2+}$ | $SO_4^{2-}$ | 总碱度 |
| 40℃、5%、0.06 kg/（m·s）、5mg/L | 0.0799 | 0.00591 | 0.0101 | 0.6826 |
| 70℃、8%、0.06 kg/（m·s）、0mg/L | 0.1396 | 0.00328 | 0.0149 | 0.7235 |
| 40℃、8%、0.06 kg/（m·s）、0mg/L | 0.1213 | 0.00641 | 0.0131 | 0.7026 |
| 70℃、5%、0.12 kg/（m·s）、5mg/L | 0.0870 | 0.00402 | 0.0112 | 0.6968 |
| 55℃、8%、0.06 kg/（m·s）、5mg/L | 0.1105 | 0.00632 | 0.0121 | 0.6998 |

从表 4-19 可以看出，各种实验条件下成垢离子 $Ca^{2+}$、$Mg^{2+}$、$SO_4^{2-}$，总碱度都有不同程度的损失，其中 $Ca^{2+}$ 和总碱度的损失率比较大，而 $Mg^{2+}$ 和 $SO_4^{2-}$ 的损失率比较小。成垢离子的损失用于形成不溶盐的晶核，可能发生的反应为

$$HCO_3^- \rightarrow H^+ + CO_3^{2-}$$
$$Ca^{2+} + CO_3^{2-} \rightarrow CaCO_3 \downarrow$$
$$Ca^{2+} + 2HCO_3^- \rightarrow CaCO_3 \downarrow + CO_2 \uparrow + H_2O$$
$$Mg^{2+} + 2OH^- \rightarrow Mg(OH)_2 \downarrow$$
$$Ca^{2+} + SO_4^{2-} \rightarrow CaSO_4 \downarrow$$

从侧面可以反映出晶核中主要成分为 $CaCO_3$，兼有极少量的 $CaSO_4$ 和 $Mg(OH)_2$，这与前面的分析结果保持一致。因此，下面专门针对不同实验条件对 $Ca^{2+}$ 损失率影响作重点考察。

5. 钙离子损失率影响因素研究

（1）阻垢剂浓度影响。

实验条件: 阻垢剂 B、蒸发温度为 40℃和 70℃，盐水浓度为 8%，喷淋密度为 0.06kg/(m·s)，时间为 4h。

从图 4-44 可以看出随着阻垢剂浓度的增加，$Ca^{2+}$ 损失率有减小的趋势，且趋于平缓。在一定范围内增加阻垢剂浓度可有效改善阻垢效果，但无限制地增加阻垢剂浓度，不仅改善阻垢效果有限，而且会大大增加运行成本。在较高蒸发温度下，$Ca^{2+}$ 损失率更大，即更易在管表面结垢。因为碳酸钙、硫酸钙等具有反常溶解度的难溶盐类，在温度升高时，溶

解度会下降，即蒸发温度较高时会结出更多盐垢。

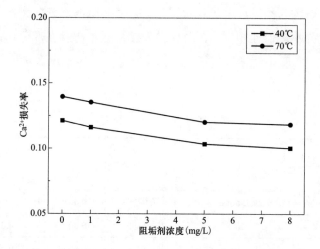

图 4-44　不同蒸发温度 $Ca^{2+}$ 损失率与阻垢剂浓度关系

（2）蒸发温度影响。

实验条件：阻垢剂 B，加药量为 0mg/L 和 5mg/L，盐水浓度为 8%，喷淋密度为 0.06kg/(m·s)，时间为 4h。

不同阻垢剂浓度 $Ca^{2+}$ 损失率与蒸发温度关系如图 4-45 所示。

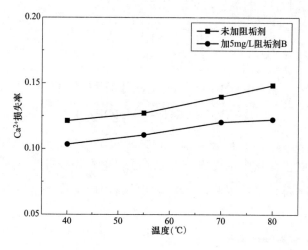

图 4-45　不同阻垢剂浓度 $Ca^{2+}$ 损失率与蒸发温度关系

从图 4-45 可以看出，随着蒸发温度的增加，$Ca^{2+}$ 损失率变大。因为碳酸钙和硫酸钙在溶液中的溶解度随温度的上升而下降，所以高温下更易析出碳酸钙和硫酸钙盐垢。另外，温度升高也增加了溶液中各离子运动的剧烈程度，离子间碰撞结合的概率增加，也更容易形成碳酸钙和硫酸钙晶核析出。加入阻垢剂后，$Ca^{2+}$ 损失率比未加阻垢剂时要小，说明阻垢剂具有明显的阻垢效果。

（3）盐水浓度影响。

1）实验条件：阻垢剂 B，加药量为 5mg/L，蒸发温度为 40℃和 70℃，喷淋密度为 0.06kg/（m·s），时间为 4h。

不同蒸发温度 $Ca^{2+}$ 损失率与盐水浓度关系如图 4-46 所示。

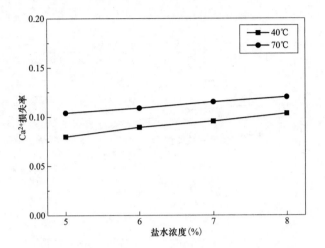

图 4-46 不同蒸发温度 $Ca^{2+}$ 损失率与盐水浓度关系

2）实验条件：阻垢剂 B，加药量为 0mg/L 和 5mg/L，蒸发温度为 70℃，喷淋密度为 0.06kg/（m·s），时间为 4h。

不同阻垢剂添加量 $Ca^{2+}$ 损失率与盐水浓度关系如图 4-47 所示。

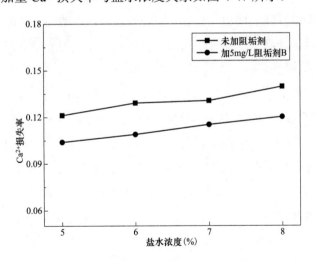

图 4-47 不同阻垢剂添加量 $Ca^{2+}$ 损失率与盐水浓度关系

从图 4-46 和图 4-47 可以看出，随着盐水浓度的增加，$Ca^{2+}$ 损失率也增加。即增加盐水浓度有更易结垢的倾向。因为盐水浓度的增加，溶液中相应的成垢离子的浓度也相应增大，所以导致反应朝着生成结晶垢的方向移动。另外，与其他影响因素比较来看，盐水浓度对于结垢影响不显著。

（4）喷淋密度影响。

实验条件：阻垢剂 B，加药量为 0mg/L 和 5mg/L，蒸发温度为 70℃，盐水浓度为 8%，时间为 4h。

不同阻垢剂浓度 $Ca^{2+}$ 损失率与喷淋密度关系如图 4-48 所示。

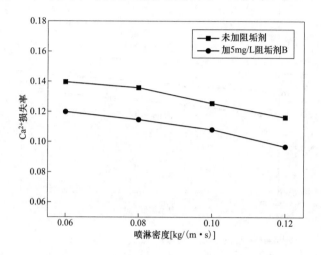

图 4-48　不同阻垢剂浓度 $Ca^{2+}$ 损失率与喷淋密度关系

从图 4-48 可以看出，随着喷淋密度的增加，$Ca^{2+}$ 损失率减少，即增加喷淋密度可以抑制盐垢的形成。因为喷淋密度增加，换热管表面被液体包覆严实，很少能出现干点致盐垢产生。另外，随着喷淋密度的增加，换热管表面液体流动性增强，会把形成的不溶盐晶核冲刷至液体里，不至于让晶核在换热管表面附着生长成垢。增加喷淋密度至合理值，还需考虑装置的热效率等其他因素。

通过离子浓度分析数据，可以总结出如下几个主要结论：

1）在盐水浓度为 5%～8%、喷淋密度为 0.06～0.12kg/（m·s）、蒸发温度为 40～70℃ 实验条件下，进行水平管喷淋动态蒸发实验，通过离子损失率大小、结晶微粒元素组成和微观形貌可推断垢物的主要成分为碳酸钙，可能还兼有少量的硫酸钙和氢氧化镁掺杂其中。

2）在实验条件范围内，添加阻垢剂可减少盐水中钙离子损失率，如在蒸发温度为 80℃、盐水浓度为 8% 时，加入 5mg/L 阻垢剂可使 $Ca^{2+}$ 损失率较不添加阻垢剂时下降约 18%，降低了换热管表面结垢的可能性。

3）在实验条件范围内，喷淋密度的增加能够有效降低蒸发过程的钙离子损失率，其阻垢效果甚至同添加阻垢剂相当。这也为高浓盐水低温多效过程阻垢措施提供了一个新的思路。

4）在其他条件固定不变时，随着盐水浓度和蒸发温度的升高，钙离子损失率也增加，不利于换热管表面阻垢，但可以通过添加阻垢剂来减小成垢可能性。当阻垢剂添加量为 5mg/L 时，可以抵消提高蒸发温度和盐水浓度带来的钙离子损失率的增加。如当蒸发温度为 70℃、喷淋密度为 0.06kg/（m·s）时，盐水浓度为 5% 不加阻垢剂，$Ca^{2+}$ 损失率为 12.1%；

盐水浓度升至 8%时，$Ca^{2+}$损失率为 14.0%，若此时（盐水浓度 8%时）添加 5mg/L 阻垢剂，$Ca^{2+}$损失率降至 12.0%。

6. 蒸发管腐蚀现象

对 HAl77-2A 铝黄铜换热管（未预氧化）在高温、高盐动态蒸发环境下进行长期性实验考察，观察其在最恶劣操作条件下的腐蚀情况。实验条件：蒸发温度为 70℃，盐水浓度为 8%，喷淋密度为 0.06kg/（m·s），未添加阻垢剂，实验周期 20 天。实验后管表面局部出现点状黑色印迹，没有出现明显的腐蚀区域。对点状黑色印迹进行电子显微镜观察，从图 4-49 中可以看出黑色区域为局部腐蚀块，未发现明显的点蚀坑。

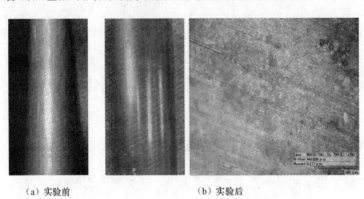

(a) 实验前          (b) 实验后

图 4-49　铝黄铜管动态蒸发长期性实验后表面形貌

第五章

# 利用火力发电厂烟气废热驱动的 MED 技术研究

燃煤发电是复杂的能量转换过程，热力系统具有锅炉烟气、汽轮机抽汽和乏汽等不同品位和性质的热源；与海水淡化系统的工艺集成以及水电联产系统的能量匹配存在巨大潜力空间。基于火力发电厂烟气和乏汽热源的能源利用进行研究，可以提高水电联产海水淡化系统的技术经济性能，降低产水成本。

## 第一节 火力发电厂余热用于海水淡化技术分析

### 一、火力发电厂余热用于海水淡化途径

对于燃煤电站，稳定的余热源主要有两大类，一类是汽轮机排汽的凝结放热，另一类是锅炉的烟气余热。

（一）汽轮机排汽用于 MED 分析

汽轮机排汽的凝结潜热放热可占到发电机组输入热量的 40% 以上，但工质温度已与环境温度非常接近，汽轮机排汽压力约为 0.0075MPa，温度约为 40℃，热能品位很低，主要通过冷却塔排放到环境中。若要使用该部分热量来驱动 LT-MED 海水淡化系统，则必须需要通过热泵，以消耗电能或高压蒸汽等部分高品位能量的方式提高温度或蒸汽的压力后才具备进一步的利用价值，应用热泵有 4 种方式。

（1）利用吸收式热泵，通过利用消耗一部分高温蒸汽来提高汽轮机排汽的凝结潜热至 60～70℃后用于海水淡化。

（2）利用电驱动热泵消耗一部分电来提高汽轮机排汽的凝结潜热至 60～70℃后用于海水淡化。

（3）直接利用蒸汽压缩机提高汽轮机排汽的凝结排汽压力至 60～70℃后用于海水淡化。

（4）利用 TVC，引射低压蒸汽来提高汽轮机排汽的凝结潜热至 60～70℃后用于海水淡化。

几种方式中前 3 种方法效率较高，但是设备投入大，系统复杂，后一种方式设备简单，投入较少，但是效率很低。因此，对于大型燃煤电站，若对该部分能量实施工程利用，设备投入和运行成本巨大。

从能源利用的角度，热泵是节能设备，但是热泵的应用效果要从整个动力系统来分

析，不能仅仅从热泵应用的局部过程来看，因此，采用热泵，利用提高汽轮机排汽的凝结放热温度或蒸汽压力来驱动 LT-MED 海水淡化系统这种余热利用方式是不合理的，是走回头路的应用方法，其技术路线是错误的。如图 5-1（a）所示，热泵的利用都是消耗高品位能量电或一定压力和温度的蒸汽来提高排汽凝结潜热的压力或温度的，与其如此，不如直接提高汽轮机排汽压力，如图 5-1（b）所示，使凝结潜热至 60～70℃后直接用于海水淡化，汽轮机少发的电比热泵方式消耗的电要小，而且无须增加设备投资，系统简单，这种方式使压力为 0.02～0.03MPa 的汽轮机背压蒸汽直接进入 MED 装置。因为 MED 装置起到了冷凝器的作用，所以取消了透平机的冷凝器，这就是目前已应用的 LT-MED 方式。

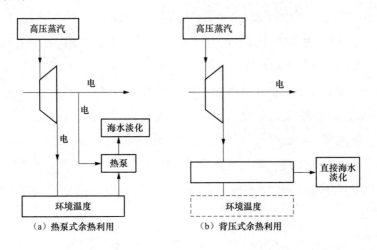

图 5-1 汽轮机排汽的凝结潜热利用分析图

对于一个复杂的动力系统或企业的热能的选择和使用应遵循以下原则：首选与需求热量温度相近温度的废热源直接加热，其次选用相近温度的废热源通过热泵提升温度后再加以利用，前两项条件都不具备时最后选用新增外热源加热。

从能源利用的角度来看，采用火力发电机组低压抽汽作为低温多效海水淡化汽源，已较好地合理利用了热能，一是选用汽轮机抽汽驱动海水淡化，实际就是选用了图 5-1（b）模式的变形模式，它也是通过减少发电量和凝结器热负荷，应用于海水淡化原始驱动热能，同时，它又遵循动力系统热能选择原则的第二种能源使用方式，选用了喷射式热泵，热泵热源选用废热热源。

（二）锅炉烟气余热作为海水淡化热源分析

锅炉的烟气余热是高于环境温度的烟气排放造成的热损失，它是电站锅炉各项热损失中最大的一项，降低排烟温度、回收烟气余热是提高电站锅炉效率的最直接和最有效的途径。我国燃煤产生的烟气酸露点一般在 90～110℃，为防止尾部受热面的低温腐蚀，燃煤电站锅炉的设计排烟温度远在酸露点以上，回避露点腐蚀，一般维持在

150℃甚至更高，这种绕开露点温度的热利用模式造成了 5%～8% 的热损失。一般地，锅炉的排烟温度每降低 15～20℃，锅炉效率可提高 1%。对于水分含量或氢元素含量较高的燃煤，燃烧后烟气的水蒸气含量较高，若能将烟气温度适当降低到一定程度，使其中一部水蒸气凝结放热，除能够回收烟气物理的显热外，还能回收可观的水蒸气凝结热。因此，对大型电站锅炉，若实施烟气余热深度回收利用，将烟气排放温度控制在 60℃ 左右，锅炉效率在原有的基础上提高 3～5 个百分点是完全有可能的。若在电力行业内部获得推广，相当于节约燃煤 3000～5000 万 t/a，$SO_2$ 排放量减少 30～50 万 t/年，总体经济效益和环保效益是相当可观的。对于 600MW 的机组，烟气温度约为 150℃，烟气流量约为 2000000$m^3$/h（标准状态），考虑到废热换热器传热温差，按排烟温度为 80℃ 计算，可以回收 380000kW 的废热，可以生产约 570t/h 的 65℃ 的蒸汽。同时 150℃ 的烟气中 60～150℃ 的热量正好适合 LT-MED 海水淡化系统所需要的热量，因此，两者结合一举两得。

总体实施方案是，在原有的电站锅炉引风机后的水平烟道内增设抗腐蚀的热管烟气余热回收装置，回收烟气余热用来产生 70℃ 左右的低温蒸汽供给 LT-MED 装置或将热量引入 MED 第一效换热器，以此替代部分从汽轮机来的抽汽，如图 5-2 所示，烟气流过分离热管换热器蒸发侧，热管工质将烟气废热带至 MED 的一效蒸发器中分离热管的冷凝侧用于海水蒸发，这个过程是单向的，MED 与烟气仅有传热，中间由热管隔离，保证了两个系统的安全和可靠。

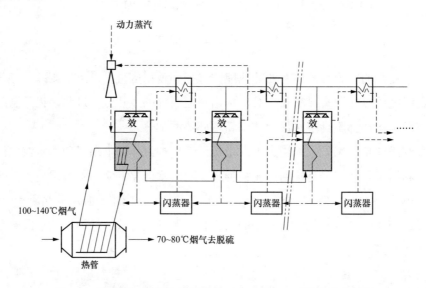

图 5-2 锅炉烟气余热热管回收的 LT-MED-TVC 海水淡化系统

该方案先进性和优势体现在以下几个方面：

（1）烟气余热总量较大、热源稳定，用于产生低温蒸汽时热源品位对口。电站锅炉排烟温度若从 130℃ 左右降低到 60℃，该温度段能量非常适于产生低温蒸汽，㶲损失量小，经济效益更高;初步估计,对装机容量 600MW 的燃煤发电机组,按现有大型 LT-MED-TVC 技术性能计算,烟气余热产生的低温蒸汽可完成 5000~6000t/天的淡水量。

(2)可大幅度减少汽轮机的抽汽量,恢复或提高机组的发电能力。

(3)深度回收烟气余热,在不改变主体发电工艺的前提下提高电站锅炉热效率 3%~5%,同时,主体 LT-MED-TVC 工艺装置无需作大量改动,有效降低改造成本和风险。

(4)新增装置和设备数量少,新增投资成本低。对新增换热装置和相关设备,回收成本时间在 2~3 年以内。

(5)烟气余热回收-低温蒸汽生产装置可与汽轮机抽汽并行供汽,易于实现灵活调节。

(6)系统中烟气废热换热器采用分离式热管换热器与 LT-MED-TVC 海水淡化系统相结合。分离式热管换热器具有传热效率高、单向传热、隔离烟气与 LT-MED-TVC 海水淡化系统等优点,由于烟气侧工作条件恶劣,所以万一热管换热器烟气侧泄漏,仍可以保证烟气与 LT-MED-TVC 海水淡化系统的隔离状况。

## 二、低温烟气余热回收与利用技术难点分析

在燃煤电站锅炉的烟气余热回收利用方面,理论研究着重于利用方式和余热回收系统的分析;工程实践方面,国内最具代表性的是上海外高桥三电厂 1000MW 机组上实施的烟气余热利用项目。然而,在大型燃煤电站上对烟气余热深度回收利用尚无工程实例。

实施燃煤电站烟气余热深度回收利用面临两个方面的技术难点,即抗腐蚀低温换热技术和电站锅炉低温烟气余热回收利用系统的优化集成技术,必须采取科学、合理、完善的技术和经济措施,从换热器材料、换热器结构、工艺参数及系统优化集成等方面出发,开展技术经济综合评价,对对烟气余热进行收集的低温换热装置和工艺系统实施全新设计和优化。

从低温烟气换热技术来看,无论采用何种烟气余热深度回收利用方式,低温受热面腐蚀和积灰问题是面临的最大技术障碍。多数燃煤锅炉以动力煤为主,燃料中硫分含量较高,在排烟温度过低的情况下,烟气中 $SO_2$ 和 $SO_3$ 与水蒸气结合形成强腐蚀性酸性液体,这样会引起烟道尾部受热面的严重腐蚀和积灰,制约锅炉的安全运行。为避开以上问题,锅炉的设计和运行中普遍采用较高的排烟温度,通常选择在 120~150℃,以避开酸露点,由此不可避免地造成了较大的排烟热损失。在现有多数烟气余热利用技术中,热量回收利用装置的运行仍沿用了避开酸露点以避免低温腐蚀和积灰的技术路线,虽然可以回收一部分烟气余热,但利用程度并不高,同时将烟气酸露点的安全余量降低到了危险的程度。因此,欲实现烟气余热的深度回收利用,换热装置的低温受热面腐蚀和积灰是必须面对的两个技术难题。

在化工领域，新型特种材料如石墨材料、聚四氟乙烯材料和新型陶瓷材料应用于换热技术中，成功开发出了能够较好地克服强酸性化工产品腐蚀和结垢问题的换热装置。以上非金属复合材料的抗腐蚀换热装置为电站锅炉低温烟气余热深度回收利用的实现提供了工程参考。开发适用于大流量、含酸含尘的电站燃煤锅炉低温烟气的余热收集装置，完全可以在已有的研究成果和可靠技术基础上进行，有现实的技术路线可以借鉴，是具有现实技术路线可以借鉴的。鉴于在换热要求和工作环境等方面存在一定差异，仍需在抗腐蚀性能、防腐与传热、积灰特性和抗磨损等方面开展一定的基础研究和关键技术开发。

燃煤烟气流量大、余热回收温度低是电站锅炉低温烟气余热收集的另一特殊之处，无论烟气余热采用何种介质回收，对应的换热温差都不会太高，单位换热面上的换热通量将会保持在低位。要实施电站锅炉燃煤烟气余热的回收利用，布置在锅炉最后的换热器需要大量的受热面积，尤其是在没有较好地解决受热面积灰问题的情况下，通常会采用较多的受热面余量，其结果是，换热装置的金属耗量增加，通风阻力和风机电耗也随之增加，而且为了布置更多的受热面，锅炉尾部的外形也相应地加大。当采用耐腐蚀合金材料的换热器时，初期投资成本问题将更加突出，即便如此，低温受热面腐蚀问题仍不能保证得到较好的解决。另外，对于已有的电站锅炉，受场地限制，必须考虑所增加的尾部换热装置的体积和重量在可以接受的范围内。

欲在技术层面上解决以上问题，在换热装置体积和材料消耗可以接受的条件下最大限度地回收烟气热量，这就要求在解决换热元件材料、受热面低温腐蚀造成的换热器安全性和积灰问题的基础上，必须采取相应强化传热措施和对换热器的整体结构进行优化，成倍地提高换热面利用效率，大幅减少换热设备体积和重量，同时实施流场结构优化，有效降低流动阻力。换热装置运行在露点以下，属于烟气换热和水蒸气冷凝换热的复杂物理过程，与单相流体的换热规律有着本质的差别。必须根据烟气冷凝换热的基本物理规律和电站锅炉运行工况特点，采用 CFD 数值模拟、理论设计、工程实践、实验和中试研究相结合的综合方法，对强化换热元件和换热器的整体结构进行优化设计，最终开发出高效低温烟气余热换热装置，这正是形成具有自主知识产权的锅炉低温烟气余热深度回收利用技术的关键所在。换热设备的放大化、系列化和模块化研究与开发也是必须考虑的问题。

由于实施烟气余热的深度回收利用，余热收集装置具备一定的脱硫除尘性能。当换热管表面形成冷凝液膜时，可吸收烟气中部分 $SO_2$，吸附常规静电除尘器无法脱除的燃煤细微颗粒物（小于 $10\mu m$）。该过程的最大优点是在不消耗能量和资源的情况下实现，有必要对此加以利用，最大限度地发挥其优势，以减少后续脱硫装置运行负荷和成本，提高脱硫副产品品质。

电站锅炉低温烟气余热的回收利用总体可分为两种方式：一种是通过换热设备将烟气

余热回收至热力发电系统本身进行利用；另一种是通过能量转化设备将烟气余热转化为其他形式的能源加以利用。

将电站锅炉低温烟气余热的回收与 LT-MED 海水淡化系统相耦合，利用电站锅炉低温烟气余热来作为海水淡化的驱动热源，可以大大降低海水淡化的运行费用，由于海水淡化的运行成本占整体费用的 50%，可以大幅度减少海水淡化系统的运行成本，而且有效地降低锅炉低温烟气的脱硫过程能耗、提高脱硫效率，同时也提高了锅炉效率、降低发电能耗和成本。具体实施则需要从能量耦合方式、工艺参数选择、回收效益、设备投资成本以及运行灵活性和可靠性等方面进行全面评价，对相关关键技术进行有效整合，实现对系统的优化设计。

# 第二节　热管余热利用技术与关键设备

热管是一种高效的传热器件，具有极好的导热性，可在极小的温差下远距离高效地传输热量，且不需任何外部压送功率，它通过在全封闭真空管壳内工质的蒸发与凝结来传递热量，具有极高的导热性、良好的等温性、冷热两侧的传热面积可任意改变、可远距离传热、可控制温度等一系列优点。由热管组成的热管换热器具有传热效率高、结构紧凑、流体阻损小、有利于控制露点腐蚀等优点。目前已广泛应用于冶金、化工、炼油、锅炉、陶瓷、交通、轻纺、机械等行业中，作为废热回收和工艺过程中热能利用的节能设备，取得了显著的经济效益。

## 一、热管工作原理

重力热管工作原理如图 5-3 所示，在密闭的管内抽成真空，在此状态下充入适量工质，在热管下端加热，工质吸收热量汽化为蒸汽，在微小的压差下，上升到热管上端，并向外界放出热量，凝结为液体。冷凝液在重力的作用下，沿热管内壁返回到受热段，并再次受热汽化，如此循环往复，连续不断地将热量由一端传向另一端。由于是相变传热，所以热管内热阻很小，热管的高导热能力与银、铜、铝等金属相比，单位重量的热管可多传递几个数量级的热量，因此能以较小的温差获得较大的传热率，且结构简单，具有单向导热的特点，特别是由于热管的特有机理，使冷热流体间的热交换均在管外进行，这就可以方便地进行强化传热。此外，由于热管内部一般

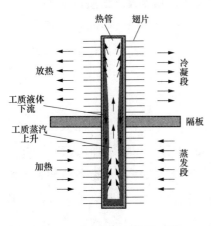

图 5-3　重力热管工作原理图

抽成真空，工质极易沸腾和蒸发，热管启动非常迅速。

热管这种传热元件，可以单根使用，也可以组合使用，根据用户现场的条件，配以相应的流通结构组合成各种形式换热器，热管换热器具有传热效率高、阻力损失小、结构紧凑、工作可靠和维护费用少等多种优点，它在空间技术、电子、冶金、动力、石油、化工等各种行业都得到了广泛的应用。

## 二、热管换热器的类型与基本结构

热管换热器属于热流体与冷流体互不接触的表面式换热器。热管换热器显著的特点是结构简单、换热效率高，在传递相同热量的条件下，热管换热器的金属耗量少于其他类型的换热器。换热流体通过换热器时的压力损失比其他换热器小，因而动力消耗也小。由于冷、热流体是通过热管换热器不同部位换热的，而热管元件相互又是独立的，所以即使有某根热管失效、穿孔也不会对冷、热流体间的隔离与换热有多少影响。此外，热管换热器可以方便地调整冷、热侧换热面积比，从而可有效地避免腐蚀性气体的露点腐蚀。热管换热器的这些特点正越来越受到人们的重视，其用途也日趋广泛。

按照热流体和冷流体的状态，热管换热器可分为气-气式、气-汽式、气-液式、液-液式、液-气式。从热管换热器结构形式来看，热管换热器又分为整体式、分离式和组合式。

（一）整体式热管换热器

整体式热管换热器由许多单根热管组成。热管数量的多少取决于换热量的大小。为了提高气体的换热系数，往往采取在管外加翅片的方法，这样可使所需的热管数目大大减少。整体式热管换热器主要分为气-气式、气-汽式、气-液式。

1. 热管式气-气、气-液换热器

热管式气-气、气-液换热器主要由壳体、热管元件及冷、热流体进出接口组成。

壳体是一个钢结构件，一侧为热流体通道，另一侧为冷流体通道，中间由管板分隔。壳体的上、下孔板与盖板间以及设备的两侧均设有保温层。上、下盖板是可拆卸结构，便于检修和更换热管。

2. 热管式气-汽换热器（热管蒸汽发生器）

热管式气-汽换热器由热管蒸汽发生器、汽水分离装置（汽包）两部分组成。其中热管蒸汽发生器是一种新型的蒸汽发生装置，它以具有良好导热性能的热管作为传热元件。热管受热段采用高频焊接翅片来强化传热，因而整套装置传热效率高，设备结构紧凑，热流体流动阻力小，并且由于热管的存在使得水的受热及汽化均在烟道之外完成，而且汽水分离也在汽包中完成，这就不同于一般的烟道式余热锅炉。同时，水套管与汽包之间用导管连接，管道可以任意调节长度，现场布置灵活，全套设备无转动部件，运行可靠，操作维修方便。

（二）分离式热管换热器

1. 工作原理

分离式热管也是利用工质的汽化-凝结来传递热量，只是将受热部分与放热部分分离开来，用蒸汽上升管与冷凝液下降管相连接，可应用于冷、热流体相距较远或冷、热流体绝对不允许混合的场合。其工作原理如图 5-4 所示。

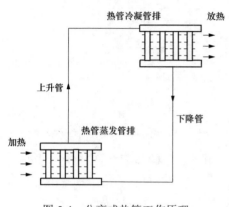

图 5-4 分离式热管工作原理

2. 设备的基本结构

分离式热管换热器由通过热流体的换热器、冷流体的换热器及蒸汽上升管、冷凝液下降管组合而成。换热器主要由壳体和管束组成。壳体是一个钢结构件，它分别是热流体和冷流体的流通通道，壳体的上顶下底、两侧均设有内保温层。为了便于检修和观察积灰情况，及时清除积灰，接口处设有人孔，设备顶盖也可打开，用于检修和更换管束。每台壳体内均装有若干片彼此独立的管束。受热段和放热段相对应的各片管束通过蒸汽上升管和冷凝液下降管连接，构成各自独立的封闭系统。

# 第三节 低温烟气中露点腐蚀与防护

## 一、低温烟气露点腐蚀

（一）低温烟气露点腐蚀机理

1. $SO_3$ 的生成

一般燃料油或燃料气中均含有少量的硫，硫燃烧后全部变成 $SO_2$，由于燃烧室中有过量的氧气存在，所以又有少量的 $SO_2$ 进一步与氧结合生成 $SO_3$。在通常的过剩空气条件下，全部 $SO_2$ 中有 1%～3%转化成 $SO_3$。在高温烟气中 $SO_3$ 气体不腐蚀金属，但当烟气温度降到 400℃以下，$SO_3$ 将与水蒸气化合生成硫酸蒸汽。当硫酸蒸汽凝结到炉子尾部受热面上时就会发生低温硫酸露点腐蚀。与此同时，这些凝结在低温受热面上的硫酸液体，还会黏附烟气中的灰尘形成不易清除的黏灰，使烟气通道不畅，甚至堵塞。

与此相反，$SO_2$ 与水蒸气化合生成亚硫酸蒸汽，它的露点温度低，一般不可能在炉子内凝结，对炉子无危害。因此，硫酸露点腐蚀过程中最重要的因素是 $SO_3$ 的生成。由 $SO_2$ 转化为 $SO_3$ 的量，与过剩空气系数及燃料含硫量有很大关系。含硫量越多，过剩空气系数越大，$SO_3$ 的生成量就越多，其关系如图 5-5 和图 5-6 所示。

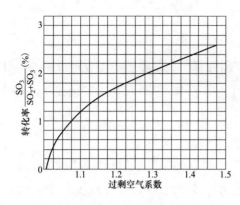

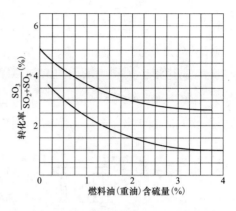

图 5-5　过剩空气系数与 $SO_3$ 转化率　　　　图 5-6　燃料含硫量与 $SO_3$ 转化率

## 2. 影响烟气露点温度的因素

烟气露点温度除与烟气中影响 $SO_3$ 量的过剩空气系数有关外，还随烟气中水蒸气的含量的增多而升高。在以燃料油为主的加热炉中，烟气中水蒸气的体积含量一般为 10%～12%。在这种条件下，露点温度就主要随 $SO_3$ 量的增加而升高。另外，由于烟气中水蒸气和 $SO_3$ 体积含量有变化，在冷壁面上冷凝硫酸的浓度也不同。其关系如图 5-7 所示。

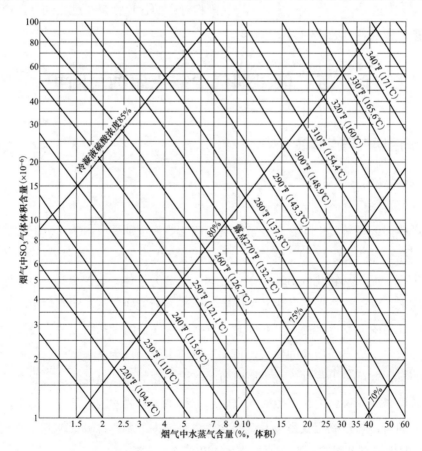

图 5-7　露点与烟气中水蒸气含量及液相中硫酸浓度的关系

3. 腐蚀速度与壁温的关系

烟气中的硫酸蒸汽和水蒸气在遇到冷面时就会开始冷凝，并且冷凝液中的硫酸浓度很大。由于部分蒸汽冷凝，使烟气中硫酸和水蒸气的浓度有所降低（但硫酸的浓度降低较多，水蒸气的浓度降低较少），因此，烟气的露点也有所下降。由于烟气在继续在向前流动中会遇到更低的冷面，烟气中的蒸汽还会继续凝结，但凝结出的液体中硫酸的浓度逐渐下降。因此烟气中的硫酸的浓度是逐渐降低的。

烟气凝结液中硫酸的浓度对换热面腐蚀的速度影响最大。浓硫酸对钢材的腐蚀速度很慢，而稀硫酸腐蚀速度则较快。图 5-8 中示出了硫酸浓度对腐蚀速度的影响。从图 5-8 中可以看出，浓度为 50%左右的硫酸对碳钢材料的腐蚀速度最大。浓度较高或较低时，腐蚀速度均会下降。

上述仅为硫酸浓度对腐蚀速度的影响。但在运转中，实际腐蚀速度还与钢材的温度有关。温度高时，化学反应速度较快，腐蚀的速度（对同一浓度的硫酸来说）也较快。在尾部受热面上实际的腐蚀情况既与结露的浓度有关，又与壁温有关。因此，实际上换热面的腐蚀速度如图 5-9 所示。在壁温较高而未结露时，腐蚀速度很低；开始结露时，由于结出的露中硫酸浓度过大，虽然壁温较高，但腐蚀速度也不是很高；对温度再低一些的换热面，虽然壁温有所降低，但结露中硫酸的浓度变稀，腐蚀速度加快，在某处达到一极大值（一般认为在低于露点温度 10~40℃）；此后，由于硫酸浓度较低，温度也较低，所以腐蚀速度下降。最后由于壁温很低，水蒸气大量凝结，腐蚀速度又比较强烈。

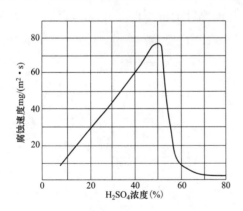

图 5-8 硫酸浓度对碳钢腐蚀速度的影响

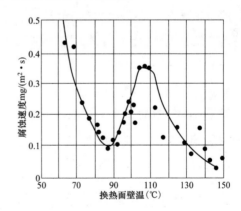

图 5-9 腐蚀速度与壁温的关系

## 二、低温烟气露点腐蚀的防护和减轻措施

（一）合理控制换热器管壁温度

确保受热面最低管壁温度要高于烟气酸露点温度。当管壁温度低于露点时，可将冷、热流体的流动从逆流改为顺流。增加进口流体的进口温度，通过利用流体的再循环或者设置进口流体预热器来实现，如空气预热器暖风机。这些措施虽然使换热器的热效率有所下

降，但是可以有效地防止低温腐蚀。

对于常规的换热器，可以通过调整再循环门开度，来改变进入换热器的给水量，从而改变换热器中的换热量来控制换热器的管壁温度，从而既充分利用烟气余热又能避免低温腐蚀问题。

对于热管换热器，利用热管作为回收余热的设备，在设计过程中，可根据烟气的特性及成分适当调整热蒸发段和冷凝段的长度，从而调整冷、热两段的面积，调整冷、热两段翅片间距和数量等来调整烟气侧与空气侧的热阻比，从而调整烟气侧管壁的温度。使烟气侧管壁温高于烟气的酸露点温度，从而避免了受热面的低温腐蚀。

因为当受热面积灰时，换热热阻将会增大，管壁温度将会下降，很容易低于露点，造成表面的腐蚀，当及时吹灰时，即强化了传热效果，而且也提高了受热面的管壁温度，减轻了低温腐蚀。

（二）工艺优化措施

1. 采用防腐材料

如 ND 钢、搪玻璃钢等，或在换热器的表面涂上防腐蚀材料，对换热器金属表面进行渗铝、渗铬处理。但是每一种方案都有各自的优缺点，应综合比较选择适合的防腐蚀材料。

2. 烟道采用密封装置

如果烟道处的密封不好，外界的冷空气会大量地漏入烟道内，使烟气中的含氧量和水蒸气的含量增加，导致硫酸露点上升，增加了受热面腐蚀的可能性。另外，在漏入空气的局部地方烟气温度会降低，有可能形成硫酸蒸汽烟雾，容易与管壁上的积灰生成硫酸盐，这会加速对受热面的腐蚀。

3. 减少烟气中 $SO_3$ 的含量

即吸收烟气中的 $SO_3$，在烟气中注入某种能与 $SO_3$ 化合的非腐蚀性物质，例如亚铅、镁的化合物、白云石、氨等物质。

# 三、耐低温露点腐蚀的金属材料

关于金属材料耐低温露点腐蚀的问题，一直是世界各国研究的重点。早在1953 年，J.F.Barkley 等就将各种钢材和金属材料放到锅炉的空气预热器低温端，进行挂片实验。几种材料的耐腐蚀性能实验

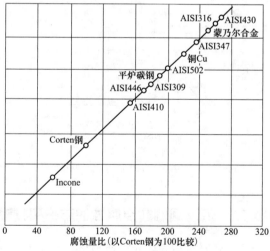

图 5-10　几种材料的耐腐蚀性能实验结果

结果如图 5-10 所示。图 5-10 是把 Corten 钢（0.5Cu–0.5Ni–0.8Cr）的腐蚀速度取为 100 时，各种材料的相对腐蚀量，由图 5-10 可见，低合金 Corten 钢，比一般概念中的各种不锈的

高级材料（如纯铜、蒙乃尔合金、各种铬镍奥氏体钢）的抗低温露点腐蚀性能要好，而多数高铬镍钢在抗低温露点腐蚀方面并不优于碳钢，有的甚至还要差。

另外，在日本也对不同材质的钢材在硫酸-水系汽液平衡状态下进行了浸泡实验，材质的化学成分和腐蚀速度的实验对比结果见表 5-1 和图 5-11。其结论也是低铜合金钢比其他高铬镍钢在耐硫酸-水系的腐蚀方面更为优越。

表 5-1　　　　　　　　　　　　　实验材料的化学成分　　　　　　　　　　　　　%

| 钢　号<br>（日本） | 化学成分 | | | | | | | | | |
|---|---|---|---|---|---|---|---|---|---|---|
| | C | Si | Mn | P | S | Cu | Ni | Cr | Sb | 其他 |
| SUS21 | 0.102 | 0.38 | 0.46 | 0.019 | 0.012 | 0.12 | 0.19 | 12.53 | | |
| SUS | 0.067 | 0.51 | 0.34 | 0.041 | 0.006 | 0.11 | 0.27 | 17.29 | | |
| SUS | 0.081 | 0.58 | 1.42 | 0.029 | 0.008 | 0.20 | 9.21 | 18.56 | | |
| SUS | 0.119 | 0.68 | 1.62 | 0.030 | 0.008 | 0.24 | 11.72 | 17.05 | | Mo220 |
| SS-41（软钢） | 0.16 | 0.03 | 0.23 | 0.008 | 0.013 | 0.08 | | | | |
| S-TEN1 | 0.086 | 0.35 | 0.42 | 0.019 | 0.022 | 0.34 | | | 0.098 | |
| S-TEN2 | 0.10 | 0.21 | 0.75 | 0.014 | 0.012 | 0.36 | | 0.63 | | Ti 0.04 |
| S-TEN3 | 0.08 | 0.33 | 0.63 | 0.008 | 0.005 | 0.30 | | 0.88 | 0.06 | |
| COR-TEN0 | 0.09 | 0.46 | 0.38 | 0.110 | 0.017 | 0.32 | 0.30 | 0.52 | | |

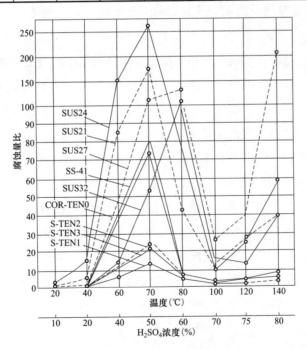

图 5-11　在硫酸-水系气液平衡状态下浸泡实验结果（6h）

我国研制出的 09CuWSn 也是一种有效的抗低温腐蚀用钢，它是在低铜钢中加入我国富有的合金元素钨与锡，能对钢的耐硫酸性能产生良好的作用。

## 四、搪瓷材料应用于抗露点腐蚀

搪瓷源于玻璃，用于装饰金属。搪瓷材料是由无机涂层与金属基材相结合所组成的复合材料，它是在金属基材上涂覆玻璃质无机材料，经高温烧成，使两者熔合成为一种新型抗腐蚀、耐高温、耐磨，表面光滑清洁的复合材料。

搪瓷是由金属与玻璃质无机材料经高温烧成而成的。金属和玻璃质无机材料是两种不同组成、结构性能各异的材料。金属材料的延伸性很好，可冷加工成各种形状的产品，而玻璃质无机材料的延伸性极差，根本不可能冷加工成型；金属的耐化学腐蚀性，特别是耐酸化学性能很差，而玻璃质无机材料的化学稳定性、耐酸化学性能却很好；金属的导热系数大，热膨胀系数大，而玻璃质无机材料的导热系数小，热膨胀系数小。搪瓷将这两种性质完全不同的材料涂烧成为一个整体，就是为了使它们各自的缺点能够相互补偿，优点得以体现。

（一）搪瓷耐酸化学稳定性能

搪瓷在使用过程中会受到水、酸、碱、大气等的侵蚀，搪瓷对酸侵蚀的抵抗能力称为耐酸化学稳定性能。搪瓷的耐酸化学稳定性能可分为抗有机酸侵蚀和抗无机酸侵蚀的化学稳定性。日用搪瓷材料所接触的一般都是醋酸、柠檬酸、乳酸、水果汁等酸性液体；工业搪瓷材料大多接触的是盐酸、硫酸、硝酸等无机酸，它们的酸性腐蚀要比有机酸强得多。

搪瓷源于玻璃，是玻璃质无机材料熔融于金属基材上的一种复合材料。搪瓷釉层就是附着于坯体表面的连续的玻璃质层，搪瓷的抗酸侵蚀能力取决于搪瓷釉层的耐酸化学稳定性。许多搪瓷研究者对搪瓷耐酸化学稳定性能进行了研究，认为搪瓷抵抗酸侵蚀的能力与 $SiO_2$ 在搪瓷釉层中的存在形式密切相关。

搪瓷的耐酸化学稳定性主要取决于硅氧、RO 和 $R_2O$ 的含量，硅氧含量越多，硅氧四面体［$SiO_4$］相互连接程度越大，瓷层受到酸侵蚀时，形成不溶性硅醇结构 Si-OH 的速度越快，搪瓷釉层的耐酸化学稳定性也越高。反之，RO 和 $R_2O$ 含量越高，搪瓷釉层的结构越疏松，对 $R^+$-$H^+$ 的离子交换越有利，搪瓷的耐酸化学稳定性就越低。搪瓷釉层中［$SiO_2$］被 RO 特别是 $R_2O$ 打断越多，搪瓷抵抗酸侵蚀的能力越差。因此，耐酸搪瓷釉中 $SiO_2$ 的含量一般都较高，而碱金属氧化物、碱土金属氧化物含量要尽可能的低。

（二）搪瓷材料的优点

1. 耐腐蚀性能好

搪瓷材料可以耐各种浓度的有机酸和无机酸，现在查到的国内外文献及实践证明除了氢氟酸外，其他介质搪瓷都可以承受，因此，搪瓷的综合防腐性能是其他材料所不能比拟的。

2. 附着力好

工业搪瓷的基本成分是氧化锆和三氧化二铬。搪瓷的底层和基层金属在高温下通过分子渗透形成一体，它既不是涂层，也不是镀层。搪瓷的膨胀系数和钢十分接近，因此，在高温下，搪瓷和基层金属的结合十分牢固，在承受相当高的冲击力下，弯曲而不掉瓷。

3. 耐高温及耐压性好

搪瓷可以耐到 500℃ 的温度而不掉瓷。俄罗斯文献明确记载搪瓷可以承受 4.5MPa 的压力。搪瓷这种抵抗温度和压力的能力，可以涵盖大多数设备的工艺状况，适应的范围很广。

4. 耐磨损

据相关资料证明，搪瓷釉层的维氏硬度 HV=652，而金属 Q235A 钢的维氏硬度 HV=114，可见搪瓷的耐磨性要大大的超过金属 Q235A 钢。

5. 阻力小、传热好

根据有关资料，搪瓷管表面绝对粗糙度为 0.005mm，而 Q235A 钢管的表面绝对粗糙度为 0.2mm，是搪瓷管的 40 倍。因此，搪瓷管表面光洁度高，不易黏灰，烟气流通阻力小，灰污热阻小，传热系数大。

（三）搪瓷的配方

不同配方的搪瓷，其性质差别也很大。二氧化硅几乎是所有搪瓷釉的主要组分，由于它熔点过高，要加入金属氧化物，主要是氧化钠、硼酐作为溶剂，同时还可以调整热膨胀系数。用常见的组分（$SiO_2$、$B_2O_3$、$Na_2O$、$K_2O$、F 等）可以配成熔化温度、化学稳定性及其他性能都合乎要求的瓷釉。这些瓷釉中加入密着氧化物（CoO、NiO），可作为底釉，加入乳浊剂，则可做面釉。

底釉是金属与面釉之间的中间层，它的作用是使金属和玻璃牢固结合。附着氧化物是影响结合强度的主要组分，使用少量的 CoO 就可以满足附着要求。

因为面釉的组成，要具有高度耐酸性，所以 $SiO_2$ 的含量不能少于 65%。但是为了防止产生脱瓷现象，考虑热管的翅片形状较为复杂，局部地方曲率半径很小，为了确保它的热稳定性，不至于在涂层与热管之间产生过大应力，必须增大膨胀系数，牺牲一定耐酸性，可以增加 $Na_2O$ 的含量达 22%～23%。但不使用氧化钾。CaO 对耐酸性有利，并可增大膨胀系数，可增加至 8%。二氧化硅则仍不能少于 62%～63%。

（四）耐酸腐蚀实验

何立波等曾对搪瓷、碳钢、不锈钢在硫酸中的耐腐蚀性进行了实验研究，得到搪瓷浸析度（腐蚀速率）随酸浓度变化的曲线图如图 5-12 和图 5-13 所示。

二氧化硅含量高（＞55%）的搪瓷在硫酸中具有非常优秀的耐腐蚀性能，与碳钢和不锈钢比较，相差 2～3 个数量级。分析实验数据还可以发现，搪瓷的浸析度在稀硫酸中最大，随着硫酸浓度增加，浸析度反而减少，浓硫酸对搪瓷的作用非常弱。

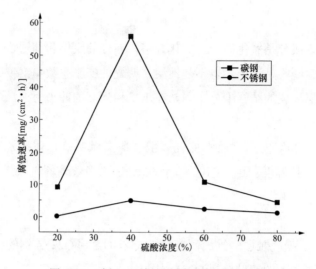

图 5-12　碳钢、不锈钢在硫酸中的腐蚀速率

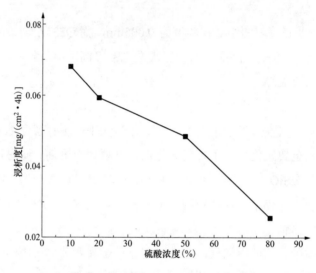

图 5-13　搪瓷在硫酸中的浸析度

## 五、其他应用于抗露点腐蚀材料

### （一）金属基陶瓷涂层

金属基陶瓷涂层是指涂在金属表面上的耐热无机保护层或表面膜的总称。他能改变金属底材料外表面的形貌、结构及化学组成，并赋予底材料新的性能。涂层的种类很多；按其组成可分为硅酸盐系涂层、氧化物涂层、非氧化物涂层及复合陶瓷涂层等，按工艺方法可分为熔烧涂层、喷涂涂层、气相沉积及扩散涂层、低温烘烤涂层、电化学工艺涂层、溶胶-凝胶涂层及原位反应涂层等；按其性能与用途可分为温控涂层（包括温控、隔热、红外辐射涂层等）、耐热涂层（包括抗高温氧化、抗腐蚀、热处理保护涂层等）、摩擦涂层（包括减磨、耐磨润滑涂层）、电性能涂层（包括导电、绝缘涂层等）、特种性能涂层（包括电磁波吸收、防原子辐射涂层等）及工艺性能涂层等。

对于金属材料来说，通常环境下发生的是电化学腐蚀，微电池作用导致了金属腐蚀。氧化铝、氧化锆陶瓷是绝缘体，因而在溶液中产生的腐蚀是化学腐蚀。这两种陶瓷没有异种金属接触而产生的接触腐蚀，也没必要太多考虑局部微电池作用。对于氧化锆和氧化铝陶瓷来说它们的耐蚀性主要取决于其化学稳定性，其次还受晶界相和各种添加物的影响，微小缺陷都可能会成为发生化学腐蚀的源点。另外，陶瓷在制取过程中会使其内部产生残余应力，在许多情况下由于应力集中加速了陶瓷的腐蚀或老化。同种，陶瓷材料由于制备工艺和添加物的不同，它们的耐蚀性也会有很大差异，对介质的腐蚀及高温氧化过程会产生明显的影响。

氧化铝陶瓷涂层的耐蚀性比金属、有机物的涂层要好，但是陶瓷涂层在离子溅射喷涂时会产生气孔，这将使金属结构和粘接层遭受腐蚀，造成膨胀，甚至使涂层破裂。

氧化锆材料的密度和断裂韧性都明显高于其他陶瓷。采用高纯度的氧化锆陶瓷（一般为 99.9%）、超细（一般粒径小于 0.5μm）的原料。通过控制原料的组成和材料的显微组织结构而形成的烧结体，具有极好的化学稳定性，能在除氢氟酸和玻璃溶液外的各种酸碱盐等恶劣环境下长期使用而不被腐蚀。

通过测陶瓷涂层在电化学极化曲线，分析发现几种陶瓷涂层均能提高不锈钢在硫酸溶液中的耐蚀性能，不同陶瓷涂层的耐蚀性能排序为 $SiO_2 > TiO_2 > ZrO_2 > 70SiO_2 30TiO_2 > Al_2O_3$。

$ZrO_2 \cdot Al_2O_3$ 复合陶瓷具有优良的化学稳定性和热稳定性，广泛用于金属或器件的表面保护。

真空陶瓷离子镀膜的方式来防止露点腐蚀，其优点是镀膜层可以较好地与金属基结合，不易脱落，由于镀膜层很薄，一般为 0.3～5μm，所以对传热性能的影响比较小，因此，项目组对采用陶瓷离子镀膜的耐腐蚀性能进行了初步的挂片内腐蚀实验研究，实验条件根据露点腐蚀的最恶劣条件下进行。

离子镀膜加工包括离子溅射镀膜和离子镀两种方式。

离子溅射镀膜是基于离子溅射效应的一种镀膜方式，适用于合金膜和化合物膜的镀制。

离子镀是在真空蒸发镀和溅射镀膜的基础上发展起来的一种镀膜新技术，将各种气体放电方式引入到气相沉积领域，整个气相沉积过程都是在等离子体中进行的。离子镀大大提高了膜层粒子能量，可以获得更优异性能的膜层，扩大了"薄膜"的应用领域，是一项发展迅速、受人青睐的新技术。

陶瓷离子镀膜目前还没有应用于耐露点腐蚀的设备中的应用实例，在本项目的实施中项目组进行了初步的但是有意义的实验，实验结果表明采用陶瓷离子镀膜具有较好的耐腐蚀性，未来是可以有效地应用于耐露点腐蚀设备处理的方法之一，但是，这个方法仍然需要进行应用研究工作开展，不同陶瓷配方的耐低温露点腐蚀性能、导热性能的影响、镀膜工艺、大型零部件的陶瓷离子镀膜、降低陶瓷离子镀膜的成本都是需要开展的工作。

（二）聚四氟乙烯材料应用于抗露点腐蚀

聚四氟乙烯是四氟乙烯的聚合物。英文缩写为 PTFE。商品名为"特氟隆"（teflon）。被美誉为"塑料之王"。聚四氟乙烯的基本结构为$-CF_2-CF_2-CF_2-CF_2-CF_2-CF_2-CF_2-CF_2-CF_2-CF_2-$。聚四氟乙烯广泛应用于各种需要抗酸碱和有机溶剂的，它本身对人没有毒性，但是在生产过程中使用的原料之一全氟辛酸铵（PFOA）被认为可能具有致癌作用。

（1）绝缘性：不受环境及频率的影响，体积电阻可达 $1018\Omega\cdot cm$，介质损耗小，击穿电压高。

（2）耐高低温性：对温度的影响变化不大，温域范围广，可使用温度$-190\sim260℃$。

（3）自润滑性：具有塑料中最小的摩擦系数，是理想的无油润滑材料。

（4）表面不黏性：已知的固体材料都不能黏附在表面上，是一种表面能最小的固体材料。

（5）耐大气老化性，耐辐照性能和较低的渗透性：长期暴露于大气中，表面及性能保持不变。

（6）不燃性：限氧指数在 90 以下。

（7）耐化学腐蚀和耐候性：除熔融的碱金属外，聚四氟乙烯几乎不受任何化学试剂腐蚀。例如在浓硫酸、硝酸、盐酸，甚至在王水中煮沸，其重量及性能均无变化，也几乎不溶于所有的溶剂，只在 $300℃$ 以上稍溶于全烷烃（约 $0.1g/100g$）。聚四氟乙烯不吸潮，不燃，对氧、紫外线均极稳定，所以具有优异的耐候性。

聚四氟乙烯缺点：热性能差；抗拉强度低，冷流现象严重，抗蠕变性能差；表面黏结性差，很难与其他材料粘结在一起，也不能采用通常的热塑性塑料的热熔接方法；加工性能差。

（三）表面改性

表面改性的目的是提高 PTFE 表面活性，从而改善其不黏性，实现与其他材料的复合，特别是提高 PTFE 的可粘接性。常用的表面改性技术有表面活化技术（如醋酸钾活化法、辐射接枝法和等离子体活化法等）、化学腐蚀改性（如金属钠的氨溶液、钠萘四氢呋喃溶液等）和表面沉积改性。这些方法的基本思想是：

（1）引入极性基团，增大界面结合力。

（2）使表面粗糙度增加，从而增大界面的机械结合力。

（3）减少界面区的薄弱点，使界面黏结性增强。

碳纤维填充 PTFE 具有极优越的抗拉性能、耐磨性和抗蠕变性。在 PTFE 中加入高弹性模量及高强度碳纤维后，就能制得质量只有钢的 1/4 及铝的 1/2 的复合材料，而其力学性能却远超过钢和铝合金等材料，但这种材料价格较昂贵。二硫化钼填充的 PTFE 硬度及刚性都会有所提高，一般二硫化钼用量比较少，而且经常与其他填充剂并用。

第六章

# 低温多效蒸馏海水淡化蒸发器设计

蒸发器是低温多效蒸馏海水淡化装置的核心设备，随着技术要求的不断提高，需要对蒸发器结构设计进行优化，同时迫切需要能够提高主设备运行寿命的新型材料。

# 第一节 蒸发器结构设计

## 一、蒸发器分类与特点

组成多效蒸发系统的蒸发器有多种形式，在海水淡化过程中应用的蒸发器主要有以下几种：

1. 浸没管式蒸发器

浸没管式蒸发器是加热管被盐水浸没的蒸发器，形式多样，有直管、蛇管、U 形管、竖管及横管等结构。盐水在蒸发器中的流动方式有自然对流循环和强制循环两类。浸没管式蒸发器出现较早，操作方便，但结垢严重，盐水静液柱高，温差损失大，因此一般在 6 效以下。近年来将强制循环蒸发器用于海水淡化，效数可以达到 10 效。浸没管式蒸发器目前在海水淡化装置中采用不多，主要原因是防垢、除垢难度较大和传热系数不高，这使得系统操作复杂化及设备庞大，见图 6-1。

2. 垂直管升膜蒸发器

在垂直管中蒸发的溶液从管下部进入，在上升的过程中被加热，形成了气液两相流，最终为环状流。升膜蒸发器的特点是不需要把料液用泵输送到上部，而是以加热蒸汽的热能转化为动能，使液体上升。由于液柱的静压和两相流的阻力，在管的下部沸点升高较大，所以需要提高加热蒸汽的温度和压力。为了克服这个缺点，可在蒸发液体中加入发泡剂，蒸发时在管内充满了泡沫，这时，液柱的压力很小，对溶液的沸点上升

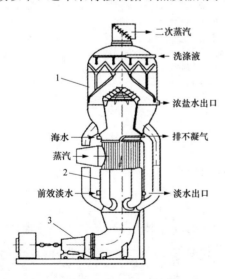

图 6-1　浸没管式强制循环蒸发器

1—雾沫分离器；2—加热室；3—循环泵

（图中标注：二次蒸汽、洗涤液、1、浓盐水出口、海水、排不凝气、蒸汽、2、前效淡水、淡水出口、3）

影响很小，而且传热系数比通常升膜蒸发器大，显著地提高了热效率，见图6-2。

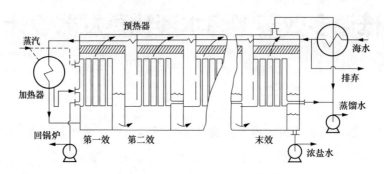

图6-2　升膜多效泡沫蒸发器

### 3. 垂直管降膜蒸发器

在垂直管中蒸发的溶液从管上部进入，在下降的过程中被加热。与升膜蒸发不同，每效蒸发器都有一个循环泵，用来控制各效盐水循环量大致相等，不受浓液因逐效浓缩而流量减少的限制，可以设计使各效传热面积相等，改善了多效蒸发的操作，不存在静液柱对蒸发的影响，见图6-3。

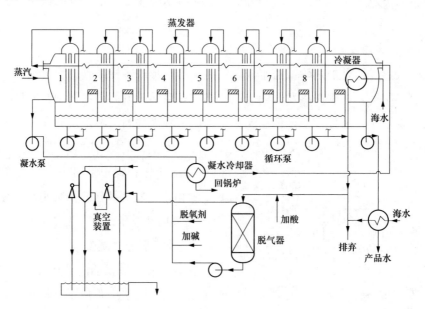

图6-3　水平排列的多效垂直管降膜蒸发器

### 4. 水平管降膜蒸发器

水平管降膜蒸发器是20世纪70年代发展起来的新型蒸发器。蒸发的料液经喷嘴被均匀分布到蒸发器的顶排管上，然后沿顶排管以薄膜形式向下流动，部分水吸收管内冷凝蒸汽的潜热而蒸发。对于光滑管，水平管降膜蒸发的传热系数三倍于闪蒸，两倍于竖直管蒸发，同时显著降低了空间高度，见图6-4和图6-5。

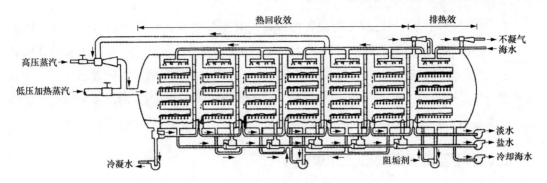

图 6-4 水平排列的多效水平管降膜蒸发器

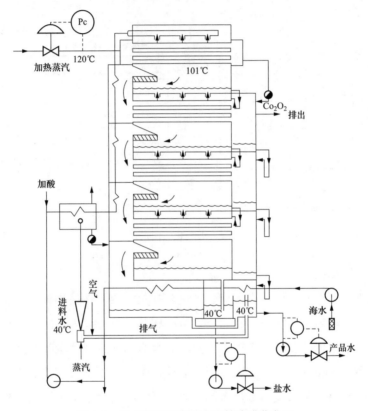

图 6-5 塔式排列的多效水平管降膜蒸发器

喷嘴和淋水盘可用来在换热管道上形成均匀的水膜。淋水盘是在水平平板上按管束布置结构均匀开孔，从而使循环盐水均匀喷洒在换热管道上，淋水盘是否水平对于换热管束上水膜的均匀性影响很大，因此，淋水盘制造安装精度要求很高。为保证管壁上不出现干区，喷淋密度要大一些。另外，淋水盘的布置和淋水孔的堵塞与检修也存在一定的困难。在目前的实际应用中，喷嘴的使用比较广泛。喷嘴的布液效果好，液滴颗粒较为均匀细小，落在管子上时的冲量很小。当喷淋量适当时喷嘴产生的喷淋流束在管束主要传热管表面形成的薄膜几乎与管子表面一样光滑，液滴引起的扰动大大提升了管外的传热系数，同时液滴落在管子表面又十分柔和，没有特别的飞溅现象。

水平管降膜蒸发传热过程主要由管内冷凝、管壁导热和管外降膜蒸发等传热过程组成。污垢热阻体现为污垢系数，它包含管内污垢热阻、管外污垢热阻，可按经验值选取。

水平管多效降膜蒸发装置可以横向组合，也可以纵向组合做成塔式蒸发器。由于管束水平排列高度小，所以组合成塔式总高度最小，占地面积也最小；同时，泵的输送功率也可以显著减小，比竖管降膜塔式蒸发器节省动力。

## 二、水平管降膜蒸发器工作过程

水平管降膜蒸发器的主要构成有壳体、管束、海水喷嘴或淋水管（板）、除沫器、管箱、蒸汽室、排液管等，如图6-6所示。

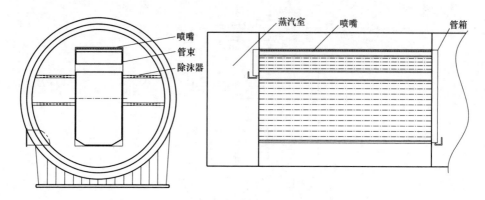

图6-6　蒸发器结构示意图

（一）加热蒸汽流程

加热蒸汽进入蒸汽室，由蒸汽室均匀地进入换热管内。在换热管内，蒸汽逐渐被管外海水冷却凝结，使管内呈两相流动状态，蒸汽的比例影响着管内凝结换热系数的大小和流动阻力。对于海水淡化蒸发器，希望管内蒸汽完全凝结或近似完全凝结，当需要的管子较长时，可采用多管程布置方式。采用多管程设计，不仅可以缩短蒸发器长度，在管箱中汽液分离，还有助于提高管内凝结传热系数。对于多管程设计，由于进入各管程的蒸汽量不同，后管程的管子数，即后管程对应的蒸汽流通面积，应小于前管程。

管程内的凝结水在管箱中汇集后，通过U形水封出水管排放到本效蒸发器或下一效蒸发器的蒸汽室，少量凝结水会再次闪蒸成为蒸汽，其余凝结水成为海水淡化装置生产的淡水（第一效蒸发器的一般称为加热蒸汽凝结水，因为其中包含汽轮机排汽，水质纯度更好）。出水管通过U形水封结构，保证凝结水的顺畅排除，同时保证管箱与蒸汽室汽相之间的隔断。

蒸汽中带有的不凝气体，在蒸汽凝结过程中逐渐浓缩并沿管程流至最后的管箱中。最后管程管箱中的不凝气和少量未凝结的蒸汽经一定的方式进入不凝气抽除系统排出。

（二）海水降膜流动和二次蒸汽的产生过程

预热后的海水经设置在蒸发器上方的布液器（喷嘴或布液板/管，如图6-6所示）喷/

洒到蒸发管外表面。进入蒸发器的海水温度通常低于蒸发器内压力下的饱和温度。当进入蒸发器的海水温度低于饱和温度时，经上部管束的加热，海水达到饱和温度，然后进入蒸发阶段。海水淡化水平管降膜蒸发器的传热温差一般为 2～4℃，蒸发过程属于表面蒸发，一般没有明显的沸腾。海水在管外形成液膜并沿管排向下滴落。浓缩后的海水在重力作用下最终流到蒸发器底部排出。在一些海水淡化装置设计中，上一效的浓盐水进入蒸发器壳程或与蒸发器壳程连通的闪蒸罐，由于压差降低而产生少量闪蒸，所以闪蒸的蒸汽与蒸发器的二次汽混合作为蒸发器产生的蒸汽。进入的浓盐水与本效蒸发器的浓盐水混合排出蒸发器；二次蒸汽经除沫器分离携带的液滴后排出蒸发器，进入下一效蒸发器作为加热蒸汽。最后一效蒸发器的二次蒸汽进入冷凝器。

（三）流动阻力对传热性能的影响

加热蒸汽在管内凝结放热，冷流体（海水）在管外以表面蒸发换热为主，即管内管外流体都处于饱和状态（刚进入蒸发器的海水有一定欠热）。由于饱和温度与压力相对应，蒸汽在流动过程中不可避免地有一定的压降，所以引起平均管内凝结温度低于前一效蒸发器的二次蒸汽温度，使得管内管外实际传热温差进一步减小。由于水平管降膜蒸发器的表观传热温差很小，所以流动阻力引起的凝结温度变化将对传热温差的变化有明显影响。因此，水平管降膜蒸发器内的流动阻力对传热性能的影响远远大于其他形式蒸发器，必须慎重考虑。

## 三、水平管降膜蒸发器关键部件

（一）筒体外壳

蒸发器外壳的厚度要足以承受全真空的压力。根据项目要求的不同，如机组容量、级效数、可利用空间等，蒸发器外壳可选用矩形截面或圆筒形结构。容器外壳焊接在一起以达到足够的机械强度和良好的气密性。

（二）换热管束

1. 管径选择

采用小管径的换热管有利于提高蒸发器的紧凑度，并具有强化换热的效果。但小管径换热管的管内、管间流动阻力都将增大，对于压降敏感的 MED 海水淡化蒸发器而言，不宜采用直径过小的管子。在满足允许压降的情况下，推荐选用 $\phi24$ 或 $\phi25.4$ 的换热管；因为管内外压差很小、管束的流体冲击负荷小，所以尽可能采用薄壁管，可以减小材料用量，同时管壁导热热阻小。

2. 管束结构布置

管束形式对降膜蒸发过程有一定影响。其中包括管束排列方式、管间距、管束纵横管排比、管子数量、管程数等。

垂直方向的管间距影响着液膜的形成与下落，是降膜蒸发器的重要结构参数之一。它受到管子排列方式、管间距的影响。蒸发器的相对管间距，即相邻两管中心距与管外径的比值。一般取值 1.3 左右，考虑到加工条件和设备紧凑度而定。对于降膜蒸发器来说，管间距还对管间蒸汽流动阻力有较大影响，为了降低管间流动压降，相对管间距推荐采用 1.3 或更高的数值。管子排列一般有正三角形排列、转角三角形排列、正方形排列、转角正方形排列等方式。在管间距相同条件下。转角三角形排列和正方形排列具有相同且较小的垂直方向管间距，正三角形排列具有最大的垂直方向管间距，如图 6-7 所示。

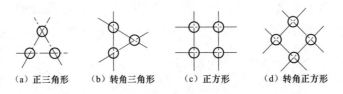

(a) 正三角形　　(b) 转角三角形　　(c) 正方形　　(d) 转角正方形

图 6-7　管束排列方式

管束纵横管排比对管间流动阻力、管外盐水喷淋密度分布有较大影响。管束纵横管排比的确定首先应满足管束从上到下各排管的喷淋密度需要，通常在保证一定喷淋密度和浓缩比条件下布置管排，然后校核传热能力及流动阻力是否在允许范围内。

3. **管程数**

管程数也是换热器的重要结构参数。当换热面积一定时，管程数与管子数量、管长相关。每流程的管子数量取决于蒸汽的进口流速，应使得蒸汽在管内的流速处于合理的范围内，既有利于换热，又保证管程流动阻力在一定范围内，一般取蒸汽进口流速为 20~50m/s。采用长管可以减少流体的回弯次数，降低回弯流动阻力，但长管束装配难度大，需要的装配空间大，管束容易产生振动破坏。对于多效蒸发装置的蒸发器，过长的换热管，还使得管内凝结液聚集，不利于换热。采用多管程可及时将管内的凝结液排出，有利于换热。

管束流程数的选择，应综合考虑蒸发器的长径比、检修空间安排、流动阻力与换热等因素而定。

当采用多管程时，由于管内蒸汽量因凝结而不断减少，管程的管子数呈递减分布。各程管子数的确定以进入各管程的蒸汽流速大致相等为佳。多管程折流管箱的转弯截面积也大致与下一管程的管束占据的投影截面积相近，这样有利于减小流动阻力。

**（三）布液器**

蒸发器要求喷淋到管束表面的海水要均匀，不允许出现干涸区。对于海水淡化蒸发器，一般要求管外海水的喷淋密度为 0.03~0.12kg/(m·s)。布液器的作用是将海水均匀布撒到上排管束上，保证管子外表面被海水充分润湿，管子表面的喷淋密度达到设计范围，避免管束上有干涸点的出现。海水在管外的喷淋与布液效果主要靠布液器（喷嘴或喷淋板/管）来保证，同时管束的排列方式应保证管束表面的海水在适当的喷淋密度范围内。

由于管内蒸汽逐渐冷凝，使换热管束沿管长方向的热通量不同，其外表面的蒸汽产生量也不同，即盐水浓缩比沿蒸发器轴向是不同的。为保证管束底部管子的最小喷淋量，根据底部管束等喷淋量的原则，在管长方向上，根据不同的喷水量，依据单只喷头在特定背压下的喷淋特性，不均匀布置喷头，达到喷淋海水与蒸发负荷匹配，装置高效安全运行的目的。

（四）除雾器

除雾器是保证制水品质的关键部件，对二次蒸汽的流动阻力也有较大影响。除雾器的设计需选择合理的蒸汽流速、结构尺寸。海水淡化蒸发器一般具有很小的效间传热温差，为了保证蒸发器一定的有效传热温差，要求除雾器在一定的分离效率下，具有最小的流动阻力。良好的除雾器要求有较高的除沫效率，即较高的分离海水液沫和蒸汽的效率；有较低的流动阻力，减小传热损失。海水淡化装置的除雾器一般有两种形式：丝网除雾器和百叶窗除雾器。

百叶窗除雾器分离效率对气流速度范围有较严格的要求，且其切割半径随速度变化较大，分离的液滴粒径也有一定的分级。

丝网除雾器的效率与丝网的丝径、空隙率、厚度、气流密度、液滴密度和气流速度有关。速度较低时，分离效率高。在一定的丝网空隙率和丝网丝径下，丝网厚度增加，其分离效率也增加，但阻力也随丝网厚度线性增大。丝网阻力引起蒸汽压降，将造成下效的蒸汽凝结温度降低，使下效的传热温差减小。丝网除雾器对粒径大于或等于 5μm 的雾沫，捕集效率高达 98%～99.8%，而气体通过除雾器的压力降很小，但只能水平布置，布置灵活性不好。

（五）效间连通管

蒸发器相邻两效之间，蒸发温度不同，级间压差不同。通过合理设计效间连通管，各效产生的淡水和浓盐水在压差的作用下能够以自流的方式流动到下一效。

效间盐水、淡水连通管的设计应遵循的原则是按照计算的蒸发器效间压力，连通管的垂直段高度应大于上一效的蒸发器设计液面高度加上两效蒸发器压差所对应的液柱高度。连通管不设置节流元件，连通管的直径应保证盐水流动通畅，尽量减小管道沿程阻力和局部阻力。在实际工程设计中，U 形管内介质流速应小于 1m/s。

## 四、蒸发器结构设计

蒸发器壳体设计宜考虑检修换管需要。蒸发器末端应设有浓盐水和淡水的缓冲空间或设计有单独的外部缓冲罐，保证运行中盐水和淡水液位的稳定性。蒸发器壳体最低处应设有排净口，保证设备停机后蒸发器底部不积液。每一效蒸发器应设置检修人孔。

蒸发器首效结构上应设置安全泄放口，在系统故障的情况下保护结构不致破坏。

采用喷淋布液设计的蒸发器，每效换热管束的顶部三排换热管应使用耐冲刷腐蚀的钛或不锈钢材质。当换热管所处的部位有可能存在蒸汽或水流冲击的情况下，这部分换热管应采用耐冲刷腐蚀的钛或不锈钢材质。如换热管与管板采用胀接连接，为保证连接可靠性，管板名义厚度应不小于 20mm。管板应采用整块材料加工，不允许拼焊。

当采用丝网除雾器设计时，丝网应水平安装，并考虑使汽流均匀穿过丝网的设计；当采用百叶窗设计时，若竖直安装，百叶窗与管束的轴向距离宜不小于 800mm。

安装在效内的喷淋系统管道，应便于检修装拆，建议每个部件的尺寸可以通过人孔进出蒸发器。

（一）筒体的常规设计

筒体的设计可参照 GB 150—2011《压力容器》（所有部分），按照钢制压力容器的标准对蒸发器进行设计及制造，材料可使用不锈钢，如 SS316L。为了降低蒸发器筒体的制造成本，蒸发器的筒体、封头以及各类接管的材料可选用 Q235，通过涂敷防腐涂料来防治内部的海水腐蚀问题。在确定壳体材料之后，首先要对壳体的设计参数进行选取，其主要设计参数包括设计压力、设计温度、厚度及附加量、焊接接头系数和许用应力，然后根据筒体厚度计算公式得到筒体的厚度。

（1）对于低温蒸馏海水淡化装置，其最高设计压力一般为 0.1MPa。

（2）设计温度不超过 70℃。

（3）根据标准所规定的公式得到筒体的计算厚度。因钢材按照一定规格厚度生产，所以厚度加上钢材厚度偏差后向上圆整至钢材标准规格厚度，即名义厚度。筒体或封头等部件在成型制造过程中，会有一定的加工减薄量，为确保封头和筒体成型后的厚度，还需要考虑一定的加工裕量，其值根据具体制造工艺和板材的实际厚度由制造厂确定。此外，由于筒体要承受海水的腐蚀，所以筒体厚度还要增加一部分腐蚀裕量。对于碳钢和低合金钢压力容器，该裕量一般不少于 1mm。

（4）根据低温多效海水淡化的工况，壳体的设计载荷应考虑以下工况：

1）内外压差。

2）容器内液体自重。

3）容器自重。

4）内部构件、管道等的重力载荷。

5）鞍座、支耳等支撑件的反作用力。

6）运输或吊装时的作用力。

（5）安全系数是考虑多种因素而确定的，这与规定的设计选择、计算方法、制造、检验等方面相适应。对于低温多效蒸发器，其筒体安全系数通常可取为 2.5～3。安全系数取值的大小与以下因素有关：

1）材料性能及其规定的检验项目和检验批量。

2）考虑的载荷及载荷附加裕度。

3）设计计算方法的精确程度。

4）制造工艺装备和检验手段的水平。

5）操作经验。

（6）在壳体的制造过程中，焊接是一项重要工艺，在焊接过程中会产生一些缺陷，如未焊透、裂纹、夹渣、咬边等，这些都会引起应力集中，往往会成为容器强度比较薄弱的环节。为弥补焊缝对容器整体强度的削弱，在强度计算中要引入焊接接头系数。

1）双面焊对接接头。

a. 100%无损检测。$\varphi=1.00$（$\varphi$为焊接接头系数）。

b. 局部无损检测：$\varphi=0.85$。

2）单面焊对接接头。

a. 100%无损检测：$\varphi=0.90$。

b. 局部无损检测：$\varphi=0.80$。

（7）圆筒厚度计算。低温多效海水淡化蒸发器筒体内部压力小于大气压力，即在真空条件下工作，因此，筒体承受外压，壳体内壁承受压应力，外壁承受拉应力。对于外压筒体，往往其压应力尚未达到屈服时就会出现扁塌现象而失效，因此，在考虑筒体厚度时应按照外压弹性失稳计算。

圆筒弹性失稳的临界压力和失稳波数与圆筒直径、长度和厚度以及材料弹性模量和泊松比有关。根据壳体的刚性程度，即壳体厚度相对于直径大小，将 $\frac{D_0}{\delta} < 20$ 的圆筒称为刚性圆筒（$D_0$ 为筒体外径，$\delta$ 为有效壁厚），$\frac{D_0}{\delta} \geqslant 20$ 的圆筒称为弹性圆筒。当 $\frac{D_0}{\delta} < 20$ 时，不能完全用薄壁圆筒来考虑，而是既要考虑其稳定性，又要考虑其强度问题。

（二）蒸发器保温的设计

为了减少蒸发器向外界环境的热损失，蒸发器筒体外部一般还要进行保温处理，常见的保温材料有岩棉、矿渣棉、玻璃棉、硅酸铝棉、复合硅酸铝镁等。在进行保温材料的选择时，应综合考虑材料的温度、热导率、强度、价格、不燃性、容量密度、吸水率、腐蚀、美观以及寿命等各个因素。目前，普遍选用岩棉作为低温多效蒸馏海水淡化装置的保温材料。

为了便于现场安装，保温材料通常都已制成各种型材和板材，不仅方便施工，而且还可加快安装进度。安装保温材料时可考虑使用自锁紧板、保稳钉、支撑环和捆扎方法或上述组合方式。如果装置与周边环境温差较大，在绝热结构中还应考虑存轴向波、箴伸缩缝，在径向设置弹性连接板，以克服热胀冷缩现象的发生。

# 第二节 蒸发器强度的应力分析设计

## 一、强度设计内容

蒸发器是一种水平管降膜式的蒸发、冷凝换热设备，它是低温多效系统的核心设备。蒸发器为负压卧式容器，通过钢支架支撑；蒸发器由多个效组成，采用多支座不对称支撑结构，通常采用固定支座和滑动支座相结合的支撑方式，其中固定支座只有一个，其余为滑动支座。蒸发器的强度设计计算内容主要包括容器筒体、支座、各种内构件、接管和吊装工况的计算与校核等。

针对多鞍座支撑卧式容器的强度计算，目前国内缺乏相应的强制标准，常规的计算方法是通过连续梁公式列出的三弯矩方程计算出各个支座处的支反力、弯矩，然后采用 Zick 法和 NB/T 47042—2014《卧式容器》来校核支座处壳体局部应力、支座之间壳体的强度与变形量以及支座的强度。考虑蒸发器设备的重要性，在按上述计算规则的基础上，需要使用 ANSYS 软件建立有限元模型，以此进行进一步的校核。

在建模时，考虑计算模型的复杂性，校核过程中可采用子模型技术进行处理。通过简化计算单元建立完整的有限元模型，将多效蒸发器的管束当作集中质量考虑，进而获得各效子模型的边界条件，并校核筒体的总体应力。在各效子模型中，管束采用管单元，筒体、端板、管板、封板、支座、后水室等结构采用梁壳单元，通过读入整体模型中相应的边界条件，进而计算出各个工况下蒸发器的应力，并根据应力的计算结果来判断蒸发器模型是否同时满足强度要求和刚度要求，并根据计算结果给出合理的鞍座结构和尺寸。

（一）蒸发器结构强度计算工况和计算内容

1. 计算工况

为达到实际工程应用中设备所需的结构强度，蒸发器的结构强度计算工况通常需要考虑以下几个方面：

（1）由于整套蒸发器工作环境为负压，所以最大负压运行工况是必须首先考虑的设计工况。

（2）事故时满水状态下的工况。

（3）装置启停时，蒸发器温度由常温升至设计温度或由设计温度降至常温的热应力工况。

（4）正常工作状态时与风组合的工况。

（5）正常工作状态时与地震组合的工况。

2. 计算内容

（1）壳体的强度和稳定性计算。

（2）两端封板的计算。

（3）多鞍座的计算。

（4）各鞍座处壳体局部应力的计算。

（5）蒸发器与蒸汽压缩喷射器的组合结构强度计算。

（6）管板的计算。

（7）换热管与管板胀接处拉脱力的计算。

（8）水室在不同承载工况下的强度计算。

（9）开孔补强计算。

（10）在各工况下的变形计算。

（11）安全泄放计算。

（12）基础荷载计算。

（二）典型工况分析

以 2.5 万 t/天 MED-TVC 装置蒸发器第一效蒸发器 MODEL1（M1）的计算工况为例，典型的强度计算工况组合如表 6-1 所示。

表 6-1　　　　　　　　　第一效蒸发器 MODEL1（M1）强度计算工况

| | 工　况 | 容器压力 $p_c$（MPa） | 满水水重 | 温差 | 自重（垂直加速度） |
|---|---|---|---|---|---|
| 基本工况 | 正常运行工况 C1[①] | −0.1 | ○ | ○ | g |
| | 满水工况 C2 | 静水压力 | √ | ○ | g |
| | 启停工况一 C3[②] | 静水压力 | √ | ○ | g |
| | 启停工况二 C4[③] | −0.1 | ○ | √ | g |
| | 热应力工况 C5[④] | −0.1 | ○ | √ | g |
| 组合工况 | 地震+正常运行工况+雪载 C6 | −0.1 | ○ | ○ | g |
| | 25%风载+地震+正常运行工况+雪载 C7 | −0.1 | ○ | ○ | g |
| | 25%风载+满水工况 C8 | 静水压力 | √ | ○ | g |
| | 风载+正常运行工况+雪载 C9 | −0.1 | ○ | ○ | g |

注　1. 计算材料的各项设计应力强度及弹性模量均按 JB 4732—1995《钢制压力容器　分析设计标准》选取。

　　2. √表示需要计算，○表示不需要计算。

　　① 正常运行工况是指蒸发器正常运行条件下的工况，只需考虑运行时的负压、自重载荷，忽略热应力、风载、雪载以及地震载荷等影响。

　　② 启停工况一是指在蒸发器满水工况下开始时第一效前管板内侧单侧充满海水的苛刻工况。

　　③ 启停工况二是指在蒸发器启动时，出现换热管先热而管板之间筒体还处于环境温度的苛刻工况。

　　④ 热应力工况是指在不同的温度下，由于管板与管束材料的不同，需考虑管板与管束随温度上升后的应力状况。

## 二、多鞍座蒸发器强度的常规设计方法校核

多鞍座蒸发器强度的计算主要参考 NB/T 47042—2014《卧式容器》、Zick 理论、HG 20580～20585《铝制化工容器》及美国《Pressure Vessel Design Manual》等有关标准资料。

文中以 2.5 万 t/天 MED-TVC 装置蒸发器为例，受力分析简图见图 6-8，蒸发器筒体强度校核中需要分别计算筒体中的各项应力：轴向应力、切向剪切力和周向应力，其中周向应力需要同时计算周向弯曲应力和周向压应力。通过分析计算得到蒸发器各支座结构处剪

切力和弯矩值，分别如图6-9和图6-10所示。

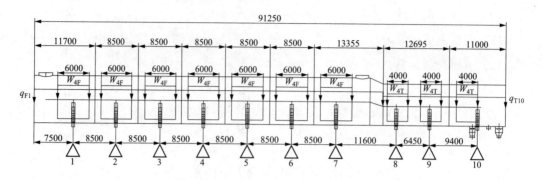

图 6-8 蒸发器结构受力分析简图

1～10—蒸发器效数；$W_{4F}$ 和 $W_{4T}$—前七效和后三效管板处的集中力；$q_{F1}$ 和 $q_{T10}$—前七效和后三效蒸发器单位长度简体盛装液重量、保温圈重量与简体重量的总和

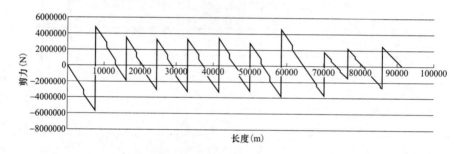

图 6-9 蒸发器结构剪力图

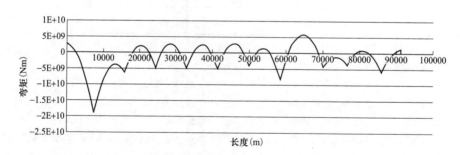

图 6-10 蒸发器结构弯矩图

## 三、蒸发器强度设计有限元分析

### （一）模型建立

蒸发器整体模型分析内容包括蒸发器的简体、简体加强筋、鞍座、管板管束结构、端部封板、管板封板以及底部钢架等结构，整体模型的分析研究结果，为各效子模型的分析提供计算边界条件，蒸发器整体几何模型和整体有限元模型分别如图6-11和图6-12所示，图6-13给出了整体有限元模型的左视图。同时考虑结构的对称性，在整体模型以及子模型

计算中均采用 1/2 模型进行分析。

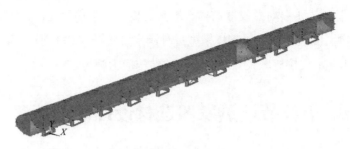

图 6-11 整体几何模型

图 6-12 整体有限元模型

图 6-13 整体有限元模型（左视图）

在整体模型中，选用 ANSYS 14.0 中的实体单元 SOLID185（8 节点）建立管板管束等效模型；选用壳单元 SHELL181（4 节点）建立筒体、支座、端盖以及管板封板；选用梁单元 BEAM188（2 节点）建立筒体加强筋、底部支架、端盖及管板封板上的加强筋。在第一效子模型中，选用 ANSYS 14.0 中的管单元 PIPE288 建立管束模型；选用壳单元 SHELL181（4 节点）建立筒体、支座、端盖、管板、后水室以及管板封板；选用梁单元 BEAM188（2 节点）建立筒体加强筋、底部支架、端盖、后水室以及管板封板上的加强筋。

## （二）满水工况强度校核

由于满水实验时，主要对蒸发器筒体、端部封板、加强筋、支座、底面支架等结构的应力状态进行检测，因而可以采用整体模型进行满水实验计算。分别按 1/4 水位、1/2 水位、3/4 水位和满水 4 个水位校核蒸发器满水实验的结构应力强度。

# 第三节　蒸发器选材设计与分析

在蒸馏海水淡化设备投资成本中，蒸发器占据比例较高，为整个淡化装置费用的60%～70%，其中换热器的传热材料就占蒸发器投资预算的 25%～35%。传热材料的合理选材，对降低海水淡化工程造价有十分重要的影响。目前，工程化应用的传热材料主要为金属材料，包括铜合金、钛、铝合金以及不锈钢等。新近发展了高分子材料，但尚未见有关工程实际应用的报道。

传热材料的选择涉及多种因素，不仅要考虑工程成本，也要考虑因材料性能不同而导致的工程运行成本、效率和稳定性等。换热器是海水淡化整个过程中最容易引起腐蚀的设备，接触完全不同的两相流，内部为冷凝的蒸汽，外部为海水。

## 一、传热材料的特性及要求

（1）蒸馏海水淡化的传热材料长期处于高温、浓缩海水环境中，受到海水冲刷及盐腐蚀。为实现淡化工程稳定高效地运行，对传热材料综合性能提出了较高要求。具有良好耐腐蚀性能的传热材料以均匀腐蚀为主，对切口和应力不敏感，不发生点蚀、腐蚀疲劳和腐蚀破裂等局部类型的腐蚀；具有良好的自钝化能力，金属表面可快速生成稳定的保护膜。

（2）良好的导热性能。蒸馏海水淡化装置靠传热管材的热传递实现海水的蒸馏处理，传热材料应具有良好的导热性能，导热性能越好，在相同的温度梯度下传热速率越大；导热性较差的金属，除了传热速率降低之外，还会因受热产生较大的内应力，使传热管容易发生裂纹和变形，影响其正常使用。

（3）良好的力学拉伸性能保障蒸馏海水淡化装置的传热材料在内外压差、液膜和冷凝液负重情况下可正常工作，不易发生断裂。通过拉伸实验可以测出金属的屈服强度、抗拉强度、伸长率与断面收缩率等性能指标。通常在蒸馏海水淡化装置中，要求传热管抗拉强度不小于 300MPa，裂伸长率不低于 40%，探伤不应存在砂眼、裂纹等明显缺陷，同轴度误差不高于 5%。

（4）综合成本低原材料易于获取，易加工。因为海水淡化工程大量使用传热管，所以要求传热材料易于加工成管状。

（5）淡化工程实践中材料失效的主要原因除了腐蚀和振动损坏，换热器传热材料的传热效率和结垢倾向等问题也是海水工程实践要考虑的重要因素。

（6）在蒸馏海水淡化工程中，使用的传热材料有钛、铜合金、铝合金和不锈钢等。传热材料的优化选择对海水淡化工程十分重要，传热材料的选择不仅影响工程的安装成本也影响工程的运行成本。

（7）由于低温多效蒸发海水淡化设备的工作特点，运行在 70℃以内，所以换热管的性能要求比多级闪蒸低（最高盐水温度 110℃）。目前，国外发展分两个流派：

1）钛管、铝黄铜管是 MED 主流选择。在蒸发器中，第一～三排传热管直接受海水冲刷，一般选用耐冲蚀性能优异的厚壁钛或高端不锈钢材料，其余则采用传热率高、价格相对便宜的薄壁钛焊管、不锈钢焊管或铝黄铜管。

2）用铝合金管 A5052 降低设备造价、采用包括电化学保护在内的特种措施确保使用寿命。

国外低温多效海水淡化装置蒸发器主要设备使用材料一览表见表 6-2。

表 6-2　　　　　国外低温多效海水淡化装置蒸发器主要设备使用材料一览表

| 项目厂名 | 管板 | 第一排管 | 其余排管 |
|---|---|---|---|
| Mirfa | SS316L | 钛 | 铝黄铜 |
| Jebel Dhanna | SS316L | 钛 | 铝黄铜 |
| Sila | SS316L | 钛 | 铝黄铜 |
| Trapani | SS316L | 钛 | 铝黄铜 |
| Ashdod | 铝合金 | 钛 | 铝合金 |
| St.Thamas3 | SS316 和铜镍复合板 | 铜镍-10/90 | 铜镍-10/90 |
| St.Croix2 | 铜镍-10/90 | 铜镍-10/90 | SS316L |
| St.Croix3 | 铜镍-10/90 | 铜镍-10/90 | SS316L |
| Curacao | SS316L | 钛 | 铝黄铜 |
| St.Marteen | SS316L | 钛 | 铝黄铜 |
| Eilat | 铝合金 | 铝合金 | 铝合金 |
| Umm-AI-Nar | 碳钢和涂层 | 铝黄铜 | 钛 |
| Nagoya | 碳钢和涂层 | 铝黄铜 | 钛 |
| Las Palams | 铝合金 5052 | 钛 | 铝合金 5052 |

## 二、适用于海水金属材料分析

（一）不锈钢 316L

不锈钢 ASTM A240-316L 是美国牌号，国内对应牌号 00Cr17Ni14Mo2，含碳量小于或等于 0.030%，是超低碳的铬镍钼奥氏体不锈钢，由于含碳量极低，并含有 2%～3%的钼，显著提高了钢对还原性酸和各种有机酸、无机酸、碱类、盐类的耐蚀性，例如：在亚硫酸、硫酸、甲酸、氢氧化钾、氯盐、卤素、亚硫酸盐等介质中均有极高的耐蚀性。此钢焊接性好，对晶间腐蚀不敏感，其他工艺性能与一般铬镍奥氏体不锈钢相似。在高温下也有良好的蠕变强度。可用于大型锅炉过热器、再热器、蒸汽管道、石油化工的热交换器部件，高温耐蚀用螺栓，耐点蚀零件等。由于 316L 具有以上诸多特点，它是海水中可以使用的优良钢种。

316L 在钝化状态时耐蚀性能接近钛和哈氏合金（Hasteloy C），但活化状态耐蚀性甚至不如铜合金而与碳钢接近。316L 可以耐受上文所述腐蚀介质和海水的腐蚀，但在钝化状态时耐蚀性下降，在形成缝隙和闭塞电池时耐蚀能力下降，产生应力腐蚀裂纹。因此，这种材料应该在制造工艺中防止出现缝隙、死角和成分偏差形成的电偶，避免局部侵蚀性离子浓缩。焊接处必须进行酸洗钝化处理，内表面尽量圆滑过渡，防止机械损伤，以免产生缺口效应。设备中应避免海水浓缩和高温及过高的工作应力，防止引起缝隙腐蚀和产生应力腐蚀裂纹。表 6-3 和表 6-4 分别给出了 316L 不锈钢的物理性能和化学组成成分。

表 6-3　　　　　　　　　　　　　物　理　性　能

| 代号 | 密度 $\rho$（g/cm³） | 热导率 $\lambda$ [25℃，W/（m·K）] | 线胀系数 $\alpha$（20～100℃，$\times10^{-6}$/℃） |
|---|---|---|---|
| 316L | 7.98 | 16.3 | 16.0 |

表 6-4　　　　　　　　　　　　　化　学　成　分　　　　　　　　　　%

| 代号 | 化学成分（质量） | | | | | | | |
|---|---|---|---|---|---|---|---|---|
| | C | Si | Mn | P | S | Cr | Ni | Mo |
| 316L | ≤0.03 | ≤1.0 | ≤2.0 | ≤0.035 | ≤0.030 | 16.00-18.00 | 12.00～15.00 | 2.00～3.00 |

（二）钛材

工业纯钛密度为 4.51g/cm³，0～80℃平均线胀系数为 8.7×$10^{-6}$/℃，0～80℃导热系数为 16W/（m·K）左右。根据杂质含量不同工业纯钛分为 TA1、TA2 和 TA3 三种牌号。B338 GR2 相当国内 TA2。工业纯钛成分见表 6-5。

表 6-5　　　　　　　　　　　　工　业　纯　钛　成　分　　　　　　　　%

| 代号 | 化学成分（质量，不大于） | | | | | |
|---|---|---|---|---|---|---|
| | 铁 | 硅 | 碳 | 氮 | 氢 | 氧 |
| TA1 | 0.15 | 0.10 | 0.05 | 0.03 | 0.015 | 0.15 |
| TA2 | 0.30 | 0.15 | 0.10 | 0.05 | 0.015 | 0.20 |
| TA3 | 0.40 | 0.15 | 0.10 | 0.05 | 0.015 | 0.30 |

工业纯钛可承受锻造、轧制、挤压等压力加工。它在力学性能和化学性能方面与不锈钢相似。

工业纯钛在低于 130℃的中性海水中不发生缝隙腐蚀，在海水中具有优异的耐蚀性。钛可以允许海水流速在 20m/s 以上，而一般铜合金仅能允许 2.6m/s，B30 铁白铜也只能允许 4～5m/s。因此，钛材特别适用于制造用海水冷却的换热器和冷凝器。

此外，钛在 25℃天然海水中的自腐蚀电位约为 0.1V（SCE）上下，钛在海水中与奥氏体不锈钢、铝黄铜的电偶腐蚀速率均小于 1μm/a，即相容，可以在同一结构中安全使用。

钛在大气中的年腐蚀速率在 0.00002mm 以下。在海水和氯化物中也基本不产生腐蚀。由有色金属研究院承担的海水中有色金属腐蚀研究课题中，在海水中挂片 4 年的研究结果为无失重、无点蚀、无缝隙腐蚀、无抗拉强度及延伸率显著变化，被认为是海水介质中的理想用材。

钛在空气和水中可以很快形成 $TiO_2$ 表面氧化膜，这层膜致密，在常见的腐蚀介质中很稳定，是钛耐蚀的基础。尤为重要的是，钛是一种非常活泼的金属，它的钝化膜具有非常好的自愈合性，当钝化膜被破坏后，能迅速修复、弥合，形成新的保护膜。因此，钛不仅能在含氧的溶液中保持稳定钝态，而且能在除氧并含有任何浓度氯离子的溶液中保持钝态。钛在海水中具有优良的耐蚀性，被誉为耐海水腐蚀之王。与不锈钢相比，钛的耐蚀性特点是极易钝化、钝化区宽、钝化膜抗氯离子的破坏作用强。

钛合金材料同时具备较强的导热性能和耐腐蚀性能，在石化、电力等行业都有广泛应用。近年来，钛合金材料在海洋工程及海水淡化方面的应用也逐渐得到重视。有研究显示，即使海水流速达到 36m/s，钛及钛合金腐蚀速率也仅为 0.074mm/a。这种优良的抗海水冲刷腐蚀性能，使许多滨海电站与核电站纷纷在凝汽器、海水换热器等设备中大规模使用钛合金材料。在蒸馏海水淡化中，由于钛及钛合金优异的耐蚀性能，在工程设计上可以达到免维护的水平。

在 MSF 装置中，冷凝器将海水作冷却水，冷却各级闪蒸室产生的水蒸气，但由于海水腐蚀性很强，且常混有泥沙、微生物等，所以容易造成传热管腐蚀和微生物附着。现在几乎所有 MSF 海水淡化装置的冷凝器上都使用钛管。特别是为了杀死海水中的细菌，不得不注入氧化型杀菌剂时，更需使用耐蚀性好的钛管。此外，当热回收冷凝器介质中含有氨或硫化氢等污染物时，将增大铜合金管腐蚀速率，也需采用钛管取代铜合金管。同样，在 MED 海水淡化设备中，热交换器管内走蒸汽，管外喷淋海水考虑技术条件、产品设计寿命和经济性等因素，在距离海水喷淋管最近、海水流速快、冲蚀现象明显的前几排换热管全部采用钛管。

钛的抗腐蚀性好，但传热效率较铜合金偏低，价格比铜合金贵。钛导热率为 17W/（m·K），铝黄铜导热率为 100W/（m·K）。钛耐蚀性好，强度高，管壁可以做得更薄。如果铜合金管壁厚度为 0.7～1mm，钛管厚度就可以为 0.35～0.5mm。钛的密度低（4.50g/cm³），约为铜合金（8.40～8.90g/cm³）的 1/2。相同传热面积，钛管厚度为铜合金的 1/2，质量仅为铜合金的 1/4，安装同等长度的钛管质量只是铜合金管的 50%。当钛管壁厚为铜合金管的 50%时，相同传热面积的钛管质量仅为铜合金管的 1/4。

目前，工程上主要采用的钛合金是 GB/T 3620.1—2016《钛及钛合金牌号和化学成分》的 TA2 和美国 ASFM F67-13《Standard Specification for Unalloyed Titanium, for Surgical Implant Applications（UNS R50250,UNS R50400,UNS R50550,UNS R50700）》的 R50400/GR.2。以 2012 年 4 月价格水平计算，钛合金的价格（约为 2.8 万 US$/t）是铜合金（约为 0.80 万 US$/t）的 3～4 倍，采用薄壁钛管的经济性与铜合金相当。

在使用过程中要注意钛合金管的电化学腐蚀、缝隙腐蚀和吸氢。钛在海水中的自腐蚀电位低于许多金属，与这些金属混合使用时，会因形成电偶对而促进其他金属的腐蚀。钛在高温盐水中存在缝隙腐蚀。采用胀管法安装在管板上的钛管，在 100℃，pH 值为 8 的海水中容易发生缝隙腐蚀。由于在蒸发器中同时使用了铜合金传热材料，所以可降低钛管的缝隙腐蚀倾向，即使淡化装置中海水温度达到 120℃也不会出现明显的缝隙腐蚀现象。在 80℃或 100℃以上的海水中，由于钛具有较强的活性，容易吸收原子态或分子态氢，从而导致材料氢脆。在中性盐水溶液中，钛与铜合金及不锈钢接触时不会发生吸氢，但与电位较负的铁、锌等金属接触时，由于耦合电极的电位较负（低于−0.7V），钛合金容易产生吸氢现象，采用铁基合金作牺牲阳极板时，就可避免钛吸氢。另外，在使用薄壁钛合金管时，由于薄壁钛合金抗弯刚性及固有的振动数低，所以为避免因管振动而引起的管破损问题，可采用比铜合金管的管板间隙小的方法来解决。

（三）铝黄铜 HAL77-2A

铜的标准电极电位为+0.34V，比氢高，在一般酸溶液中不能置换出氢。铜的腐蚀过程不产生氢的去极化作用。当没有氧化剂存在时，铜在水及非氧化性酸中是稳定的。当溶液中有氧化剂存在时会加速铜的腐蚀。黄铜（铜-锌二元合金）耐蚀性并不很好，一般用作抗锈材料，易产生脱锌腐蚀，在潮湿的含有氨或二氧化硫的大气中，易产生应力腐蚀开裂。黄铜中加入锰、铝、硅、锡、镍等能提高黄铜的耐蚀性。

铜合金是海水处理设备应用中最重要的传统材料之一，它具有优良的耐蚀性、较好的传热性能、易加工成型和较经济的优势，一直是海水淡化工程的首选材料。海水淡化用铜合金主要有铝黄铜、锡黄铜和铜镍合金。我国已具备海水淡化用传热管的研发生产和制造能力，并已形成了相应的国家标准，其主要化学成分与美国生产的基本相同。用于传热管的合金材料的牌号分别为 HAl77-2（铝黄铜）、Hsn70-1（锡黄铜）和 BFe10-1-1、BFe30-1-1、BFe30-2-2（铜镍合金），分别对应美国牌号 C68700、C44300、C70600、C71500 和 C71640。

铝黄铜 C68700 的国内牌号为 HAL77-2A，是常见的用于海水的换热管材料。该材料用作换热管时，与白铜比最大的弱点是耐冲击腐蚀能力稍弱。在以沙粒为主的悬浮物超过

50mg/L 时，其均匀腐蚀速率可超过 0.2mm/a（流速为 0.5～1.33m/s）。黄铜的脱锌腐蚀是主要危险，为防止脱锌向黄铜中加入 0.03%～0.08%的砷（As），并在牌号的最后冠以"A"字，表示是加砷产品。HAL77-2A 铝黄铜物理性能及化学成分见表 6-6 和表 6-7。

表 6-6 物 理 性 能

| 代号 | 密度 $\rho$（g/cm³） | 热导率 $\lambda$[25℃，W/（m·K）] | 比热容 $c$[100℃，×4.2J/（g·K）] | 线胀系数 $\alpha$（20～100℃，×10⁻⁶/℃） | 电阻率 $\rho$（20℃，×10⁻²Ω·mm²/m） |
|---|---|---|---|---|---|
| HAL77-2 | 8.60 | 113.04 | — | 18.5 | 0.075 |

表 6-7 化 学 成 分 %

| 代号 | 化学成分（质量） | | | | |
|---|---|---|---|---|---|
| | 铜 | 铝 | 砷 | 锌 | 其他成分 |
| HAL77-2A | 76.0～79.0 | 1.8～2.3 | 0.03～0.06 | 余量 | ≤0.3 |

（四）不锈钢焊管

国外最新的海水淡化工程中已经在应用铁素体不锈钢焊管，主要应用于低温效组。

## 三、海水淡化蒸发器选材分析

（一）用材分析

在低温多效装置中，加热蒸汽在换热管内冷凝放热，海水在管外降膜蒸发，是双侧相变传热，通常设计传热温差很小，仅为 2～4℃。考虑盐水沸点升高、流动损失，管束中大部分传热管实际有效传热温差只有 1℃多，换热管壁的导热热阻不容忽视。尤其在低温效，海水黏度增大，传热会恶化。钛材换热管质量轻、强度高、耐腐蚀，是最良好的抗海水腐蚀管材；但是，导热能力差和价格高限制了其在低温多效装置中的应用。因对流传热热阻是 MED 换热管热阻的主要部分，导热热阻只占很小的比例，用薄壁钛管作 MED 换热管会是一个好选择。

比较材料导热性能，316L 与钛相似，热传导系数仅约为铝黄铜（HAL77-2A）的 1/7。虽然耐蚀能力优良，但价格也高，导热差，加之比重是钛的近两倍，单位换热面积成本直逼钛管，两者用作顶值温度不高于 70℃的低温多效设备换热管需要更大的换热面积补偿导热能力不足。

铝黄铜管作为换热管时，最大的弱点是耐冲击腐蚀能力较差。但在水平管降膜蒸发过程中，除上面 3 排直接承受喷淋冲击的管排，含有悬浮物的海水在管外靠重力自然降膜流动，在已知的工程设计中属层流膜流动，流速不大，这个缺点完全不构成问题。相对于白铜管的价格，铝黄铜是一个较好的选择。

设备正常工作情况下，蒸发器内不会出现还原性气氛，316L 会保持钝化，内部件基本为同种材料，电极电位差小；316L 管板与支承板+HAL77-2A 管的管束材料组合在运行工况下不会发生明显的电偶腐蚀（钛与 316L 间也没有问题）。所用材料耐蚀性属于良好，但仍应注意防蚀问题——如避免出现死角、缝隙、局部凹坑。设备停机保护也很重要。后面将有进一步的描述。

上面三排管利用了钛材耐冲蚀-腐蚀的优良性能，以色列 IDE 公司在某些设计中甚至上两排管子并不通蒸汽，只是用来布液，使进料海水均匀分配到管束上。已投运的横管降膜海水淡化蒸发器中，已知进料海水均存在过冷度，即上面数排的管子需要预热进料海水，使之达到对应压力下的饱和温度，这部分换热管是单侧相变传热。

一般设备选材的原则是性能价格比、强度重量比、工艺性能、在所处介质中的稳定性等，对于低温多效海水淡化设备来说，在海水中的耐蚀性是应优先考虑的因素。由于这类材料通常价格非常昂贵，而且使用量大，所以在相似的耐蚀能力下，只要满足使用要求，就应尽量选用廉价材料，降低造价。

（二）选材分析

1. 壳体材料

壳体材料主要有 3 种，即复合钢板、双相不锈钢、316L，分述如下：

（1）复合钢板。为减少成本，设备壳体可以考虑选用不锈钢+碳钢的复合钢板，如图 6-14 所示。按闪蒸设备上的经验，316L 复层厚度 3mm 即可保证设备寿命20 年以上；低温多效工艺相比顶值温度 110℃的闪蒸工艺腐蚀更小些，应用 316L 复层的壳体寿命应能达到 30

图 6-14　复合钢板实物图

年。如使用双相不锈钢复层，则有望获得更佳的耐腐蚀性能。复合板的加工、焊接我国已经非常成熟。

金属复合板是两种或两种以上的不同金属经不同的加工工艺复合而成的金属材料，它以廉价及性能优良等特点在工业领域获得了广泛应用。利用炸药作能源，将两种以上的金属材料焊接成一体的金属加工技术称爆炸焊接，大面积的金属爆炸焊接即为金属爆炸复合。此方法与其他复合方法的根本区别在于明显地给工件施加了高压脉冲载荷，加载应力远远高于金属材料的屈服强度；加载过程的瞬间性，一般为微秒量级；工件受载的局部性是它只发生在作用点的微小的邻近区域，而且高速地移动；结合区呈现为波状的冶金结合区。根据 JB 4733—1996《压力容器用爆炸不锈钢复合钢板》规定，容器用 B 级复合钢板，复材与基材的面积结合率大于 98%。复合板实际结合强度远大于标准值，对于 316L+Q235-B来说，结合面剪切强度大于 100MPa。

对于爆炸复合板，复层表面没有经受长时间的高温加热，不会出现化学成分、组织结构方面的变化，故耐蚀性能不会发生改变，仍保持原复层材料的优异性能。制造上，复合板的焊接工艺国内已经非常成熟。使用复合板可以大大降低壳体部分的制造成本。大面积金属复合板，是利用爆炸焊接高能加工方法获得的一种常见工程结构材料。它既具有复层材料的耐腐蚀、耐热、耐磨蚀等特殊性能，基层又具有结构要求的强度和刚度。现代工程设计、制造和使用，要求合理地选择和使用材料，以达到优化设计，提高产品的可靠性。采用金属复合材料建造的工程结构断裂实验表明，即使发生破坏，裂纹是沿界面传播的，这对结构的安全性是非常重要的，这就要求所选用的材料具有优良的综合性能和合理的经济性，而金属复合板材料则突出体现出了这些要求。复合材料的经济性具有明显优势，与单金属相比复层厚度小，还可减少设计板厚，这就大大节约了投资金额。爆炸金属复合材料基层与复层的厚度比根据设计、使用要求选定。通常大于 3:1 较为合理，其尺寸规格可大可小、定货批量可多可少，无起定量限制。

近年来，各种新型复合板制造工艺日益成熟，如爆炸+轧制复合、轧制复合，可以获得大幅宽、高质量、低成本的工程复合材料，大大拓宽了海水淡化蒸发器的选材范围。

表 6-8 给出了设计选材的方案对比，由此可以看出，金属复合板作为一种理想的工程结构材料适于在炼油、石化、化工、电解铝、轻工、食品、海水淡化、水利水电、核能、高能物理、环保等工业领域中广泛采用。

表 6-8　　　　　　　　　　　金属复合材料工程适用情况比较

| 材料项目 | | 复合材料 | 不锈钢 | 碳钢+涂层 | 衬层 |
|---|---|---|---|---|---|
| 质量评价 | 安全性 | 优 | 优 | 可用 | 可用 |
| | 耐蚀性 | 优 | 优 | 可用 | 良 |
| | 结构材料 | 优 | 优 | 可用 | 可用 |
| | 适用范围 | 宽 | 宽 | 窄 | 窄 |
| 经济评价 | 材料费用占比（%） | 20~80 | 100 | 30 | 80 |
| | 建造 | 优 | 优 | 可用 | 可用 |
| | 使用寿命 | 长 | 长 | 短 | 短 |

图 6-15　双相不锈钢组织结构图

除板材外，还有复合金属棒材和管材。对特殊规格尺寸的金属复合材料可通过协商确定。

（2）双相不锈钢。双相不锈钢（Duplex Stainless Steel，DSS）指铁素体与奥氏体各约占 50%，一般较少相的含量最少也需要达到 30% 的不锈钢，双相不锈钢组织结构如图 6-15 所示。

双相不锈钢从 20 世纪 40 年代在美国诞生以来，已经发展到第三代。它的主要特点是屈服强度可达 400~550MPa，是普通不锈钢的 2 倍，因此，可以节约用材，降低设备制造成本。在抗腐蚀方面，特别是介质环境比较恶劣（如海水、氯离子含量较高）的条件下，双相不锈钢的抗点蚀、缝隙腐蚀、应力腐蚀及腐蚀疲劳性能明显优于普通的奥氏体不锈钢，可以与高合金奥氏体不锈钢媲美。

双相不锈钢具有良好的焊接性能，与铁素体不锈钢及奥氏体不锈钢相比，它既不像铁素体不锈钢的焊接热影响区，由于晶粒严重粗化而使塑韧性大幅降低，也不像奥氏体不锈钢那样，对焊接热裂纹比较敏感。

双相不锈钢由于其特殊的优点，广泛应用于石油化工设备、海水与废水处理设备、输油输气管线、造纸机械等工业领域，近年来也被研究用于桥梁承重结构领域，具有很好的发展前景。

双相不锈钢有以下优点：

1）双相不锈钢本身的抗腐蚀能力优越，尤其是耐应力腐蚀性能，现在广泛应用的奥氏体等钢种出现问题时可以用双相钢代替。

2）因为双相不锈钢的强度比普通不锈钢高 1 倍，所以是一个很好的结构材料，有广泛的使用前景。

3）结合我国的特点，已经是世界上最大的不锈钢消费国，不锈钢生产发展也很快，但我国又是一个镍资源缺乏的国家，从当前的发展情况看，不锈钢的发展已经给镍资源带来了压力，我国要发展到 500 万～600 万 t 产能时，面临的最大问题就是如何节约镍资源。

4）据了解，在生产方面，不仅有国内的大企业，如太原钢铁（集团）有限公司、宝山钢铁股份有限公司、首钢长治钢铁有限公司都可以生产出有较好质量的双相钢，我国的民营企业，如浙江天宝也已经试制并生产出双相不锈钢。在使用和制造方面也有许多成功的范例；在技术方面我国已经有许多优秀的专家。

2205 合金（ UNS S32305/S31803 ）是由 22%铬、3%钼及 5%～6%镍氮合金构成的复式不锈钢，其化学成分见表 6-9。它具有高强度、良好的冲击韧性以及良好的整体和局部的抗腐蚀能力。与 316L 和 317L 奥氏体不锈钢相比，2205 合金在抗蚀损斑及裂缝方面的性能更优越，它具有很高的抗腐蚀能力，与奥氏体相比，它的热膨胀系数更低，导热性更高；与奥氏体不锈钢相比，2205 合金钢的耐压强度是其两倍；与 316L 和 317L 相比，设计者可以减轻其重量，成本也更低。

表 6-9　　　　双相不锈钢 2205（00Cr22Ni5Mo3N、S31803）化学成分表　　　　%

| 牌号 | C≤ | Mn≤ | P≤ | S≤ | Si≤ | Ni | Cr | Mo | N |
|------|------|------|------|------|------|------|------|------|------|
| 2205 | 0.030 | 2.0 | 0.03 | 0.02 | 1.0 | 4.5～6.5 | 21～23 | 2.5～3.5 | 0.08～0.2 |

2304 双相不锈钢可以看做 2205 的简化版本，拥有不低于 316L 钢的耐海水腐蚀性能，价格更低廉，比强度更高。

（3）316L。目前相关行业设备制造厂家有丰富的加工制造经验，相比选用复合钢板，材料种类少，施工组织简单，可以保证设备的性能与寿命。

（4）小结。在海水淡化设备的发展过程中，最初采用的都是碳钢材料，但由于实际使用的情况非常不理想，人们开始不断地寻找新的替代材料，从使用不锈钢衬里、316L 复合板到纯 316L 不锈钢。甚至 317L 不锈钢也在 20 世纪 80 年代 Jeddah 工程的海水淡化装置中采用过。近年来，双相不锈钢开始广泛应用于海水淡化设备，由于双相不锈钢含有较少的镍金属，随着工艺不断成熟和批量的提高，价格不断降低，在工程中获得越来越广泛的应用。

但从选材角度比较，目前，海水淡化工程中最常用的材料是双相不锈钢和 316L 不锈钢，其使用情况也较为稳定。双相不锈钢的韧性、强度、耐腐蚀性和可焊性等材料性能均优于 316L 不锈钢，且与 HAl77-2、TA2 换热管的介质相容性也与 316L 不锈钢相同。

复合板的焊接材料要求及制造加工费稍高，但可以大大降低耐蚀金属用量，新的工艺可以获得更低廉价格、大幅宽板材，被认为是目前海水淡化工程中最有应用前景的材料之一。

2. 换热管束

（1）5052 铝合金。世界上只有 IDE 公司在 MED 海水淡化工程中使用铝合金传热管，为保证铝合金材料在低温多效海水淡化装置中运行的可靠性，IDE 公司配套开发了离子陷阱技术，即在原海水进入蒸发器前通过装有铝合金填料的离子陷阱装置，以便除去海水中易诱导铝材料点蚀的重金属离子，如铜、铁离子等，避免下游工艺中对铝管的腐蚀。

根据相关文献的介绍，冷轧 5052 铝合金管对层流和紊流状态的海水均有较好的防腐作用，价格低廉。然而除 IDE 公司外，国际上尚无第二家公司使用于海水淡化设备。IDE 公司投标文件中也多次提到："使用专利 5052 铝合金换热管，换热管外为层流膜流动，腐蚀轻微。在有湍流侵蚀的地方，通常把加速的点状腐蚀率降到最小化。"这里可能是指 5052 专利表面处理技术；另通过结构设计，尽可能使管外流动均匀，减少湍流的强度，控制可能的点状腐蚀。根据几年前的数据，相同换热面积，选用铝合金管，设备投资比选铜管节省 25%～40%。随着国际铜价的节节攀升，这个差值在扩大。但直接在工程中使用 5052 换热管风险极大，尚要求结构设计配合。

（2）钛管。薄壁（壁厚为 0.4～0.5mm）焊接钛管是换热管的另一种可能选择。海水冷却的换热器例如电厂凝汽器开始大量选用钛管。虽然钛管具有最佳的耐海水腐蚀性能，考虑整体经济性，通常做技术、经济比较后确定。

（3）铝黄铜管。根据 DL/T 712—2010《发电厂凝汽器及辅机冷却器管选材导则》，316L 管板+HAL77-2A 换热管组合可用于海水介质。

铜管表面的保护膜是耐海水腐蚀的屏障，保护膜的初次形成十分重要。铜合金在自然状态下或者处于干净的海水中可形成以氧化铜为主的耐海水腐蚀的保护薄膜，铁、镍和锰等元素的加入主要是起增强薄膜的作用。保护膜的初步形成在数天之内就能完成，但是发展成熟则需要 3 个月以上。第一次形成的保护膜十分重要，它会影响铜管的后续使用寿命。要形成稳定的保护膜，前提是铜合金管表面质量高、光滑无缺陷。如果铜管表面存在缺陷，缺陷位置的保护膜易被破坏而引起腐蚀。另外，铜管表面要保持干净，避免有杂质，如碳，会引起电化学腐蚀，严重影响铜管的使用寿命。

海水淡化用铜合金管的生产流程一般包括配料、熔炼、铸造成坯、铸坯加热、挤压轧制、涡流探伤、切割打磨、退火、探伤和材料性能测试等。铜管生产过程中冷热应力大，加工件变形大，易产生内部裂纹。裂纹会导致铜管的强度、耐蚀性能迅速下降。生产过程中须严格控制，避免成品中有内部裂纹，一般采用涡流探伤的方式进行检测。

（4）不锈钢管。不锈钢作为海水淡化工程的常用材料，通常用作 MED 装置的管板、除雾器、淡水箱和管路等，现役设备中较少用作蒸馏淡化装置的传热管，这主要是因为不锈钢薄壁管的耐蚀能力有待验证。随着材料技术的发展和海水淡化技术的不断进步，新开发的廉价不锈钢已经开始用于蒸馏海水淡化装置的传热管材。与传统不锈钢相比，耐蚀能力满足工艺要求，具有足够的耐点蚀和缝隙腐蚀能力。廉价不锈钢的强度高，耐蚀性能较好，在保证工程设计寿命的基础上，与传统传热材料铜合金相比，管壁可以做薄，厚度只有铜合金的 1/2。薄壁管的使用不仅可以节约材料，也可以提高传热效率。

3. 内部件材料

与壳体及管板、隔板材料相同，使材料腐蚀电位一致，获得最好耐蚀性能。

（三）结构、工艺与选材的协调分析

分析蒸发器设备结构、实际工作过程、盐水在管外的流动，是一个相对"平静"的过程，管壳程间压力差不超过 $300mmH_2O$（约 $3kPa$），材料强度并不重要。

海水中溶解了足够海生物生存的氧，其含量与海域和水温有关。溶解氧的存在对蒸馏法装置产生两方面的不良影响，一是 $O_2$ 作为腐蚀电池的氧电极，使设备的金属材料溶解腐蚀；二是长期的氧化物积累，在传热管上产生氧化物污垢，从而降低传热效率，并产生新的腐蚀区域。根据原电池原理，由海水中因溶解氧而形成的腐蚀电池有两种情况：

（1）在同一电解液中，不同金属接触所构成的电池。电位低的金属成为阳极，电位高的金属成为阴极。当海水中存在氧时，则 $O_2$ 在阴极上还原。这时氧起到阴极的作用，故称"氧电极"。只要海水中有氧存在和不断供应，电池就继续起作用，电位低的金属就不断溶解。

（2）同一种金属浸没于一种电解质溶液如海水中，金属表面电化学不均一性构成腐蚀电池，如金属设备的缝隙处与其他部位的含氧量不同而形成氧的浓差电池，导致缝隙处金属被腐蚀。因此，海水进入蒸发设备，需将其中的溶解氧尽量脱除，这是防止设备电化学腐蚀的重要措施。

静止的、含氧的海水是引起设备腐蚀的主要原因。必须做好设备的停机清洗与保护。长时间停机应使用淡化水冲洗设备，直至冲洗水含氯小于设定值并排空余液。

钛在蒸发器的工作环境中可以安全使用。应该注意的是在蒸发器的制造中，须避免结构上形成缝隙和阻滞，防止海水在局部浓缩时，所含的溴离子与氟离子产生腐蚀，还应避免出现局部应力集中。钛在扎制成管材或板材时，表面吸附的氧、氢、氮等气体，会降低钛的耐蚀性，应清洗除去。不锈钢表面尤其是焊缝区必须做好酸洗钝化处理，保证材料表面的钝化膜完整、稳定。换热管胀接工艺必须严谨，严防欠胀、过胀。尤其是过胀，不仅会影响附近接头的胀接可靠性，还会引起管与管板连接部位残余应力增大，容易发生应力腐蚀。

## 四、传热材料发展趋势

传热管在蒸馏淡化装置中的作用非常重要，是提高性能、降低造价和造水成本的关键。开发高效、耐蚀和廉价的海水淡化用传热管材料，是促进蒸馏海水淡化技术发展的重要方向。目前，工程用传热材料主要是铜合金和钛，根据工况的不同进行不同的组合选择。传热材料的选择是一种多重选择，需综合考虑成本、使用寿命和传热效率。在保证铝合金和不锈钢使用寿命和传热效率的前提下，以降低成本为目的开发新型传热材料。未来蒸馏海水淡化传热材料的应用应该注重 2 个方面的发展，一是开展强化传热研究，减少金属传热材料的用量，二是促进廉价金属传热材料的推广，拓宽材料种类选择范围。

贵重金属材料的强化传热。为了降低装置的投资费用，研究开发强化传热技术，开发诸如薄壁传热管、异型管、翅片管和表面处理管等产品，以提高传热效率，减少传热管用量和降低装置造价。薄壁传热管不仅能提高传热效率，也可有效减少材料用量。

随着针对铜合金材料在热法海水淡化装备中腐蚀规律研究的不断深入以及薄壁铜合金管加工制造技术的发展，采用管壁更薄、力学性能更好的铜管来提高换热性能，减少材料用量已被普遍采用。最近 10 年间，国际上 MED 铜传热管壁厚已由 1mm 降至 0.7mm。

钛的强度和耐蚀都高于铜合金。在保证使用寿命的基础上，钛管管壁厚度可以比铜管做得更薄，铜合金传热管壁厚一般为 0.70mm，钛管壁厚可以降低到 0.4mm，甚至 0.35mm。这取决于钛管的制造与质量控制难度，加之钛材密度仅为铜合金材料的 1/2 左右，同样传热面积的钛管重量仅为铜合金管的 1/4。按目前的材料价格，在 MED 中全部使用薄壁钛管，在造价成本上比铝黄铜管更有竞争力。

用新近发展的不锈钢做传热材料，综合性能接近铜管，而价格更低廉，作为传热材料，可以降低造价。如奥地利维奥技术瓦巴格公司承建的 MED 海水淡化装置采用了德国 Fischer 公司生产的 S34565 薄壁不锈钢传热管。不锈钢作为传热材料，价格约只有钛的 1/2。国际上其他大型不锈钢公司也开发出了类似的不锈钢材料，如芬兰 Outokumpu 开发的超级奥氏体不锈钢（S32654）和法国 Valtimet 公司开发的超级铁素体不锈钢（S44735）。

其他廉价金属传热材料开发应用是当前热法海水淡化的研究热点之一，较为成熟的是铝合金传热管。IDE 公司掌握有成熟的耐蚀铝合金传热管制造技术、表面改性技术和系统运行防护技术，可实现铝合金材料在装置中的稳定工作。

新型非金属传热材料的开发在蒸馏海水淡化的发展中，寻找价格低廉，满足生产需求的各种传热材料，一直是海水淡化研究的一个重点。已开展研究的用于传热的非金属材料主要包括石墨、玻璃、陶瓷和塑料。其中塑料与其他非金属材料相比，具有良好的耐蚀性、自润滑性、耐老化性和易加工性等特点，有突出的应用优势。塑料换热器操作温度在40~120℃，与目前蒸馏海水淡化温度重合。塑料换热器耐腐蚀、耐冲蚀，可在较高操作水流速度下工作。另外，塑料本身表面张力低且不易黏附，质地柔软、热膨胀系数较大，有一定的自清洁能力。塑料换热器耐污染性极强，使用过程中基本不用除垢，即使除垢，由于塑料具有良好的耐蚀性，也可采用价格低廉的酸洗。塑料用作换热材料，具有明显的经济性。在蒸馏法海水淡化中，换热器费用占前期建设投资的20%~40%，药剂费用占后期运行费用的8%~10%，维护费用占后期运行费用的10%~15%。塑料换热器成本仅为传统金属换热器的33%~66%，且不易结垢。塑料换热器的使用，运行维护费用都大幅度降低。塑料换热器在海水淡化中的应用的发展前景广阔，若能在蒸馏法海水淡化中实现塑料换热器的应用，大规模替代现在的金属换热器，则淡化水成本将会大幅下降。

# 第四节　蒸发器的制造与验收

在制造过程中，要严格检验原始材料质量，换热管100%探伤，不得使用划伤、有缺陷的管子。大型低温多效蒸馏海水淡化装置中，有色金属零件一般只能采用车、铣方式加工，而不可采用磨削方式；对于非金属材料一般要加工模具，其加工的精度和难度一般较高，加工时可考虑利用特种加工手段，如激光、电火花、超声波、粉末冶金、快速成型等加工方法。蒸发器各内件焊接后的变形量和组装后的残余应力应满足设计图纸要求，并洁净化制造。不锈钢零部件的下料、成形和焊接应与碳钢部件分开。不锈钢加工中应注意保护原始钝化表面，焊接中应采取措施，控制焊接飞溅对材料表面的伤害。换热管穿胀前，管隔板表面应脱脂；换热管穿胀中，操作人员应该佩戴脱脂手套，防止管孔及换热管表面油脂污染。

## 一、关键工艺与实验

换热管与管板的胀接必须通过胀接实验来确定管壁减薄率能够稳定控制在买方要求的范围内，以保证连接的紧密性和胀接部位的耐蚀性。

焊接应进行焊接工艺实验和工艺评定，结合焊缝应力腐蚀实验编写可行的焊接工艺规范，保证焊接接头具有足够的耐盐水腐蚀能力。

蒸发器作为薄壁容器，筒身和内件的厚度都较小，组装中必须制定有针对性的工艺路线，从焊接方法、焊接工艺、焊接顺序等各方面考虑，防止和减少焊接变形，控制残余应力。

用于蒸发器的喷嘴应在工厂内进行喷嘴性能实验，检测喷嘴流量压降特性、喷淋均匀性、喷淋角度、喷淋粒径分布。

（一）焊接

施焊前的焊接工艺评定应按NB/T 47014《承压设备焊接工艺评定》进行。

不锈钢制设备焊接宜采用小电流多道焊，使用小的焊接线能量，保证焊缝及热影响区达到设计的耐腐蚀能力。不锈钢制设备焊接中应采取防飞溅保护措施，防止飞溅对不锈钢板材耐腐蚀性能的影响。

蒸发器、凝汽器、蒸汽热压缩器壳体焊接接头应为连续满焊且为全焊透结构。蒸发器、凝汽器、蒸汽热压缩器内部焊缝应全部为连续焊缝，不允许间断焊。不锈钢制蒸发器内部焊缝宜采用气体保护焊，推荐氩弧焊。蒸发器、凝汽器、蒸汽热压缩器的内、外部焊缝，表面应平滑，不应有咬边现象。

（二）无损检测

蒸发器、凝汽器、蒸汽热压缩器的壳体对接接头应进行局部射线（RT）或超声（UT）检测，检测长度要求：

对于蒸发器、凝汽器，不得少于每条焊接接头长度的 10%，其中应包含 100%T 形接头；对于蒸汽热压缩器，不得少于每条焊接接头长度的 20%，其中应包含 100%T 形接头。

焊接接头，外观检查合格后，再进行无损检测。JB/T 4730《承压设备无损检测　射线检测》，合格标准参照 GB 150—2011《压力容器》（所有部分）中低压容器要求。

（三）组装

分段制造出厂的蒸发器，应采用尽可能大的单元体，减少分段数和现场安装的工作量。每段应至少包括完整的一个效；每段应在醒目位置标注编号，方便现场组装。蒸发器单元之间用螺栓连接时，出厂前应进行预组装，以保证总体安装尺寸的精度。蒸发器需现场焊接组装时，出厂前应控制各段壳体拼接口的结构尺寸和同心度。

不锈钢制蒸发器出厂前内部应进行酸洗钝化处理，外加强筋涂底漆防护。使用防腐涂层保护的蒸发器出厂时应完成涂层施工。

## 二、蒸发器监造

蒸发器的监造方式可采用文件见证、现场见证和停工待检，即 R 点、W 点、H 点。蒸发器关键监造可参考表 6-10。

表 6-10　　　　　　　　　　　蒸发器监造项目表

| 序号 | 零部件名称 | 质量见证项目 |
| --- | --- | --- |
| 1 | 筒体 | 1. 原材料检验 |
| | | （1）产品原材料订货合同 |
| | | （2）原材料质量证明书 |
| | | （3）材料复检化学成分、力学性能复检报告 |
| | | 2. 材料刨边设备加工能力、设备状态 |
| | | 3. 原材料钝化场所、工艺文件、记录文件 |
| | | 4. 纵缝拼接 |
| | | （1）产品排料图是否符合相关标准要求 |

| 序号 | 零部件名称 | 质量见证项目 |
|---|---|---|
| 1 | 筒体 | （2）焊接工艺评定、焊接指导书等现场工艺指导文件 |
| | | （3）操作人员资质、设备状态 |
| | | 5. 卷板设备能力、成型措施、记录文件等 |
| | | 6. 焊接 |
| | | （1）焊接工艺评定、焊接指导书等现场工艺指导文件 |
| | | （2）操作人员资质、设备状态 |
| | | （3）产品焊接防变形措施 |
| | | 7. 筒体组对 |
| | | （1）现场施工工艺指导文件 |
| | | （2）组对尺寸检验（对接间隙、错边量等） |
| | | 8. 无损检测 |
| | | （1）人员资质、资源配置 |
| | | （2）底片的可追溯性 |
| | | 9. 焊接附件 |
| | | （1）施工场地及辅助设施 |
| | | （2）产品焊接成形后结构尺寸 |
| | | （3）焊接表面质量及焊角尺寸 |
| | | 10. 工序完工检验（表面质量、焊缝成形、结构尺寸等） |
| 2 | 管板、隔板 | 1. 原材料检验 |
| | | （1）产品原材料订货合同 |
| | | （2）原材料质量证明书 |
| | | （3）入厂化学、力学性能复检报告 |
| | | 2. 原材料外观检验，表面质量及交货状态 |
| | | 3. 引孔、钻孔 |
| | | （1）产品开孔方式及开孔设备等保证开孔精度、管桥宽度的相关文件及措施 |
| | | （2）产品加工及检验设备精度 |
| | | （3）产品开孔加工工艺及检验记录 |
| | | 4. 工序完工检验（表面质量、开孔精度、粗糙度及结构尺寸） |
| 3 | 换热管 | 1. 原材料检验及复检 |
| | | （1）产品原材料订货合同 |
| | | （2）原材料质量证明书 |
| | | （3）入厂化学、力学性能复检报告 |
| | | 2. 无损检测（涡流） |

| 序号 | 零部件名称 | 质量见证项目 |
|---|---|---|
| 3 | 换热管 | （1）操作人员资质 |
| | | （2）检测设备状态 |
| | | （3）无损检测等级及报告 |
| | | 3. 胀管 |
| | | （1）施工设备状态及能力 |
| | | （2）工艺评定的有效性 |
| | | （3）工艺评定产品试件及检测记录 |
| | | 4. 气密性实验 |
| | | （1）实验设备状态及能力 |
| | | （2）现场实验环境条件及执行文件 |
| | | （3）实验报告 |
| 4 | 装配 | 1. 管板胀接实验 |
| | | （1）工艺评定的有效性 |
| | | （2）工艺评定产品试件及检测记录 |
| | | 2. 管板与隔板的装配 |
| | | （1）设备、工装状态及保证措施 |
| | | （2）结构尺寸 |
| | | 3. 管板、隔板安装检验（尺寸、同心度、垂直度） |
| | | 4. 管子、管板胀口实验 |
| | | （1）实验设备状态及能力 |
| | | （2）现场实验环境条件及执行文件 |
| | | （3）实验报告 |
| | | 5. 最终尺寸检验 |
| 5 | 出厂检验 | 1. 酸洗、钝化 |
| | | （1）酸洗、钝化工艺及执行标准 |
| | | （2）现场环境、场地及设备 |
| | | （3）检测记录 |
| | | 2. 单效气密性实验 |
| | | （1）实验设备状态及能力 |
| | | （2）现场实验环境条件及执行文件 |
| | | （3）实验报告 |
| | | 3. 外观与油漆、包装质量检查 |
| | | （1）产品包装、防护、防变形措施 |
| | | （2）检验记录文件 |
| 7 | 喷嘴 | 喷嘴性能检测报告 |

## 三、检验和验收

（一）工厂检验

检验的范围包括原材料和原器件的进厂，部件的加工、组装、检测、实验至出厂实验。

出厂检验项目一般包括 4 个方面：

（1）传热管的外观、规格。

（2）酸洗钝化质量或防腐涂层质量。

（3）装置内部清洁度。

（4）外观与油漆、包装质量。

若产品未通过出厂检验项目中的任何一项，则应在采取措施后，重新进行全部项目或只对不合格项目进行检查；若仍有不符合要求的项目，则判该产品出厂检验为不合格。

（二）现场检验

现场检验项目一般包括 3 个方面：

（1）整体组装、安装质量检测。

（2）焊接接头质量检测。

（3）内防腐涂层检测。

蒸发器现场组装后保温前宜进行满水实验，检查蒸发器强度和密封性，监测基础沉降。满水实验后设备应无明显塑性变形。满水实验合格后，应进行整套装置真空严密性实验。

# 第七章

# 低温多效蒸馏海水淡化工程设计

　　低温多效蒸馏海水淡化工程设计是保证海水淡化装置安全运行，高质量投产，降低工程投资和运行成本的重要环节。本章分析总结了海水淡化工艺系统、控制系统、电气系统和防腐等工程设计问题，总体上低温多效蒸馏海水淡化的工程设计应做到技术先进、工艺合理、安全可靠。

# 第一节　工　程　设　计

## 一、工艺系统设计

　　（一）冷却海水系统

　　冷却海水系统用于向 MED 凝汽器提供冷却水，冷凝末效蒸汽，并作为物料水向蒸发器各效喷淋海水。

　　如果 MED 蒸发器各效的喷淋海水温度较低，换热管内蒸汽的热量很大一部分用于将海水加热到饱和温度，此时管外的传热为单相对流换热，其换热系数要远低于相变的降膜蒸发传热系数，会导致整个蒸发器的传热性能变差，影响产量。工程设计上一般通过设置海水预热设备，提高蒸发器喷淋海水的入效温度。通常系统设计盐水换热器、产品水换热器，回收蒸发器排放浓盐水、产品水的热量，加热进入各效喷淋海水，消除喷淋海水温度低引起的过冷损失。还可以抽取蒸发器部分二次蒸汽，预热喷淋海水，这种方式在消除喷淋海水温度低引起的过冷损失的同时，还可以及时排放蒸发产生的不凝结气体，有利于提高蒸发器换热效率，是现代大型 MED 装置通常采用的一种海水预热方式。

　　冷却海水系统设计包括供水泵、提升泵、过滤器、换热器选型、管道、阀门以及海水温度、流量等控制系统设计。

　　海水过滤器可选择自动反冲洗形式，过滤精度一般要求为 100～500μm，应根据蒸发器喷嘴和海水冷却系统板式换热器对悬浮物粒径要求确定；换热器可选择板式换热器。

　　（二）加热蒸汽系统

　　在热电联产多效蒸馏海水淡化系统中，由于汽轮机抽汽压力相对于海水淡化装置所需加热蒸汽压力之间常常存在很大的差值，如果不加以利用，将产生较大的不可逆损失。这一富裕压头可以利用 TVC 来引射 MED 装置中间某一效产生的二次蒸汽共同作为加热蒸汽以减少汽轮机抽汽，从而达到节能的目的。

加热蒸汽系统设计包括 TVC、减温器、加热蒸汽管路、蒸汽减温器等设计。

为提高 TVC 对不同蒸汽参数的适应性，TVC 的喷嘴设计为可调节型，根据不同工况进汽参数，通过调节节流锥的位置，改变 TVC 内部蒸汽通流流道状态，提高部分负荷状态的 TVC 效率和海水淡化设备的整体效率。为确保在故障情况下能迅速切断加热蒸汽，加热蒸汽入口隔离阀选择为气动快关蝶阀。

（三）抽真空系统

由于 MED 装置在真空状态下运行，海水中溶解的气体（氧气、氮气和二氧化碳等）会被释放出来。不凝结气体对蒸发器热交换的效率有很大的影响，因此，必须及时排出。

抽真空系统设计包括不凝结气体排放量计算、抽气器选择、效间不凝结气体排放通道设计、不凝结气体排放管道系统设计。抽真空系统抽气量需满足整体系统设计要求，在海水淡化设备负荷、工况变化范围内，能够安全、稳定地工作，满足不同工况条件下对系统真空的要求。

抽真空设备可以选择射汽抽气器式或真空泵式。射汽抽气器方案设备简单，工作可靠，设备投资低，但消耗蒸汽对 MED 装置效率有一定影响。机械真空泵方案，设备投资稍高，电力消耗较大，但机械真空泵的可靠性较差，考虑设备的运行安全，需要设置备用设备。

（四）产品水与凝结水系统

低温多效蒸馏海水淡化装置制水蒸汽采用汽轮机抽汽时，若蒸汽含有少量联氨等化学药品，产品水作为饮用水时，应设立独立凝结水回收系统。凝结水系统用于收集蒸发器第一效的凝结水，经凝结水泵抽出后，输送至凝结水箱，部分凝结水经减温水泵提升压力后向加热蒸汽系统和抽真空蒸汽系统提供减温水。从蒸发器第二效开始，各效蒸馏水采用逐级回流方式，最终汇集至末效产品水热井，经产品水泵升压后输送至产品水箱。

产品水、凝结水系统设计包括蒸发器效间产品水连接管路设计、水泵选型设计、液位控制设计、合格水回收管路设计、不合格产品水排放管路设计。产品水、凝结水系统主要工艺设备包括水泵、换热器、液位调节阀等。

（五）物料水系统

海水在冷凝器中完成预热和脱气后分成两部分流动，一部分作为进入蒸发器的物料水，另一部分作为冷却海水排回大海。

物料水系统用于向蒸发器各效喷淋装置提供蒸发换热用海水。物料海水进入蒸发器的各效中预热后的海水经设置在蒸发器上方的喷淋装置喷洒到蒸发管外表面。按照海水进料方式不同，进入蒸发器的海水温度可以低于或高于蒸发器压力下的饱和温度。当进入蒸发器的海水温度低于饱和温度时，经上部管束的加热，海水达到饱和温度，然后进入蒸发阶段；当进入蒸发器的海水温度高于饱和温度时，海水喷入蒸发器后，少量海水会闪蒸为蒸汽，喷淋到管束上的海水温度降至饱和温度。海水淡化横管降膜蒸发器的传热温差一般在

2～4℃，蒸发过程属于表面蒸发，一般没有明显的沸腾。海水在管外会形成液膜，在重力作用下沿管子以薄膜形式向下流动，浓缩后的海水最终流到末效蒸发器底部排出。

（六）浓盐水排放系统

浓盐水排放系统用于将各效喷淋蒸发浓缩的浓盐水汇集排放，同时回收利用浓盐水的部分热量加热冷却海水。浓盐水排放系统采用逐级回流方式，浓盐水由第一效逐级排放，最终汇集至末效盐水热井，经盐水排放泵升压排放。盐水泵后设有流量调节阀，根据末效盐水热井水位调控流量。盐水排放系统可设置海水预热器，用来提高物料水入效温度，同时降低盐水排放温度。

浓盐水排放系统设计包括蒸发器效间盐水连接管路设计、盐水泵选型设计、盐水液位控制设计、盐水排放管路设计。浓盐水系统主要工艺设备包括水泵、换热器、液位调节阀。

（七）酸洗系统

酸洗是指利用腐蚀性较低的稀酸溶液与水垢等杂质发生反应，生成可溶性物质，从而将水垢从换热装置表面清除。常用的酸洗液包括盐酸、氨基磺酸、柠檬酸、硫酸等。不同的酸清洗的物质不同，因此，酸洗首先要分析结垢的成分，然后确定酸洗液的组成及清洗工艺。

酸洗系统向蒸发器输入除水垢的化学药剂，一般可利用盐水泵作为酸洗药液循环泵，在盐水排放泵前设置冲洗水注水口和酸洗药液注入口，盐水排放泵后设置接至物料水系统的蒸发器冲洗水管道作为蒸发器酸洗液循环管道。酸洗加药设备宜采用移动式设备。

## 二、控制系统设计

电水联产模式下，海水淡化系统控制方式应根据电厂的运行管理模式确定，宜采用集中控制方式。为适应电厂的运行管理水平，海水淡化装置的自动化水平应按远方自动控制设计，除启停阶段的部分准备工作需由辅助运行人员协助检查外，运行人员应能在集中控制室内实现海水淡化系统的正常启停、运行工况监视和调整、事故处理等。

海水淡化控制系统宜采用可编程控制系统（PLC），也可采用分散控制系统（DCS）。硬件和软件选型应与电厂辅助车间控制系统一致。

海水淡化控制系统应包括下列监测内容：工艺系统的主要运行参数，辅机的运行状态，电动、气动阀门的启闭状态和调节阀门的开度，仪表和控制用电源、气源、水源及其他必要条件的供给状态和运行参数，经济核算参数等。当海水淡化装置发生异常、故障或事故时，海水淡化控制系统应能通过联锁保护自动切除有关设备及系统；同时进行事故记录，并能对异常参数或状态进行事故追忆。

（一）控制系统工作原理

低温多效蒸馏海水淡化装置的建设主要与火力发电厂联合，将电厂余热作为加热蒸汽来源，从而实现水电联产。因此，低温多效蒸馏海水淡化装置的控制系统也沿袭了电厂传统控制系统的设计思路，广泛采用分布式控制系统以及计算机监控和数据采集（SCADA）系统。

在控制网络的结构上，采用 DCS 网络结构；在硬件设备的选型上，采用 DCS 或 PLC 系统；在数据通信功能上，采用冗余技术；在过程调节回路设置上，采用传统 PID 控制器。

海水淡化控制系统中控制器、网络、电源应冗余配置。海水淡化系统采用目前应用较为广泛、可靠、先进、成熟的 PLC+上位机的控制方式进行控制，PLC 作为物理层，进行信号采集，并对该工程所控制的设备进行程序控制；上位机作为管理层，对 PLC 采集的数据进行处理、监控和统计管理，并向 PLC 发布执行指令，开关和按钮操作全部通过上位机上的按钮或开关来实现。CPU 通过远程 I/O 方式与远端 I/O 模块进行通信和联络；CPU 通过以太网方式与上位机进行通信，保证了通信速度和通信质量。采用主流工控机能够清楚地显示整个海水淡化系统的工艺流程及测量参数、控制方式、顺序运行状况、控制对象的状态等，当参数越限报警或控制对象故障或状态发生变化时，以不同的颜色进行显示，使操作人员能够一目了然地了解到系统的运行情况，并实时地根据工艺要求进行系统参数调整。控制系统的工作原理见图 7-1。

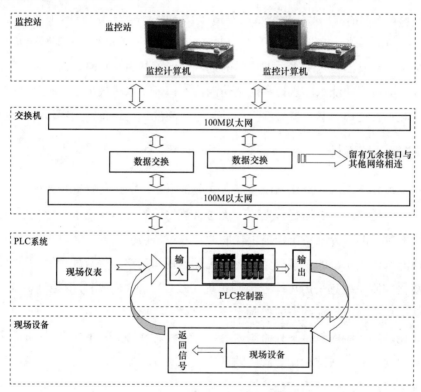

图 7-1　控制系统的工作原理框图

（二）控制系统功能

MED 海水淡化控制系统主要包括数据采集系统（DAS）、模拟量自动控制系统（MCS）、顺序控制系统（SCS）等。

数据采集系统（DAS）具有数据自动处理功能，包括数据的采集与计算、数据的逻辑判断和处理、装置工况显示及工艺系统的主要运行参数显示、参数越限报警、主要辅机的运行状态、主要阀门的启闭状态及调节阀门的开度，数据采集系统的全部数据及数据处理结果都能在 CRT 画面上显示。

1. 闭环控制功能

（1）蒸汽温度的控制：控制系统根据减温后蒸汽温度值，自动调节减温水流量，控制蒸汽温度在合适的范围内。

（2）蒸馏水产量控制：控制系统根据设定的产水量，计算加热蒸汽量、总温差，自动调节加热蒸汽的进汽量和末效盐水温度。

（3）液位控制：控制系统根据凝结水、产品水、浓盐水的液位，自动调节凝结水、产品水、浓盐水控制阀开度，自动控制液位在设定的范围。

2. 联锁保护功能

（1）切断加热蒸汽。

1）出现重要参数超限，如进口蒸汽温度高、首效盐水温度高、海水进料流量低、凝汽器压力低、盐水液位高等，控制系统应联锁关闭加热蒸汽入口阀门。

2）出现设备故障，如工艺泵停运、加药泵停运等，控制系统应连锁关闭加热蒸汽入口阀门。

（2）紧急停运。控制系统应设置"紧急停运按钮"，在发生联锁保护失效、设备泄漏等危及人身安全及其他紧急事故情况时，紧急关闭加热蒸汽入口阀门并停运全部转动设备。

（三）检测仪表

在 MED 整个装置中应用到的仪器仪表一般有温度、压力、液位、流量（包括水和蒸汽）、水质分析仪表等。由于水质分析仪表在石油化工以及电力行业已广泛应用，所以此处主要介绍温度、压力、液位、流量及分析仪表。以下是常用五大仪表分类：

（1）温度仪表。MED 现场设备或管道内界质温度一般都需要指示控制，温度最高一般不超过 500℃（取决于进料蒸汽温度），装置本体及管路中温度低于 100℃，大多数采用接触式测量。现场指示温度计多采用双金属温度计，远传最常用的是热电阻（Pt100、三线制）、热电偶（K 分度）。热电阻、热电偶信号多直接进入 DCS 或其他温度采集系统，一体化的温度变送器（两线制）等因现场总线技术兴起而逐渐普及。

（2）压力仪表。在低温多效蒸馏淡化装置中，压力测量的介质有海水、淡化水、高温高压蒸汽、低温低压蒸汽等，因为压力范围有正压和负压，所以对压力表的要求也不同。大多数采用导压管引压测量方式，但装置本体现场显示压力表一般直接就地安装。根据压力表的用途可分为普通压力表、电触点压力表、远传压力表、耐震压力表、带检验指针压力表、双针双管或双针单管压力表等。就地压力表一般采用弹簧管式不锈钢耐震压力表，远传压力一般采用电容式或扩散硅式压力变送器。

（3）液位仪表。MED 蒸发器液位范围较低，一般在 600mm 以下，尤其是中小型 MED 蒸发器，液位范围甚至不超过 300mm。从装置开机到正常运行过程中，蒸发器内的工况逐步变化，压力由常压（大气压）降到 0.02MPa（绝对压力）左右，因此，选用的仪表必须适应此变化的工况。常用的液位仪表有直读式液位计（玻璃管液位计等）、差压式液位计、浮力式液位计、电磁式液位计和声波式液位仪表等。蒸发器液位测量一般采用双法兰远传变送器或磁翻板液位计，也可以通过旁通管使用射频导纳液位计。

（4）流量仪表。MED 装置中需要监测流量的介质主要有蒸汽、蒸发器海水、产品水、浓盐水、冷却海水等，介质的温度、压力和腐蚀性不同，目前还没有一种流量计同时满足所有介质需求。流量仪表按照原理可分为差压型、速度型、容积型和质量型4大类，其中每大类又有若干种类型。蒸汽流量一般采用孔板（差压式）或涡街（速度式）测量方式，水介质流量监测多为速度式，一般采用电磁流量计、涡轮流量计和超声波流量计。

（5）分析仪表。在线分析仪表是自动、连续测量被测介质组分的工业仪表，在工艺操作中，其测量结果可用于系统指示、记录、报警和控制。MED 装置中在线分析仪表一般只设在线电导率仪，无特殊要求时不设 pH 值等其他分析仪表，需要监测电导率的介质主要为原料进水和产品水。电导率仪一般分为工业电导率仪、实验室用电导率仪、便携式电导率仪和笔式电导率仪。在低温多效淡化装置中一般采用工业电导率仪在线监测关键水质参数，便携式电导率仪用于现场其他参数的采样测量。

### 三、电气系统设计

电气系统应根据海水淡化规模和特点合理地选择连线方式和供电方式。监测仪表和控制系统应设置应急电源 UPS。接地系统的设计符合 IEC 60364《低压电气设施》（所有部分）。海水淡化厂的避雷保护主要是大的钢结构，避雷保护将集成在钢结构的接地上。

电气系统的设计应综合考虑盐雾、腐蚀性气体、蒸汽、机械振动和水等对电气设备的影响。对于有防冻、防盐雾、防晒、防雨、防尘、防沙、防酸等要求的电气设备，其外壳的防护等级应根据实际环境条件确定。

电水联产模式下海水淡化配电系统的电压等级应与电厂厂用电电压一致。蒸馏法海水淡化系统宜按蒸发器单元设置动力中心。

海水淡化系统电气元件按保护测控装置就地安装的原则设计，系统各电动机的保护测控装置安装于对应的开关柜内。按现行规程设计的电动机保护、测量、控制，以硬接线方式与海水淡化控制系统相连，实现此部分电气元件的集中监视控制。

# 第二节　MED 设备的防腐设计

在海水环境中运行，MED 设备的腐蚀问题应给予特别关注。如果腐蚀没有得到有效控制，将引起严重的设备故障和运行问题。MED 装置一般要求设计使用寿命为 20～30 年，选择正确的材料是保证淡化装置使用寿命的关键，合理的淡化装置结构设计也同样重要。

海水淡化系统中与海水、浓盐水接触的管道、阀门、换热器内表面采用耐腐蚀材料，必要时还应同时采用阴极保护。设备、管道、阀门外表面应衬涂合适的防腐层防止盐雾腐蚀。设备材质的选择可参考国家现行标准，如 GB/T 23609《海水淡化装置用铜合金无缝管》、GB/T 3625《换热器及冷凝器用钛及钛合金管》、GB/T 50619《火力发电厂海水淡化工程设计规范》、DL/T 712《发电厂凝汽器及辅机冷却器管选材导则》等相关规定。

## 一、合理选材

正确选材是保证海水淡化设备和管路配置合理、使用安全及成本低廉的首要前提，合理选材既要考虑材料的机械性能和制造工艺，又要考虑材料在特定介质中的耐腐蚀性，与适当的腐蚀防护措施相结合，应保证 MED 设备满足设计寿命的要求。同时，在保证服役寿命的前提下，尽可能降低设备成本和运行维护保养成本。

（一）传热材料

蒸发器的工作条件比较苛刻，设备可靠性要求高，通常选择海水腐蚀等级较高的材料。结构设计中尽可能选用同种材料或电极电位接近的材料，避免发生电偶腐蚀。对于电位差较大的金属材料，应采用有机材料的绝缘垫把两种金属隔开。有些部位结构上不可避免异种金属接触时，应使阴阳极面积比尽可能小。表 7-1 给出国内外 MED 工程蒸发器主要构件典型材料情况。

表 7-1　　　　　　　　国内外 MED 工程蒸发器主要构件典型材料

| 零部件名称 | 材料名称 | 材料牌号 | 标准号 | 备注 |
| --- | --- | --- | --- | --- |
| 壳体、封头 | 碳素钢 | Q235B、Q235C | GB/T 3274《碳素结构钢和低合金结构钢热轧钢板和钢带》 | 内衬环氧树脂防腐层加电化学保护 |
| | | Q245R、Q345R | GB 713《锅炉和压力容器用钢板》 | |
| | 不锈钢 | 022Cr17Ni12Mo2、022Cr23Ni5Mo3N | GB/T 4237《不锈钢热轧钢板和钢带》 | — |
| | 铝合金 | 5052 | GB/T 3880《一般工业用铝及铝合金板、带材》 | — |
| 管板 | 不锈钢 | 022Cr17Ni12Mo2、022Cr23Ni5Mo3N | GB/T 4237《不锈钢热轧钢板和钢带》 | — |
| | 钛 | TA2 | GB/T 3621《钛及钛合金板材》 | — |
| | 铝合金 | 5052 | GB/T 3880《一般工业用铝及铝合金板、带材》 | — |

续表

| 零部件名称 | 材料名称 | 材料牌号 | 标准号 | 备注 |
|---|---|---|---|---|
| 换热管 | 钛 | TA2 | GB/T 3625《换热器及冷凝器用钛及钛合金管》 | |
| | 铝黄铜 | HAl77-2 | GB/T 23609《海水淡化装置用铜合金无缝管》 | — |
| | 铝合金 | 5052 | GB/T 6893《铝及铝合金拉(轧)制无缝管》 | — |
| 海水喷淋喷嘴 | 聚丙烯塑料 | — | — | — |
| | 不锈钢 | 022Cr17Ni12Mo2、022Cr23Ni5Mo3N | GB/T 20878《不锈钢和耐热钢 牌号及化学成分》 | |
| 除雾器 | 不锈钢 | 06Cr17Ni12Mo2、022Cr23Ni5Mo3N | GB/T 20878《不锈钢和耐热钢 牌号及化学成分》 | 适用于丝网除雾器 |
| | 聚丙烯塑料 | — | — | 适用于百叶窗除雾器 |

## （二）管路、阀门及水泵材料

MED 辅助设备主要构件典型材料见表 7-2。

表 7-2　　　　　　　　　　　MED 辅助设备主要构件典型材料

| 设备 | | 材料名称 | 备注 |
|---|---|---|---|
| 泵 | 壳体、叶轮、轴等过流部件 | 不锈钢（022Cr17Ni12Mo2、022Cr25Ni7Mo4N、015Cr20Ni18Mo6CuN） | 用于海水、浓盐水系统 |
| | 壳体、叶轮、轴等过流部件 | 不锈钢（06Cr17Ni12Mo2） | 用于产品水、凝结水、减温水系统 |
| | 泵体及过流部件 | 不锈钢（06Cr17Ni12Mo2）、塑料 | 用于化学加药系统 |
| 其他设备 | 管式换热器 | 壳体：不锈钢（022Cr17Ni12Mo2）、碳素钢加防腐涂层　管板：不锈钢（022Cr17Ni12Mo2）　换热管：钛管 TA2 | — |
| | 板式换热器 | 钛板 TA2 | — |
| | 海水过滤器 | 过流部件：不锈钢（022Cr17Ni12Mo2）、碳素钢加防腐涂层 | — |
| 阀门 | 蝶阀 | 阀体、阀板：不锈钢（022Cr25Ni7Mo4N、015Cr20Ni18Mo6CuN、022Cr17Ni12Mo2）　密封圈：橡胶、聚四氟乙烯 | 用于海水、浓盐水系统 |
| | 其他型式阀门 | 不锈钢（022Cr25Ni7Mo4N、015Cr20Ni18Mo6CuN、022Cr17Ni12Mo2） | 用于抽真空系统 |
| | 其他型式阀门 | 阀体的过流部件：不锈钢（06Cr17Ni12Mo2） | 用于产品水、凝结水、化学加药系统 |
| | 其他型式阀门 | 阀体过流部件：碳素钢（Q235A、Q245R） | 用于蒸汽系统 |

## 二、防腐设计措施

（一）适当的预处理

海水中与金属腐蚀有关的因素主要有盐度、氯度、pH 值、溶解氧、温度、流速以及海生物等。污染海水中含有的硫化氢、硝酸盐等污染物，对金属表面的保护性钝化膜破坏性很强，使得钝化膜失去保护作用。

根据不同的海水水质情况，适当采取预处理措施降低海水中腐蚀性化学成分。例如，可以对进料海水采取真空脱气、加酸脱出二氧化碳、添加除氧剂等措施，降低海水中的氧、二氧化碳的含量，抑制腐蚀。对海水进行加氯处理，除去进料海水硫化氢、氨等污染物。

（二）流速控制

海水流速达到 1.2～1.8m/s 后，污垢生成速率降低，相对贵金属材料（不锈钢等）点蚀速率降低，甚至停止。

从表 7-3 中可以看到，很少材料具有相同等级的抗均匀腐蚀和抗点蚀的能力。实际上，在低流速的海水中，很多贵金属（如不锈钢等）能够抗均匀腐蚀，合金表面的 90%～99% 面积都不会发生腐蚀，但是会有一些很深的点蚀坑。

表 7-3　　　　　　　　　　不同材料在低流速海水中的点蚀特征

| 材料 | 腐蚀速率（mm/a） | 特征 | 综述 |
|---|---|---|---|
| 锌 | 0.051～0.254 | — | 点蚀倾向显著，整个材料布满浅均匀腐蚀坑点 |
| 铝 | 0 | 重金属腐蚀（Cu、Fe、Ni） | |
| 碳钢 | 0.127～0.254 | — | |
| 铸铁 | ≥0.635 | 石墨化 | 脱合金引起点蚀（局部腐蚀） |
| 铝青铜 | ≥0.635 | 脱铝化 | |
| 不加抑制剂的黄铜 | ≥0.635 | — | |
| 锰青铜 | ≥0.635 | 脱锌 | |
| 蒙氏铜锌合金 | ≥0.635 | 脱锌 | |
| 镍奥氏体铸铁 | 0.051～0.127 | — | 轻微点蚀，很少影响铸件合金的使用性能 |
| 镍铝青铜 | 0.025～0.076 | 点蚀随铁含量的增加而严重 | |
| G 青铜 | 0.025～0.076 | — | |
| M 青铜 | 0.025～0.076 | — | |
| 90-10 镍白铜 | 0.025～0.076 | — | 优秀的稳定的抗点蚀能力，用做管子时，可能在一些特定型式的沉积物下发生点蚀 |
| 加抑制剂的海军黄铜 | 0.012～0.076 | — | |
| 70-30 镍白铜 | 0.025～0.152 | — | |
| 纯铜 | 0.025～0.127 | — | |
| 加抑制剂的铝青铜 | 0.012～0.050 | — | |

| 材料 | 腐蚀速率（mm/a） | 特征 | 综述 |
|---|---|---|---|
| 825 合金 | 0～0.254 | — | 流速超过 0.076mm/s 或更高时，点蚀减少。除了 400 系不锈钢外，连续暴露在介质流速 0.127mm/s 或更高时，没有缝隙的情况下，这些材料维持良好的钝化态，不会发生点蚀 |
| 20 合金钢 | 0～0.254 | — | |
| 400 铜镍合金 | 0～0.508 | — | |
| 镍 | 0.381～1.524 | — | |
| 阳极电镀铝 | 0.254～1.524 | 仅在镀层上发生腐蚀 | |
| 316 不锈钢 | 0.050～2.54 | 较 304 性能优越，点蚀数量显著减少 | |
| 镍铬合金 | 0.127～2.54 | — | |
| 304 不锈钢 | 0.127～2.54 | — | |
| 400 系不锈钢 | 0.254～2.54 | — | |
| 高镍铬钼合金 | 0 | — | 几乎不发生腐蚀 |
| 钛 | 0 | — | |

海水、浓盐水管线设计中，应避免管道断面的急剧变化和海水流动方向的突然改变，管线的弯曲半径应足够大，设计流速应在最大允许流速以内，防止过度湍流、涡流对海水管道造成磨损，引起腐蚀。

（三）阴极保护

阴极保护不仅可以防止均匀腐蚀，对防止孔蚀、缝隙腐蚀、应力腐蚀也是有效的。可以用于在海水中保护碳钢、不锈钢、铜合金及铝合金金属构件。实施阴极保护有两种方法：牺牲阳极保护、外加电流阴极保护法。

保护电位是指阴极保护时使得金属腐蚀停止所需的电位值，它是阴极保护的重要参数。保护电位的数值与金属的种类和介质有关，可根据经验数据或通过实验来确定。

保护电流密度是指使得金属阴极极化至最小保护电位从而获得完全保护所需要的电流密度。它是阴极保护的重要参数之一。保护效果取决于阴极极化电位，而阴极极化电位又决定于提供阴极极化电流。保护电流密度大小与被保护金属的种类、海水含氧量和流速、保护系统中电路总电阻、金属表面有无覆盖层以及覆盖层的质量等诸多因素有关。

外加电流阴极保护法是用低电压大电流的稳定直流电源来供电，目前较常用整流器和恒电位仪。外加电流保护的辅助阳极可以采用钢、铸铁等可溶解阳极；也可以采用高硅铸铁、铅合金、石墨等微溶解阳极；也可以采用铂阳极、镀铂阳极等不溶解阳极。参比电极常用银/氯化银电极、铜/硫酸铜电极和锌电极。

常用牺牲阳极材料有铝阳极、锌阳极和镁阳极。3 种牺牲阳极材料的性能见表 7-4。

表 7-4 牺牲阳极材料的性能

| 阳极种类<br>性能比较 | 铝阳极<br>Al-Zn-In | 锌阳极<br>Zn-Al-Cd | 镁阳极<br>纯 Mg；Mg-Mn |
|---|---|---|---|
| 比重（g/cm³） | 2.8 | 7.13 | 1.77 |
| 理论发生电量（A·h/kg） | 2980 | 820 | 2200 |
| 实际发生电量（A·h/kg） | ≥2400 | ≥780 | ≥1100 |
| 电流效率（%） | ≥85 | ≥95 | ≥50 |
| 消耗量[kg/（A·a）] | 3.8 | 11.8 | 7.2 |
| 开路电位[V（SCE）] | −1.10/−1.18 | −1.05/−1.09 | −1.56 |
| 工作电位[V（SCE）] | −1.05/−1.12 | −1.00/−1.05 | |
| 自调节能力 | 好 | 最好 | 最差 |
| 溶解均匀性 | 溶解均匀，有时有<br>白色疏松产物 | 溶解均匀，腐蚀产物<br>自动脱落 | 溶解均匀 |
| 使用场合 | 大型海洋结构 | 中小型海洋结构、船舶等 | 淡水、土壤，油舱禁用 |

# 第八章

# MED 设备安装、调试及运行维护

本章重点介绍低温多效蒸馏海水淡化设备的施工安装措施、调试步骤及技术要求、性能实验项目，以及 MED 设备运行维护的一般工作。

# 第一节  施  工  安  装

海水淡化设备应参照设备图纸、安装说明等技术要求。安装前应按 DL/T 5190.6《电力建设施工技术规范　第 6 部分：水处理和制（供）氢设备及系统》等的有关规定对主设备的材质、焊缝等进行抽复查。对于不锈钢制蒸发器，安装中应采取有效措施，防止不锈钢表面损伤和污染。吊装蒸发器、凝汽器时，应保证两侧钢绳受力均匀和避免壳体变形。设备支座及管线应在不受力状态下进行安装，避免强力装配。整套装置安装完毕后，按设计要求进行检漏实验。

## 一、安装预案

大型低温多效蒸馏海水淡化装置在进行总成安装时，由于各效体积和质量均较大，所以需要将各效部件运输至总装现场，进行现场吊装后再进行总成安装。为了使吊装施工能够安全、高效地进行，应预先编制出有针对性的吊装预案，以保证后续工作能够顺利进行。

总成安装的一般顺序如下：

（1）检查基础及预埋件。

（2）安装支架立柱。

（3）焊接立柱之间的连杆。

（4）安放支架之间的容器和水泵等辅助设备。

（5）安放蒸发器。

（6）焊接（法兰连接）蒸发器。

（7）安装闪蒸罐、加热器。

（8）安装平台、扶手及梯子。

（9）安装蒸汽喷射器及主蒸汽管道。

（10）安装玻璃钢管路及金属管路。

（11）安装仪表。

（12）安装电气、控制设备。

安装顺序需根据现场条件、设备、进度等确定，总的原则是调整后不能出现设备安装不进去、设备相互影响等情况。由于后面的步骤往往是以前面的安装步骤为基础，所以尽量不要将上述顺序完全打乱。例如，支架的正确安装是吊装蒸发器的前提，在吊装蒸发器之前将体积稍大、计划放置在支架之间的设备就位是合理的，蒸发器安装完成后才能安装蒸发器附属设备，例如闪蒸罐、喷射泵等。

## 二、安装措施

（一）安装地基

大型海水淡化装置安装地基的水平精度必须达到要求，安装平面不应有大的变形或倾斜。对安装于船舶或海上平台的装置，需要保持外部安装基体的稳定，找准安装水平基准。在条件允许的情况下，为操作方便和提高效率，可在平台上设置微调千斤顶。

（二）吊装安装方案

蒸发器的吊装应遵循以下两个原则：

（1）需将蒸发器按顺序依次吊装，严禁向中间插入其他安装操作。因为蒸发器的体积较大，质量也很大，所以吊装时轻微的接触可能导致严重的碰撞，若需要对某一个单元进行调整，需将一侧的单元全部取下。

（2）蒸发器需先从中间效开始吊装，然后向两侧依次吊装，这样可以尽量避免累积误差。

上述两项原则可以根据现场施工条件进行调整，例如吊车能力、安装精度等。

在蒸发器进行吊装时，要求各效的同心度误差不超过 15mm，应控制筒体和中心接缘平面的平行度。如有条件，可利用中心光靶和激光经纬仪控制两中心接缘轴孔与筒体中心轴线的同轴度。在调整好部件的间隙后，可在对接部位四周预先进行点焊或螺栓定位。

蒸发器各效之间的连接可采用焊接或螺栓连接的方式。蒸发器与支架的连接为螺栓连接，因此，一般要求支架立柱的上部支撑板的水平位置偏差不超过 10mm，垂直位置偏差不超过 5mm。为保证上述要求，立柱在吊装的过程中应保证垂直度、上部支撑板的高度和间距。立柱顶部的螺栓孔为长圆孔，方向为沿着蒸发器轴向，可以在轴向上做一定范围的调整。为了保证立柱顶部支撑板的高度，可以在立柱的下部放置垫片，垫片材质可为碳钢，厚度在 10mm 以下，要求垫片放置均匀。蒸发器就位后可以安装闪蒸罐、走道及栏杆。

（三）焊接要求

蒸发器焊接技术要求参照 NB/T 47015《压力容器焊接规程》，并符合以下规定：

壳体组装焊接接头对口错边量应不大于对口处钢材厚度的 1/5 且不大于 5mm。壳体焊缝应保证全焊透，焊接坡口推荐使用机械方法制备。若为热加工的焊接坡口，则应修磨坡口及其母材两侧 20mm 的区域，磨去氧化皮、熔渣及其他有害杂质。坡口表面不得有裂纹、分层、夹杂等缺陷。壳体对接接头纵向形成的棱角用长度不小于 300mm 的样板检查，应不大于 5mm。

筒节组装焊缝应充分考虑保证内侧筒体的耐海水腐蚀性能，严格控制焊接电流，筒体内侧焊缝最外面一侧焊口应最后施焊完成。禁止使用碳弧气刨清根。

筒身的组装环焊缝要求至少进行 10%射线探伤，达到 JB/T 4730《承压设备无损检测》Ⅲ级合格标准；要求至少进行 100%着色检查，达到 JB/T 4730《承压设备无损检测》Ⅰ级合格标准。现场焊接的筒体与支座焊缝磁粉探伤检查，JB/T 4730 Ⅰ级合格。经射线检测的焊接接头，如有不允许的缺陷，应在缺陷清除干净后补焊，并使用原方法重新检查，直至合格。局部探伤的焊接接头，发现有不允许的缺陷时，应在该缺陷两端的延伸部位增加检查该接头长度 10%，且不小于 250mm。若仍有不允许的缺陷时，对该条焊接接头应作 100%检测。焊缝同一部位的返修次数不应超过两次。返修次数、部位和返修情况应计入施工验收记录。

（四）内部防腐涂料的施工

如果采用碳钢作为蒸发器筒体材料，则蒸发器内部需采用涂料进行防腐。涂料本身的性能固然重要，但涂装表面的处理同样关键。焊口处是最易发生腐蚀的地方，而且焊口的平整程度对涂料的涂刷质量影响很大。在装置中对所有的焊口部位和存在尖角及毛刺的地方需进行打磨处理，并剔除残留的焊渣和进行除油处理。最后，进行喷砂除锈，喷砂除锈的等级采用 GB 8923《涂装前钢材表面锈蚀等级和除锈等级》规定的 Sa2.5 级以上，喷砂完毕后要进行排砂清扫，并清除全部灰尘。此后，才可进行涂料施工。

## 三、安装验收

安装验收可参照 DL/T 5190《电力建设施工及验收技术规范》。整体系统安装后，应通过真空严密性实验，设备应严密、无泄漏，并符合以下要求：

（1）壳体组装后直线度允差应不大于壳体长度的 1‰，且不大于 8mm。

（2）法兰连接的对口要求，均匀紧固，保证定距管或定距台的贴合或垫片压紧间隙。

（3）连接焊缝应进行 100%超声检测，按照 JB/T 4730《承压设备无损检测》的规定，合格级别不低于Ⅰ级。

（4）蒸发器进行灌水或满水实验，设备应无渗漏、灌水或满水基础沉降符合设计要求。

# 第二节　系　统　调　试

通过调试检验海水淡化系统的设计、安装质量，调整系统设备的运行参数，使 MED 系统达到正常投运条件，各项技术指标达到设计要求。

## 一、调试条件

蒸发器、冷凝器本体应冲洗合格，内部清洁无杂物，蒸发器、冷凝器的灌水或满水实验应完成，设备本体应严密、无渗漏，设备基础的沉降值应符合设计要求，蒸发器泄压保护装置的安装应符合设计要求，泄放管道应排放畅通。系统设备、管道和阀门应安装完毕并验收合格；与外围系统的接口应全部连接完毕。试运系统所有设备、管道和阀门的标识、标志应符合设计规定，色标应齐全，介质流向指示应正确、清晰。调试方案、安全措施、应急预案和调试记录表格应准备齐全。

按 DL/T 5190.5《电力建设施工技术规范 第 5 部分：管道及系统》的有关规定，完成系统内管道冲洗，蒸汽、压缩空气管道吹扫。海水、工业水、压缩空气、蒸汽等辅助系统应具备投运条件。系统相关的电气及热控设备应安装完毕，验收合格。仪器、仪表经检定或校准合格。控制系统的远程操作、数据采集功能应已实现。报警和联锁保护应通过实验，确认动作正确、符合设计要求。

## 二、调试技术要求

（一）调试步骤

一般要求先完成预处理系统调试，再向蒸发器进海水，进行冷态喷淋调试、盐水排放系统调试；进行抽真空系统调试，待真空严密性实验合格后，可按下列顺序进行整套启动：

（1）投入冷却海水、盐水排放系统。

（2）投入抽真空系统和蒸汽减温水系统。

（3）待凝汽器压力接近设计值，进加热蒸汽。

（4）产品水产出并质量合格后，投入产品水系统。

（5）对整台系统的运行参数进行调整，调整产水量、造水比达到设计要求。

（二）调整实验

冷态海水喷淋调试时，应调整蒸发器各效物料海水流量至符合设计要求，并检查喷淋喷头有无脱落、堵塞，喷淋水流是否均匀。

真空严密性实验初始压力值宜采用冷凝器设计压力值；真空严密性实验时间宜为 10～12h，压力值记录时间间隔不宜大于 30min；实验过程中平均每小时压力升高值应符合设计要求；实验过程中应检查设备是否存在漏气点，漏气缺陷消除后应重新进行实验，直至合格。

进加热蒸汽前应确认：冷却海水系统、物料水系统、盐水系统、化学加药、减温水系统和抽真空系统已正常投运；冷凝器压力符合设计要求；物料海水水质符合设计要求。

启动初期，蒸发器各效物料水流量不应低于设计值的 70%；装置开始产水后，各效物料水流量应调整至设计值。产水后，将蒸汽、海水等介质参数以及冷凝器压力调整至额定设计参数，进行工况调整实验，检查装置的产水量、水质、水温和造水比等参数，考察装置达到的最高和最低负荷产水能力。

正常停运实验时，应先停加热蒸汽系统，再停产品水、减温水、冷凝水系统，待首效盐水温度低于 40℃后，再停止抽真空、物料海水、冷却海水、盐水排放、化学加药和预处理系统。系统停运后，应按照设计要求采取停运保护措施。计划停运时间超过 48h 时，宜使用淡水对蒸发器进行冲洗，直至冲洗水电导率低于200μS/cm，必要时，可保持真空以防腐蚀。环境温度低于0℃时，停运后应排尽设备内存水。

（三）满负荷试运行

通过满负荷试运的条件如下：

（1）装置连续运行时间应不低于168h，I/O测点投入率应达到100%，主要仪表投入率应达到100%。

（2）保护投入率应达到100%。

（3）装置主要性能指标（产水量、造水比、电耗率、产品水水质等）应符合设计要求。

## 三、性能验收实验

（一）考核实验

1. 可靠性实验

在额定工况下，装置应通过连续运行不少于168h的可靠性实验，实验项目一般包括：

（1）连续产水量。

（2）产品水水质。

2. 性能考核实验

性能考核实验项目一般包括：

（1）额定工况产水量。

（2）最大稳定产水量。

（3）最小稳定产水量。

（4）造水比。

（5）产品水水质。

（6）单位制水电耗。

（7）浓缩比。

（8）负荷调节范围。

（9）噪声。

（二）性能验收项目

低温多效蒸馏系统项目的性能验收应包括净产水量、造水比、产品水电导率、制水电耗、产水量调节范围等。

1. 净产水量的计算

低温多效蒸馏系统净产水量测试的考核时间不宜少于8h。采用射汽抽气器式抽真空装置时，低温多效蒸馏系统输入总蒸汽量应包括加热蒸汽和抽真空工作蒸汽两部分。低温多效蒸馏系统净产水量的计算公式为

$$Q_{nd}=（F_{dis}-F_{stm}）/T \tag{8-1}$$

式中　$Q_{nd}$——净产水量，t/h；

　　　$F_{dis}$——额定工况下，考核时间内低温多效蒸馏系统产水量的累计值，t；

　　　$F_{stm}$——额定工况下，考核时间内低温多效蒸馏系统输入总蒸汽量的累计值，t；

　　　$T$——考核时间，h。

2. 造水比的计算

低温多效蒸馏系统造水比测试的考核时间不宜少于 8h，造水比采用式（8-2）计算，即

$$GOR=(F_{dis}-F_{stm})/F_{stm} \tag{8-2}$$

式中　$GOR$——造水比。

# 第三节　运行与维护技术

## 一、运行方式

低温多效海水淡化装置设有手动和自动控制两种运行方式，在装置的启动阶段采用手动控制，蒸发器内的温度和压力逐步达到额定值，稳定之后进入自动操作状态。此时，装置通过 PLC 程序控制，开始自动而稳定的造水。淡化装置 DCS 通过运行人员工作站的相应屏幕提供可靠、有效的装置运行情况。

运行过程中，可根据用水量变化和储水箱液位调节淡化装置产水量。淡化装置的产水量可以在 40%～100%范围内连续调节。在自动方式下，装置可根据设定的产水量自动调节 TVC 入口加热蒸汽量，从而调节淡水产量；手动调节方式下，操作人员可以通过增减 TVC 入口蒸汽量，从而调节淡水产量。为保证运行经济性，淡化装置应尽量在高负荷下运行。

MED-TVC 装置热态启停操作简便，达到装置热平衡时间较短，淡化装置冷态启动时间约为 2h，热态启动（装置保持真空状态下启动）时间约为 15min。当储水箱达到高液位时，可停止进加热蒸汽，保持装置的真空状态和海水冷态循环，当水箱液位降低时可投入加热蒸汽开始制水。

低温多效海水淡化装置启动顺序为先向蒸发器进海水、然后建立真空、再投入制水蒸气。

正常停运时，应先停止进加热蒸汽，维持一段时间海水喷淋，至首效温度降低至 40℃以下，若装置短时间停用，无检修操作，可以保持真空状态，热态备用。

## 二、检查和维护

（一）定期检查

1. 日常检查项目

（1）所有仪表是否准确。

（2）产品水质是否合格。

（3）进蒸发器海水水质是否合格。

（4）药品的用量。

（5）泵和电动机的运行情况。

（6）管道是否泄漏。

2. 定期检查项目

（1）系统的联锁是否正确。

（2）蒸发器喷头的喷淋情况。

（3）蒸发器内部装置的情况。

（4）结垢情况。

（二）停运保养

（1）停滞的海水和盐水的对设备材料有很强的腐蚀性，停用后用淡水冲洗蒸发器和海水管道是非常必要的。

（2）当蒸发器长期停用时，应排尽蒸发器壳体内部积水，保证蒸发器内部的干燥和清洁。

（3）蒸发器停用期间，要经常检查端部、后水室和人孔等的密封情况，观察密封垫圈是否存在老化现象。如果有类似现象发生，应该及时替换垫圈，否则影响系统运行。

（4）如果停运 48h 以内，可保持海水淡化设备的冷态循环；如果停运超过 48h，应利用淡水对海水和盐水系统进行冲洗，至电导率小于 200μS/cm。如果淡化装置不立即重新启动，需要将设备和管道的存水彻底排净。

（三）酸洗

（1）蒸发器每隔两年，应该进行酸洗，清除换热管管外污垢，保证换热管运行寿命和系统的造水能力不会下降。当发生海水水质恶化的情况而系统其余操作条件没有变化，如有发现系统出力急速下降，应该进行酸洗。

（2）酸洗药剂和酸洗工艺条件可通过小试选择。

（3）酸洗系统可采用盐水泵的循环清洗，利用蒸发器循环冲洗系统进行循环酸洗。

# 第九章

# 海水淡化工程应用实例

本章介绍国华电力公司自主研发的大型低温多效蒸馏海水淡化技术成果，以及工程应用案例。

## 第一节　国华沧东电厂 1.25 万 t/天 MED 项目

### 一、项目概况

该工程项目位于河北省沧州市黄骅港，为河北国华沧东发电有限责任公司（简称国华沧东电厂）配套海水淡化二期工程，系统出力为 1.25 万 t/天，于 2008 年 12 月成功投运。所产淡水主要供电厂及其周边工业企业用水。

"万吨级低温多效海水淡化装置研发"是中国神华能源股份有限公司 2007 年立项的重大科研项目。通过基础与工程应用研究，集成了大型 MED-TVC 装置的设计、制造、安装及运行维护技术，首套自主研发的国产 1.25 万 t/天装置各项性能指标达到设计值，实现了自主研发万吨级国产低温多效蒸馏海水淡化装备的技术突破。国华沧东电厂 1.25 万 t/天低温多效蒸馏海水淡化装置如图 9-1 所示。

图 9-1　国华沧东电厂 1.25 万 t/天低温多效蒸馏海水淡化装置

### 二、工艺与装备

该装置设置 6 效蒸发器，采用一级平行进料工艺，降低了蒸发器的结垢风险。设置可调式热压缩蒸汽喷射器，抽汽位置位于第 4 效蒸发器，提高了装置造水比，且保证系统在电厂调峰引起的蒸汽压力波动情况下，实现 40%～110% 负荷条件下的稳定可靠运行。蒸发器外围设置海水预热器、蒸馏水冷却器、凝结水冷却器、抽真空回热系统等，对于全年不同时期的海水温度，系统物料海水、成品水和浓盐水温度等参数均能保证基本稳定。蒸发器壳体材料采用 316L 不锈钢，并进行酸洗钝化，保证其耐海水腐蚀性，蒸发器上三排采用钛管，防止海水的冲刷并起到布液作用，其余区域使用铝黄铜管，保证运行寿命。通过优化换热管布置和蒸发器内部结构、合理选择丝网式除雾器横截面积，保证二次蒸汽流经管束、除雾器和壳体的压力损失降到最低，使效间温差损失在可控范围以内，并使除雾效果达到最佳，确保成品水水质。

## 三、主要技术指标

自主研发 1.25 万 t/天低温多效蒸馏海水淡化主要技术指标见表 9-1。

表 9-1　　　　　自主研发 1.25 万 t/天低温多效蒸馏海水淡化主要技术指标

| 项目 | 技术指标 |
|---|---|
| 产能（万 t/天） | 1.25 |
| 交付运行日期 | 2008 年 12 月 |
| 原水水质（mg/L） | TDS：35600 |
| 产品水质（mg/L） | ≤5 |
| 进水温度（℃） | 最高为 30，最低为 -1.5 |
| 脱盐工艺类型 | MED-TVC |
| 造水比 | 10.8 |
| 运行压力（MPa） | 设计压力：0.55；<br>工作范围：0.30～0.80 |
| 电量消耗（kW·h/m³） | 1.0 |
| 取水方式 | 电厂循环冷却水供水系统取水 |
| 预处理系统 | 无 |
| 浓水排放 | 与电厂循环冷却水排水混合后排放；可送至盐场晒盐 |

## 四、技术创新

（1）传热机理研究和分析。考察操作参数和物理特性参数对换热性能的影响，建立起对应的换热系数数据库以及经验公式，作为工程设计指导。

（2）低温多效蒸馏海水淡化热力学设计计算与校核计算软件开发。热力学计算过程能够准确反映海水降膜蒸发过程的特点，充分考虑闪蒸、盐水沸点升高、二次蒸汽流动产生的压力损失等因素，提高计算结果的准确性，并辅助以校核计算，对核心设备设计提供指导和参考依据。

（3）针对设备容量大、性能参数高的特点，采用新型工艺流程，采用可调节 TVC 提高系统造水比，并对不凝气抽出和真空回热系统等进行优化设计，最大程度提升系统整体性能。

（4）蒸发器内部采用对称布置除雾器，优化导流板和效间通道设计，保证二次蒸汽在蒸发器内合理流动，将温度损失控制在 0.2℃以内，使蒸发器整体传热性能得到进一步优化。

（5）开发出适用于低温多效蒸馏海水淡化的丝网式除雾器，并优化除雾器设计原则。

（6）针对低温多效蒸馏装置的薄壁容器结构特点，在蒸发器设计过程中充分考虑了在运行工况下的强度和变形问题，建立相关技术分析体系。

（7）低温多效蒸馏装置的设计、制造与安装运行维护标准研究。制定了 DL/T 1280—2013《低温多效蒸馏海水淡化装置调试技术规定》、DL/T 1285—2013《低温多效蒸馏海水淡化装置技术条件》，以及制造、工装、酸洗钝化和检验检测等企业标准。

### 五、应用情况

经多年的运行检验，本装置产水量、造水比、产品水质以及负荷调节能力完全满足设计要求，运行稳定，装置年可用率达到 90%以上。本装置并有一定的超负荷生产能力，最大产水量可达 13389t/天。同时，本装置对蒸汽压力波动也有较好的适应能力，在 0.3~0.8MPa（绝对压力）蒸汽压力范围内均可运行。

### 六、效益分析

MED 装置制水成本包括蒸汽成本、电费、化学品消耗、人工费、设备折旧费、维护修理费和相关财务费用。其中，蒸汽成本是影响制水成本的敏感因素。本项目的制水蒸气来自国华沧东电厂发电机组汽轮机抽汽，蒸汽成本受燃料价格变化以及机组负荷、制水负荷波动的影响，根据国华沧东电厂测算，蒸汽成本约占制水成本 50%，吨水制水成本为 5.0~6.0 元/t。

## 第二节　国华沧东电厂 2.5 万 t/天 MED 项目

### 一、项目概况

该工程项目位于河北省沧州市黄骅港，为国华沧东电厂海水淡化扩建工程，系统出力为2.5 万 t/天，于 2013 年 12 月成功投运，所产淡水主要供电厂及其周边工业企业用水。国家发展改革委将本项目列为"国家级资源节约和环境保护项目"（发改办环资〔2011〕2933 号）。

为全面掌握低温多效蒸馏海水淡化的核心技术，进一步优化装置和系统设计，改善经济指标，降低制水成本，国华电力公司开展 2.5 万 t/天大型化低温多效蒸馏海水淡化装置的技术研发。在 2.5 万 t/天大型化低温多效蒸馏海水淡化中试实验研究基础上，神华国华电力研究院开展了大型化装置设计计算软件完善、工艺参数优化计算研究、TVC 国产化可行性研究、腐蚀与防护及新材料应用等研究工作，并完成"神华国华自主研发 2.5 万 t/天低温多效蒸馏海水淡化"概念设计。

2013 年 4 月 1 日，2.5 万 t/天低温多效蒸馏海水淡化工程在河北国华沧东电厂破土动工；2013 年 12 月 13 日，通过调试实现满负荷制水；2013 年 12 月 26 日，整套装置通过 168h 试运，移交生产。国华沧东电厂 2.5 万 t/天低温多效蒸馏海水淡化装置如图 9-2 所示。

图 9-2　国华沧东电厂 2.5 万 t/天低温多效蒸馏海水淡化装置

## 二、工艺与装备

国华沧东电厂海水淡化系统的海水水源取自发电机组循环水供水管网；制水汽源来自 4 台 600MW 级机组汽轮机中压缸末级抽汽。产品水部分送入电厂淡水储存箱，部分送至渤海新区政府建设的海水淡化水管网；浓盐水排放系统设计升压泵，可供至距电厂15km 外盐场。

自主研发的 2.5 万 t/天海水淡化装置，采用横管降膜低温多效蒸发加蒸汽热压缩工艺。10 效蒸发器串列式水平布置。动力蒸汽经蒸汽热压缩器从末端抽汽，进入蒸发器第 1 效作为加热蒸汽。物料海水采用平行进料方式，抽取部分二次蒸汽预热物料海水，减小物料水的过冷，提高装置产水效率。第 10 效后面设置凝汽器，冷凝第 10 效产生的蒸汽，同时加热全部进料海水。物料海水经蒸发器喷嘴被均匀地分布到蒸发器的顶排管上，然后沿顶排管以薄膜形式向下流动，部分海水吸收管内冷凝蒸汽的潜热而蒸发，产生的蒸汽进入下一效继续加热蒸发海水。蒸汽凝结水汇集到蒸发器底部，道逐效汇集进入 10 效，然后经产品水泵抽出。未被蒸发喷淋海水逐效汇集，最后在 10 效经盐水泵抽出。

### 三、主要技术指标

自主研发 2.5 万 t/天低温多效蒸馏海水淡化主要技术指标见表 9-2。

表 9-2　　　　　自主研发 2.5 万 t/天低温多效蒸馏海水淡化主要技术指标

| 项　　目 | 技 术 指 标 |
|---|---|
| 产能（万 t/天） | 2.5 |
| 交付运行日期 | 2013 年 12 月 |
| 原水水质（mg/L） | TDS：35600 |
| 产品水质（mg/L） | ≤5 |
| 进水温度（℃） | 最高为 30，最低为−1.5 |
| 脱盐工艺类型 | MED-TVC |
| 造水比 | 13.5 |
| 运行压力（MPa） | 设计压力：0.55；<br>工作范围：0.30～0.80 |
| 电量消耗（kW·h/m³） | 0.95 |
| 取水方式 | 电厂循环冷却水供水系统取水 |
| 预处理系统 | — |
| 浓水排放 | 电厂循环冷却水排水混合后排放；供盐场晒盐 |

### 四、技术突破

（1）该项目的成功投产，将国产热法海水淡化的单机制水规模提高到 2.5 万 t/天，大幅度降低海水淡化工程投资和制水成本。中国电机工程学会组织对本项目进行鉴定，认为："该研究成果技术先进，创新性强，具有自主知识产权，达到了国内领先、国际先进水平"。

（2）创新设计了大型 MED 蒸发器，通过合理的管束结构和除雾器布置设计，二次蒸汽流经管束、除雾器和壳体的压力损失降到最低，并使除雾效果达到最佳，确保成品水水质。开发高效喷淋喷头，满足大流量和喷淋均匀性要求，采用耐热和耐磨损性能更为优良的材料，喷嘴使用寿命得到延长，降低设备的运行维护成本。

（3）开发了大型多支座真空薄壁容器强度设计新技术。采用整体模型与局部模型相结合的方式进行应力计算分析，并利用常规强度计算方法对有限元应力计算方法进行了关键结构的验证计算和校核，提高了计算的可信度。强度校核设计考虑灌水、故障、热应力、地震风雪等因素，确保了各种工况下设备结构安全、可靠。

（4）采用了多级串联工艺方案，保证了高效换热，降低了能耗，提高了装置运行的经济性。通过示范工程应用，掌握了海水淡化装置的腐蚀、结垢控制技术，以及正常启停、事故处理、化学清洗等整套运行维护技术。自主研发的海水淡化阻垢剂以及酸洗系统和方法，获得了国家发明专利，降低了海水淡化装置运行成本，有利于推动该技术在国内的广泛应用。

## 五、应用情况

该项目建设的 2.5 万 t/天国产海水淡化装置（国华沧东电厂 4 号海水淡化装置）于 2013 年 12 月投入商业运行。通过运行检验，设备可以长期安全稳定地运行。2015 年 4 月 24 日，西安热工研究院进行了该装置性能考核实验，实验结果表明：在 100%额定进汽条件下，海水淡化装置产水量为 2.51 万 t/天、产品水 TDS 为 4.36mg/L、造水比为 13.51，制水电耗为 0.95kW·h/m³，均达到合同要求。在保证水质的情况下，海水淡化装置产水量能够在 40%～110%范围内调整。

## 六、效益分析

经国华沧东电厂测算 2014—2015 年平均负荷下，2.5 万 t/天低温多效海水淡化装置，单位制水成本为 4～5 元/t。2.5 万 t/天海水淡化示范装置成功投产，大幅地提高了发电供水的安全性和可靠性，提高对周边地区淡水供应能力。目前，除自身发电用水外，每天对外供应淡水超过 2 万 t，有力地缓解了地方水资源紧张局面，支持了当地社会和经济发展。

# 第三节　国华舟山电厂 1.2 万 t/天 MED 项目

## 一、项目概况

舟山市是一个四面环海的千岛之城，淡水资源却极为匮乏。为实现"绿色发电"目标，国华电力公司决策在国华舟山电厂二期 4 号机扩建工程中配套建设海水淡化装置，解决发电自用淡水，并补充舟山本岛淡水供给。项目采用了国华电力研究院自主研发的低温多效蒸馏海水淡化技术，系统出力为 1.2 万 t/天。国华电力研究院承担了该项目核心设计以及设计、制造、安装、调试全过程技术支持工作。

2014 年 10 月，1.2 万 t/天低温多效蒸馏海水淡化工程在国华舟山电厂破土动工；2015 年 6 月 20 日，成功调试出水；2015 年 7 月 8 日，移交生产运行。

## 二、主要技术指标

自主研发 1.2 万 t/天低温多效蒸馏海水淡化主要技术指标见表 9-3。

表 9-3　　　　　自主研发 1.2 万 t/天低温多效蒸馏海水淡化主要技术指标

| 项　　目 | 技　术　指　标 |
|---|---|
| 产能（万 t/天） | 1.2 |
| 交付运行日期 | 2015 年 7 月 |

| 项　　目 | 技 术 指 标 |
|---|---|
| 原水水质（mg/L） | TDS：28500 |
| 产品水质（mg/L） | ≤5 |
| 进水温度（℃） | 最高为 28，最低为 8 |
| 脱盐工艺类型 | MED-TVC |
| 造水比 | 10.1 |
| 运行压力（MPa） | 设计压力：0.34；工作范围：0.18～0.74 |
| 电量消耗（kW·h/m³） | ≤1.2 |
| 取水方式 | 电厂循环冷却水供水系统取水 |
| 预处理系统 | 混凝沉淀处理 |
| 浓水排放 | 排至海水脱硫曝气池 |

## 三、工艺与装备

通过技术经济比较，该项目选用低温多效蒸馏加蒸汽热压缩（MED-TVC）工艺方案，采用国华电力自主研发低温多效蒸馏海水淡化技术，蒸发器采用"4+2"效方案，设计淡水产量 1.2 万 t/天，设计造水比为 10.1。

海水淡化系统加热蒸汽来自国华舟山电厂二期 3、4 号机组汽轮机中压缸排汽，海水水源取自 3、4 号机组循环水进水管道，经过海水预处理系统后进入海水淡化装置，预处理后海水水质达到悬浮物 TSS≤50mg/L、余氯≤0.1mg/L。

主要工艺流程：来自发电机组汽轮机中压缸排汽，经 TVC 从蒸发器末端抽汽，混合蒸汽作为加热蒸汽进入第 1 效。物料海水平行进料，抽取部分二次蒸汽预热物料海水，提高装置产水效率。第 6 效后设置凝汽器，冷凝末效产生的蒸汽，同时加热全部物料海水。蒸汽凝结水逐效汇集进入第 6 效，然后经产品水泵抽出，送至淡水储存系统。浓缩盐水逐效汇集，在末效盐水热井处经盐水泵抽出，送至电厂海水脱硫系统曝气池。

## 四、技术突破

（1）针对国华舟山电厂海水淡化工程条件，国华研究院改进了 1.2 万 t/天低温多效蒸馏海水淡化装置设计方案，降低了制水能耗，确保海水淡化装置技术经济性能最优。

（2）蒸发器采用全薄壁钛焊管作为换热管，在不增加设备投资的前提下，提高设备防腐等级，确保设备使用寿命和运行可靠性。

（3）为满足该工程投产时间要求，该项目采用国华研究院自主研发的 TVC 替代进口设备，实现了海水淡化主设备 100%国产化，自主研发的国产 TVC 嘴设计为可调节式，可以根据蒸汽压力和产水量需求自动调节进蒸汽量，保证系统在电厂调峰引起的压力波动情况下，实现 40%～110%负荷条件下的稳定可靠运行。

国华舟山电厂 1.2 万 t/天低温多效蒸馏海水淡化装置如图 9-3 所示。

图 9-3　国华舟山电厂 1.2 万 t/天低温多效蒸馏海水淡化装置

## 五、应用情况

国华舟山电厂 1.2 万 t/天海水淡化装置，2015 年 5 月中下旬开始调试，经过单体调试、分系统调试和整套启动，2015 年 6 月 20 日，实现成功制水，2015 年 7 月 8 日，移交生产运行。通过运行检验，该装置的淡水产量、产品水水质、造水比、制水电耗等主要技术经济指标均达到设计值。经测试，国华研究院自主研发的国产 TVC 性能指标达到同类进口设备水平。

国华舟山电厂 1.2 万 t/天低温多效蒸馏海水淡化装置运行实时画面如图 9-4 所示。

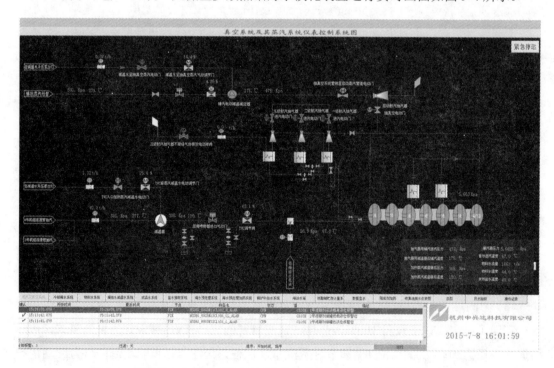

图 9-4　国华舟山电厂 1.2 万 t/天低温多效蒸馏海水淡化装置运行实时画面

# 第四节　国产 TVC 设计及应用

## 一、项目概况

作为 MED 系统主要设备之一的蒸汽热压缩器（TVC），其高效设计技术主要被西方国家垄断，目前国内产品普遍采用苏联热工研究院的索科洛夫方法、日本奥芳夫方法等 20 世纪 70 年代以前的工程方法设计，性能偏低，为获得良好制水性能，国内万吨级 MED 的 TVC 主要依靠进口，不利于工程成本、工期的控制和自主知识产权的掌握。实现 TVC 国产，对进一步发挥技术引领作用，推动海水淡化技术进步、产业化发展有重要意义。对于低温多效蒸馏海水淡化所用 TVC，国华研究院通过实验研究和技术攻关，掌握了核心计算和自主设计能力。全新的设计建立在经过大量实验数据验证的数值模拟方法上，可以获得高精度、高性能的蒸汽热压缩器设计方案，可以在后期海水淡化工程中全面代替进口设备，并通过与蒸发器设计的更好匹配，大幅提高国产设备性能和工艺灵活性，降低工程投资。国产高效蒸汽热压缩器的成功开发和应用实现了海水淡化装置的 100% 国产化。

国华研究院利用自主开发 TVC 设计软件，完成首台国产大型高性能 TVC 的自主设计，并在国华舟山电厂 1.2 万 t/天海水淡化项目中成功应用。

## 二、结构设计

根据已知蒸汽条件及设计要求，运用自主开发的 TVC 设计软件，对 1.2 万 t/天海水淡化系统用 TVC 先进行结构初步设计，经过软件优化后获得最终的 TVC 结构尺寸和性能参数。图 9-5 所示为其额定工况流场马赫云图。

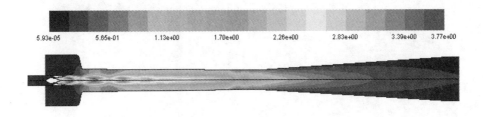

| 5.93e-05 | 5.65e-01 | 1.13e+00 | 1.70e+00 | 2.26e+00 | 2.83e+00 | 3.39e+00 | 3.77e+00 |

图 9-5　自主设计 TVC 流场模拟马赫云图（额定工况）

## 三、加工制造

（1）材料选择：舟山项目 TVC 壳体、外加强筋及附件使用了不锈钢。

（2）加工精度：工作喷嘴喉部直径、工作喷嘴出口直径、混合段入口直径、第二喉口直径加工精度要求 0.2mm，其余加工精度要求小于 1mm；工作喷嘴喉口过渡处要求打磨光滑，表面粗糙度 $Ra$ 为 0.8。

## 四、运行效果

经现场试验检验，国华研究院自主设计 TVC 性能指标达到设计值，与进口设备性能参数水平相当；流量调节实现了线性化，调节特性优于进口设备。自主研发 TVC 的喷射系数设计值、测试值与进口设备数据比较见表 9-4。

表 9-4　　　　自主研发 TVC 的喷射系数设计值、测试值与进口设备数据比较

| 项目 | 单位 | 设计值 | 进口设备 | 测试值 |
|---|---|---|---|---|
| 工作蒸汽温度/压力 | ℃/MPa | 160/0.34 | 160/0.34 | 180/0.40 |
| 工作蒸汽流量 | t/h | 50.62 | 48.1 | 43.3 |
| 引射蒸汽流量 | t/h | 63.86 | 65.9 | 60.7 |
| 喷射系数 | kg/kg | 1.26 | 1.37 | 1.40 |

# 参 考 文 献

［1］Gleick. P. H，Water resource. In Encyclopedia of Climate of Weather，ed. By S. H. Schneider［M］. New York：Oxford University press，1996.

［2］中华人民共和国水利部. 2014 年中国水资源公报［M］. 北京：中国水利水电出版社，2014.

［3］王瑗，盛连喜，李科，等. 中国水资源现状分析与可持续发展对策研究［J］. 水资源与水工程学报，2008，19（3）：10-14.

［4］陈梦筱. 我国水资源现状与管理对策［J］. 经济论坛，2006（9）：61-62.

［5］陆杰斌. 中国水资源危机成因的经济分析及其解决办法［J］. 中国农学通报，2005，21（5）：400-448.

［6］程乖梅，何士华. 水资源可持续利用评价方法研究进展［J］. 水资源与水工程学报，2006，17（1）：52-56.

［7］王世昌. 人类需要海水淡化技术［J］. 国际学术动态，1997（1）：13-14.

［8］王俊鹤，李鸿瑞，周迪颐，等. 海水淡化［M］. 北京：科学出版社，1978.

［9］GWI Desal Data/IDA．The IDA 2014/2015 Annual Repor［Z］. 2015.

［10］高松峰，杨倩琪. 我国海水淡化发展现状评述［J］. 污染防治技术，2015（3）：15-18.

［11］高从楷，陈国华. 海水淡化技术与工程手册［M］. 化学工业出版社，2004.

［12］国家发展和改革委员会，国家海洋局，财政部. 海水利用专项规划（2005—2008 年）［R］. 北京，2005.

［13］国家中长期科学和技术发展规划纲要（2006—2020 年）［R］. 中华人民共和国国务院公报，2006（9）：1-5.

［14］自然资源部海洋战略规划与经济司. 全国海水利用报告［R］. 北京，2015.

［15］Awerbuch L. Perspective and challenges for desalination[J]. Desalination，1994，99（2-3）：195-199.

［16］Stoll H G，Garver L J．Least-cost electric utility planning［M］. New York: John Wiley & Sons，1989.

［17］K.S. Spiegler，A.D.K. Laird．Principles of Desalination．Parta A（2nd Edition）［M］．Salt Lake City：Academic Press，1980.

［18］王世昌. 海水淡化工程［M］. 天津：天津大学出版社，2003.

［19］Kamal I．Thermo-economic modeling of dual-purpose power/desalination plants：Desalination［J］. 1997，114（3）：233-240.

［20］Edahiro K，Hamada T，Arai M，et al．Research and development of multi-effect horizontal tube film evaporator［J］. Desalination，1977，22（1）：121-130.

［21］胡三高，周少祥，宋之平. 3000 吨/日 MSF 海水淡化系统国产化的热经济学分析［J］. 热能动力工程，1993（3）：154-157.

［22］胡三高，周少祥，宋之平. 热经济学优化与决策的灰色关联分析方法［J］. 现代电力，1996（3）：

41-46.

［23］胡三高，尹连庆，周少祥. MSF 海水淡化系统（火用）分析模型及其应用［J］. 水处理技术，1999（5）：267-10.

［24］胡三高，周少祥. 单耗分析方法在 MSF 海水淡化系统中的应用［J］. 水处理技术，1998（2）：67-72.

［25］Khan Arshad-Hassan. Desalination processes and multistage flash distillation practice［M］. Elsevier Science Publishers B.V，1986.

［26］董泉玉，郑涛. 日本电渗析技术的最新发展［J］. 水处理技术，2002，28（4）：190-192.

［27］张维润. 电渗析工程学［M］. 北京：科学出版社，1995.

［28］《化工百科全书》编委会. 化工百科全书.第六卷［M］. 北京：化学工业出版社，1994.

［29］郑宏飞. 太阳能海水淡化技术［M］. 北京：北京理工大学出版社，2005.

［30］El-Dessouky H T，Ettouney H M，Al-Roumi Y. Multi-stage flash desalination：present and future outlook［J］. Chemical Engineering Journal，1999，73（2）：173-190.

［31］Kolchinski A G，Kuroda T，Murakami Y，et al. Exergy losses in a multiple-effect stack seawater desalination plant［J］. Desalination，1998，116（1）：11‐24.

［32］ALNAJEM，N. M，DARWISH，et al. Thermovapor compression desalters：energy and availability：Analysis of single- and multi-effect systems［J］. Desalination，1997，110（3）：223-238.

［33］柴晓军. 电厂低温多效海水淡化系统分析［D］. 华北电力大学（北京），2009.

［34］曹开智. 低温多效蒸发海水淡化变工况分析与实验研究［D］. 大连理工大学，2006.

［35］魏巍. 低温多效蒸馏海水淡化系统热力性能计算与仿真［D］. 大连理工大学，2008.

［36］Gani R，Ruiz C A，Cameron I T. A generalized model for distillation columns—Ⅰ：Model description and applications［J］. Computers & Chemical Engineering，1986，10（3）：181-198.

［37］Cameron I T，Ruiz C A，Gani R. A generalized model for distillation columns—Ⅱ：Numerical and computational aspects［J］. Computers & Chemical Engineering，1986，10（3）：199-211.

［38］张洪. 蒸馏法脱盐技术的现状和发展趋势［J］. 水处理技术，1991（6）：345-354.

［39］Rifert V G，Podberezny V I，Putilin J V，et al. Heat transfer in thin film-type evaporator with profile tubes［J］. Desalination，1989，74（none）：363-372.

［40］杨尚宝. 我国海水淡化产业发展的现状与对策［J］. 水处理技术，2006，32（12）：1-3.

［41］中国环境报. 水污染防治行动计划［J］. 中国环保产业，2015（5）：4-12.

［42］Al-Shammiri M，Safar M. Multi-Effect Distillation Plants：State of the Art［J］. Desalination，1999，126（1-3）：45-59.

［43］El-Dessouky H T，Ettouney H M，Al-Roumi Y. Multi-stage flash desalination：present and future outlook［J］. Chemical Engineering Journal，1999，73（2）：173-190.

［44］Konishi T，Misra B M. Freshwater from the seas. Nuclear desalination projects are moving ahead［J］. IAEA Bulletin，2001，43（2）：5-8.

［45］FAIBISH，Ron S，ETTOUNEY，et al．MSF nuclear desalination［J］．Desalination，2003，157（1）：277-287.

［46］Almutaz I S．Coupling of a nuclear reactor to hybrid RO-MSF desalination plants［J］．Desalination，2003，157（1）：259-268.

［47］Mink G，Aboabboud M M，étienne Karmazsin．Air-blown solar still with heat recycling［J］．Solar Energy，1998，62（4）：309-317.

［48］Wiseman R．Desalinationbusiness "stabilized on a high level"-IDA report［J］．Desalination & WaterReuse，2004，14（2）：14-17.

［49］Buros O K．The ABCs of Desalting［J］．Clearing House A Journal of Educational Strategies Issues & Ideas，2000，54（5）：205-206.

［50］Gordon F L．Water cost analysis［J］.The International Desalination & Water Reuse，1995，5（1）：24-27.

［51］Gordon F L．Florida west coast desalt ernegotiations-progress report#3［J］．The International Desalination & Water Reuse，1998，8（3）：12-13.

［52］Ophir A．The International Desalination & Water Reuse［J］．1997，7（45）：451.

［53］Chyu M C，Bergles A E．An Analytical and Experimental Study of Falling-Film Evaporation on a Horizontal Tube［J］．Journal of Heat Transfer，1987，109（4）：983-990.

［54］Klaus Wangnick．The historical development of the desalination market［R］．IDA world congress on Desalination and water sciences．Abu Dhab，1995.

［55］Aly N H，Karameldin A，Shamloul M M．Modelling and simulation of steam jet ejectors［J］．Desalination，1999，123（1）：1-8.

［56］Galván-Ángeles E，Díaz-Ovalle C O，González-Alatorre G，et al．Effect of thermo-compression on the design and performance of falling-film multi-effect evaporator[J]. Food & Bioproducts Processing，2015，96：65-77.

［57］Kronenberg G，Lokiec F．Low-temperature distillation processes in single- and dual-purpose plants［J］．Desalination，2001，136（1）：189-197.

［58］Alhawaj O．A study and comparison of plate and tubular evaporators［J］．Desalination，1999，125（1-3）：233-242.

［59］O.K.Buros．Ro membrances：The first days.IDA'World Congress on Desalination and Water use［R］．Washington D.C，1991.

［60］童金忠，葛文越．海水淡化主要方法介绍和比较［J］．中国建设信息：水工业市场，2007（3）：45-49.

［61］尹建华，吕庆春，阮国岭．低温多效蒸馏海水淡化技术［J］．海洋技术，2002，21（4）．

［62］许莉．水平管降膜海水淡化多效蒸发传热的研究［D］．天津大学，1999.

［63］张全．低温多效蒸发海水淡化装置性能分析［D］．大连理工大学，2005.

［64］杨世铭．传热学［M］．北京：高等教育出版社，1987.

［65］Chen，J.C. A correlation for film boiling heat transfer to saturated fluids in convective flow［J］. ASME Publication-63-HT 34，1963，2-6.

［66］Forster，H.K.，Zuber，N. Dynamics of vapor bubbles and boiling heat transfer. AIChE J. 1955，1（4），531-535.

［67］解利晰. 1000t/d 海水淡化工程水处理工程典型设计实例［M］. 北京：化学工业出版社，2001.

［68］Song Z P，Hu S G，Zhou S X. Indigenous construction of sizeable desalination units for dual-purpose power plants in China［J］. Energy，1991，16（4）：721－726.

［69］江自生，韩买良. 火电机组水资源利用情况及对策［J］. 华电技术，2008，30（6）.

［70］中国石化集团上海工程有限公司. 化工工艺设计手册［M］. 北京：化学工业出版社，2009.

［71］冯敏. 工业水处理技术［M］. 北京：海洋出版社，1992.

［72］白田利胜，石板诚一. 日本海水学会志［J］. 1974，28（3）：156-161.

［73］周少祥. 热电联产多级闪蒸海水淡化技术的理论与实践［D］. 华北电力大学，2001.

［74］周少祥，马燕南. 热电联产低温多效蒸馏海水淡化系统的节能分析［J］. 热能动力工程，1997（3）：164-166.

［75］周少祥，陈景山. 沿海火电厂对淡水资源的需求及其对策［J］. 水处理技术，1998（2）：63-66.

［76］谢冬雷. 带热压缩的低温多效蒸发海水淡化系统研究［D］. 大连理工大学，2007.

［77］陈跃华，安恩科. 海水淡化与火力发电厂现状［J］. 水电能源科学，2007，25（5）：145-148.

［78］阮国岭，解利昕，张耀江. 发展海水淡化产业，缓解淡水危机［J］. 海岸工程，2001，20（1）：39-47.

［79］吕庆春. 低温多效蒸馏海水淡化中试装置研究［D］. 中国海洋大学，2006.

［80］周少祥，马燕南. 热电联产低温多效蒸馏海水淡化系统的节能分析［J］. 热能动力工程，1997（3）：164-166.

［81］周少祥，胡三高，宋之平，等. 解决沿海淡水资源短缺的有效途径——海水淡化［J］. 中国水利，1995（9）：39.

［82］高从楷，陈国华. 海水淡化技术与工程手册［M］. 北京：化学工业出版社，2004.

［83］Chen Xiujuan，Chen Peiqi and Tang Yongwen. Electrodialysis for the desalination of seawater and high strength brackish water［C］. IDA World Congress on Desalination and Water Reuse. Washington D.C，1995.

［84］Е.Я.索科洛夫，Н.М.津格尔［苏］. 喷射器［M］. 北京：科学出版社，1977.

［85］郭丽江. 热电联产海水淡化系统节能降耗分析［D］. 北京：华北电力大学，2005.

［86］邹积强，张丽华. HAI77-2A 海水淡化蒸发塔结垢堵塞及清洗［J］. 石油化工腐蚀与防护，2008（4）：45-47.

［87］周少祥，胡三高. 海水淡化过程的统一性性能评价指标［J］. 水处理技术，2001，27（2）：74-79.

［88］周少祥，马燕南. 热电联产低温多效蒸馏海水淡化系统的节能分析［J］. 热能动力工程，1997（3）：164-166.

［89］周赤忠，李焱. 当前海水淡化主流技术的分析与比较［J］. 电站辅机，2008，29（4）：3-7.

［90］尹建华，吕庆春，阮国岭．低温多效蒸馏海水淡化技术［J］．海洋技术，2002，21（4）．

［91］周敏．海水淡化工程中管道材料选用［J］．腐蚀与防护，2006，27（10）：536-539.

［92］曹军瑞，赵鹏．低温多效海水淡化工程材料的选用［J］．电力勘测设计，2008（6）：44-49.

［93］刘尔静，陈海峰．低温多效海水淡化主设备的选材［J］．发电设备，2008，22（5）：436-437.

［94］陈国华，吴葆仁．电导盐度定义的新进展——实用盐度标度定义（1978）［J］．海洋湖沼通报，1980（3）：59-65.

［95］童钧耕．工程热力学［M］．北京：高等教育出版社，2007.

［96］朱玉兰．海水淡化技术的研究进展［J］．能源研究与信息，2010，26（2）：72-78.

［97］邓润亚．海水淡化系统能量综合利用与经济性研究［D］．北京：中国科学院工程热物理研究所，2009.

［98］艾钢，吴建平，朱忠信．海水淡化技术的现状和发展［J］．净水技术，2004，23（3）：24-28.

［99］王俊红，高乃云，范玉柱，等．海水淡化的发展及应用［J］．工业水处理，2008，28（5）：6-9.

［100］李雪民．主要海水淡化方法技术经济分析与比较［J］．一重技术，2010（2）：63-70.

［101］阮国岭．海水淡化工程设计［M］．北京：中国电力出版社，2012.

［102］Bruyn J R D．Crossover between surface tension and gravity-driven instabilities of a thin fluid layer on a horizontal cylinder［J］．Physics of Fluids，1997，9（6）：1599-1605.

［103］Hu X，Jacobi A M．The intertube falling film．Part 1-Flow characteristics，mode transitions，and hysteresis［J］．Journal of Heat Transfer，1996，118（3）：616-625.

［104］Luo L，Zhang G，Pan J，et al．Influence of oval-shaped tube on falling film flow characteristics on horizontal tube bundle［J］．Desalination & Water Treatment，2015，54（11）：2939-2950.

［105］Yung D，Lorenz J J，Ganic E N．Vapor/liquid interaction and entrainment in shell-and-tube evaporators［J］．Journal of Heat Transfer，1978，101（3）：94-95..

［106］Ganic E N，Roppo M N．An Experimental Study of Falling Liquid Film Breakdown on a Horizontal Cylinder During Heat Transfer［J］．Journal of Heat Transfer，1980，102（2）：342.

［107］Mitrovic J．Influence of tube spacing and flow rate on heat transfer from a horizontal tube to a falling liquid film［R］．San Francisco：International Heat Transfer Conference．1986：1949-1956.

［108］Fletcher L S，Sernas V，Galowin L S．Evaporation from Thin Water Films on Horizontal Tubes［J］．Industrial & Engineering Chemistry Process Design & Development，1974，13（3）：65-65.

［109］Yang L，Shen S．Experimental study of falling film evaporation heat transfer outside horizontal tubes［J］．Desalination，2008，220（1-3）：654-660.

［110］Slesarenko V N．Thermal desalination of sea water in thin film-plants［J］．Desalination，1983，45（2）：295-302.

［111］Parken W H，Fletcher L S，Han J C，et al．Heat Transfer Through Falling Film Evaporation and Boiling on Horizontal Tubes［J］．Journal of Heat Transfer，1990，112：3（3）．

［112］Hu X，Jacobi A M．The Intertube Falling Film：2-Mode effects on sensible heat transfer to a falling liquid film [J]. Journal of Heat Transfer，1996，118（3）：626-633.

[113] Zeng X，Chyu M C，Ayub Z H. Evaporation Heat Transfer Performance of Nozzle-Sprayed Ammonia on a Horizontal Tube [J]. ASHRAE Transactions，1995，101（1）：136-149.

[114] Ribatski G，Jacobi A M. Falling-film evaporation on horizontal tubes—a critical review [J]. International Journal of Refrigeration，2005，28（5）：635-653.

[115] 杨世铭，陶文铨. 传热学. 第三版 [M]. 北京：高等教育出版社，1998.

[116] Whalley P B. Boiling，condensation，and gas-liquid flow [M]. Oxford：Oxford University Press，1987：219-223.

[117] Shah M M. A general correlation for heat transfer during film condensation inside pipes [J]. International Journal of Heat and Mass Transfer，1979，22（4）：547-556.

[118] Fujita Y. Experimental investigation of falling film evaporation on horizontal tubes [J]. Heat Transfer - Asian Research，2015，27（8）：609-618.

[119] Sernas.V. Heat transfer correlation for subcool water films on horizontal tubes [J]. Journal of Heat Transfer，1979，101：176-178.

[120] Owens W L. Correlation of thin film evaporation heat transfer coefficients for horizontal tubes [R]. MiamiBeach，Proceedings of the fifth OTEC conference. 1978，3（4）：71-89.

[121] Mitrovic J. Infuence of tubes pacing and flow rate on heat transfer from a horizontal tube to a falling liquid film [R]. San Francisco：Proceedings of the eighth international heat transfer conference，1986，4.

[122] Parken W H，Fletcher L S，Han J C，et al. Heat Transfer Through Falling Film Evaporation and Boiling on Horizontal Tubes [J]. Journal of Heat Transfer，1990，112（3）：744-750.

[123] Zeng X，Chyu M C，Ayub Z H. Performance of nozzle-sprayed ammonia evaporator with square-pitch plain-tube bundle [J]. Ashrae Transactions，1997，103：68-81.

[124] Zeng X，Chyu M C，Ayub Z H. Experimental investigation of ammonia spray evaporator with triangular-pitch plain tube bundle，Part II：Evaporator performance [J]. International Journal of Heat & Mass Transfer，2001，44（11）：2081-2092.

[125] 徐济鋆，鲁钟琪. 沸腾传热和气液两相流 [M]. 北京：原子能出版社，2001.

[126] Rohsenow，Warren M. Handbook of heat transfer fundamentals [M]. New York：McGraw-Hill，1985；12-87.

[127] Rohsenow W M，Hartnett J P，Ganic E N. Handbook of heat transfer fundamentals（3nd edition）[M]. Mc-Graw-Hill, New York, 1998.

[128] Didi M B O，Kattan N，Thome J R. Prediction of two-phase pressure gradients of refrigerants in horizontal tubes [J]. International Journal of Refrigeration，2002，25（7）：935-947.

[129] Friedel L. Improved Friction Pressure Drop Correlations for Horizontal and Vertical Two-Phase Pipe Flow [R]. European two-phase flow group meeting，1979，18（2）：485-491.

[130] Kim H D, Setoguchi T, Yu S and Raghunathan S. Navier-Stokes Computations of the Supersonic Ejector-Diffuser System with a Second Throat [J]. *Journal of Thermal Science*, 1999, 8 (2): 79-83.

[131] Dhesikan S, Polk J. Recent developments in the design theories and applications of ejectors [J]. Journal of the Institute of Energy, 1995, 68 (475): 65-79.

[132] Huang B J, Chang J M. Empirical correlation for ejector design [J]. International Journal of Refrigeration, 1999, 22 (5): 379-388.

[133] Holton W C. Effect of molecular weight of entrained fluid on the performance of steam-jet ejectors. ASME Transaction, 1951, 7 (10): 905-910.

[134] 窦宏恩. 气体对射流泵效率的影响 [J]. 石油机械, 1998 (1): 32-35.

[135] 李龙华, 洪超. 提高射流泵效率的研究 [J]. 常州大学学报（自然科学版）, 1997 (4): 30-31.

[136] Deberne N, Leone J F, Duque A, et al. A model for calculation of steam injector performance [J]. International Journal of Multiphase Flow, 1999, 25 (5): 841-855.

[137] Fluent Inc. Fluent User Guides [R]. 2008.

[138] Mustapha N A C, Alam A H M Z, Khan S, et al. Parametric analysis of single boost converter for energy harvester [C]. IEEE International Conference on Smart Instrumentation, 2016.

[139] 李素芬, 沈胜强, 刘岚, 等. 蒸汽喷射器超音速喷射流场的数值分析 [J]. 中国造纸, 2001, 20 (6): 33-36.

[140] Patel S, Finan M A. New antifoulants for deposit control in MSF and MED plants [J]. Desalination, 1999, 9 (2): 63-74.

[141] Wildebrand C, Glade H, Will S, et al. Effects of process parameters and anti-scalants on scale formation in horizontal tube falling film evaporators [J]. Desalination, 2007, 204 (1-3): 448-463.

[142] Omar W, Ulrich J. Rate of Mass Deposition of Scaling Compounds from Seawater on the Outer Surface of Heat Exchangers in MED Evaporators [J]. Chemical Engineering & Technology, 2006, 29 (8): 974-978.

[143] Tonner J B, Hinge S, Legorreta C. Plate heat exchangers — the new trend in thermal desalination [J]. Desalination, 1999, 125 (1): 243-249.

[144] Tonner J B, Hinge S, Legorreta C. Plates - the next breakthrough in thermal desalination [J]. Desalination, 2001, 134 (1): 205-211.

[145] 王世昌. 海水淡化工程 [M]. 北京：化学工业出版社, 2003.

[146] Al-Shammiri M, Ahmed M, Al-Rageeb M. Nanofiltration and calcium sulfate limitation for top brine temperature in Gulf desalination plants [J]. Desalination, 2004, 167 (none): 335-346.

[147] Hodgkiess T, Al-Omari K H, Bontems N, et al. Acid cleaning of thermal desalination plant: do we need to use corrosion inhibitors? [J]. Desalination, 2005, 183 (1-3): 209-216.

[148] Al-Jaroudi S S, Ul-Hamid A, Al-Matar J A. Prevention of failure in a distillation unit exhibiting

extensive scale formation ［J］. Desalination，2010，260（1-3）：119-128.

［149］Hamed O A，Mardouf K B，Al-Omran A. Impact of interruption of antiscalant dosing or cleaning balls circulation during MSF plant operation ［J］. Desalination，2007，208（1-3）：192-203.

［150］Din A M S E，Makkawi B. Operation processes affecting corrosion in MSF distillers ［J］. Desalination，1998，115（1）：33-37.

［151］Wildebrand C，Glade H，Will S，et al. Effects of process parameters and anti-scalants on scale formation in horizontal tube falling film evaporators ［J］. Desalination，2007，204（1-3）：448-463.

［152］于开录，吕庆春，谢峰，等. 中高温水平管降膜蒸发海水淡化研究 ［J］. 中国给水排水，2011，27（3）：68-71.